钻井岩石破碎学

祝效华　刘伟吉　著

科　学　出　版　社

北　京

内 容 简 介

本书针对深部硬地层钻头破岩效率低和钻井成本高的问题，以典型硬脆性花岗岩为研究对象，通过理论分析、计算机数值模拟与室内实验相结合的方法系统研究了非均质花岗岩在钻齿作用下的宏细观破碎机理；建立了岩石塑-脆性破碎转变临界切削深度计算模型，提出利用脆性耗能比来评价钻齿作用下岩石破碎效率的新方法，将传统塑性切削破岩理论拓展到塑-脆性破碎转变临界理论；此外，分析了异形 PDC 齿切削破岩机理，建立了综合考虑破岩效率、钻齿形状及磨损条件下的异形 PDC 齿综合选齿模型，为钻头个性化选齿及布齿设计提供了理论依据。

本书可供石油工程、钻井工程、岩土工程等专业领域的研究生和技术人员参考使用。

图书在版编目（CIP）数据

钻井岩石破碎学 / 祝效华，刘伟吉著. —北京：科学出版社，2022.10

ISBN 978-7-03-071834-1

Ⅰ. ①钻… Ⅱ. ①祝…②刘… Ⅲ. ①硬岩矿山－钻井－岩石切削机理 Ⅳ. ①TD265

中国版本图书馆 CIP 数据核字（2022）第 040074 号

责任编辑：罗 莉 / 责任校对：彭 映
责任印制：罗 科 / 封面设计：墨创文化

科 学 出 版 社 出版
北京东黄城根北街 16 号
邮政编码：100717
http://www.sciencep.com
四川煤田地质制图印刷厂 印刷
科学出版社发行 各地新华书店经销
*
2022 年 10 月第 一 版 开本：787×1092 1/16
2022 年 10 月第一次印刷 印张：18 1/4
字数：432 000
定价：248.00 元
（如有印装质量问题，我社负责调换）

序 一

能源安全是国家安全的重要基石,在中华民族伟大复兴进程中发挥着不可替代的作用。现阶段,我国浅层油气资源"增储上产"压力较大,但深层油气及地热资源十分丰富且探明率低,是我国未来能源的重要接替。近年来,我国相继发现一批深层/超深层油气藏,如塔里木克深、塔中、大北、博孜、四川龙王庙、元坝等,这类油气资源埋藏较深,开发潜力巨大,但钻井难度世界罕见!井底高围压造成岩石硬、研磨性强,可钻性差,导致钻速极慢,钻井成本居高不下。钻井破岩是油气钻采的核心内容,钻井费用占勘探开发总成本的50%以上,岩石破碎的效率决定了钻井速度、成本和经济效益。如何在深井/超深井中实现高效钻进是确保深部油气资源高效开采的理论基础和关键技术问题,是当今油气资源勘探与开发领域的重要研究课题。

钻井岩石破碎是深层油气及地热资源开采的技术难题之一。为了解决深部难钻地层岩石的高效破碎问题,西南石油大学"钻井提速"研究团队基于岩石力学、断裂力学、能量耗散相关理论,通过理论分析、数值模拟与室内实验相结合的研究方法系统地揭示硬岩在钻齿作用下的裂纹萌生和扩展、损伤演化、岩屑形成、塑-脆性破碎转变、机械比功、塑性耗能比、岩石破碎效率、异形齿破岩机理及选齿方法等问题。从破岩比功角度出发建立了岩石塑-脆性破碎转变临界切削深度计算模型,确定了岩石塑-脆性破碎转变临界切削深度,提出利用塑性耗能比来评价钻齿破岩效率的新方法,构建了以塑性耗能比和塑-脆性破碎转变临界切削深度为核心的钻齿高效破岩方法;建立了综合考虑钻齿破岩效率、几何形状、寿命及磨损条件下的异形PDC齿综合选齿理论模型,从根本上揭示了异形齿的破岩机理差异,为深部难钻地层钻齿优选提供了理论依据。

该书特色突出,集理论研究、实验验证、系统仿真于一体,兼具理论深度和实用价值,是一部不可多得的解决深部难钻地层岩石高效破碎的专著。其中,理论方面融合了岩石破碎、岩石参数反演、钻头设计等诸多理论;实验方面囊括了岩石力学与强度实验、细观组分实验、可钻性实验、单齿切削/侵入实验以及实钻实验等;仿真方面涉及有限元、离散元及数学建模等软件的应用。该书的出版有助于拓深钻头-岩石互作用机理研究,拓宽岩石破碎学,促进深部难钻地层油气的高效低成本开采。

杨春和

中国工程院院士

中国科学院武汉岩土力学研究所

二〇二二年一月十五日

序　二

　　钻井岩石破碎学是油气钻井工程的重要组成部分，是提高钻头破岩效率，降低钻井成本的技术关键。油气钻井岩石破碎相比其他领域，因井底岩石所处环境极端复杂，一直是钻井界专家研究的重要课题之一。特别是，随着我国油气资源的勘探开发由中深层向深层/超深层发展，深部岩石强度和塑性变大，可钻性极差，如何提高钻头破岩效率、降低钻井成本是确保深部复杂油气资源能够高效动用的理论基础和关键技术问题，也是提高我国油气自主供给能力、确保国家能源安全的重要研究课题。

　　该书第一作者祝效华教授在 21 世纪初就开始致力于钻井提速的研究工作，并取得了可喜的进展。他开展的钻井提速研究主要涉及三个方面：研究全井钻柱动力学主要用于提高地面动力的传递效率、减少沿程消耗；研制系列提速钻具主要是通过增加额外的井下动力以及施加冲击实现提速；研究的岩石破碎则是用于优化钻头和钻井参数以实现提速。他承担了多项国家自然科学基金项目、国家重点研发计划课题、国家油气重大专项子课题、国际合作项目。他的研究工作对促进我国钻井提速理论与方法的发展起到了较为重要的作用。以往在钻井破岩研究中通常假定岩石是塑性连续体，十年前他提出要从裂纹扩展和能量有效利用率两个角度研究钻井破岩，并把使用了几十年的"破岩比功"这一核心钻井破碎效率评价指标深化为弹性功消耗、塑性功消耗、脆性功消耗，提出提速评价要重点关注脆性功消耗，提速也应该侧重于提高脆性功消耗占比这一思想。

　　该书聚焦油气钻井岩石破碎研究，以深层硬岩为研究对象，通过理论、实验和数值计算，较深入地研究了钻齿破岩过程中岩石的塑-脆性破碎转变、裂纹发育、主动能量耗散、切削力与机械比功变化规律等，研究过程中发现岩石在切削和侵入两种条件下其塑-脆性破碎转变均存在一个临界深度，基于这个发现提出了岩石破碎过程中的塑性耗能比概念，并建立了基于塑性耗能比的岩石破碎效率评价新方法，构建了以塑性耗能比和塑-脆性破碎转变临界阈值为核心的高效破岩理论框架。此外，该书还建立了异形钻齿的综合选齿理论模型，为深部难钻地层钻齿优选提供了理论依据。他们的研究工作将有力推动"精细化"和"低成本"钻井，该研究可以用于针对不同井下工况，优化最适宜的钻井参数和定制设计钻头。

　　该书具有一定的理论前沿性、方法实用性和内容系统性，特色突出。它的出版对于深部难钻地层油气藏高效低成本开采具有很大的推动作用, 此外还能进一步充实岩石破碎学的内容, 促进岩石破碎学的深入研究, 完善岩石破碎的理论体系。

中国工程院院士

二〇二二年一月十六日

前　言

石油与天然气的安全供给是国家的重大战略需求，国内油气资源勘探开发是保障油气安全的重要途径。在我国剩余油气资源中，深层（超深层）油气资源丰富，据全国第三次资源评价成果统计，深层石油资源量为 304 亿吨，占石油总资源量的 40%；深层天然气资源量为 29.12 万亿立方米，占天然气总资源量的 60%，深层（超深层）油气将成为我国油气勘探的重大接替领域。但是，我国深层（超深层）油气藏钻井的难度世界罕见：井底岩石高强度、高研磨性、非均质等导致钻头寿命短、钻速慢、钻井成本高的问题异常突出。深部硬地层的高效低成本钻进是深井超深井钻井中的首要技术问题，是制约我国向陆上油田深部地层及深海迈进的技术关键。因此，开展针对深部硬地层的高效破岩方法和破岩机理研究，提高钻头破岩效率是解决深部硬地层提速降本难题的关键。

本书针对深部硬地层破岩效率低和钻进速度慢的问题，以两种典型硬岩（浅红色花岗岩和灰白色花岗岩）为研究对象，开展了钻齿切削/侵入破岩室内实验，分析了钻齿侵入/切削花岗岩的破岩比功、岩屑形成及塑-脆性破碎转变临界机理等，并从破岩比功角度出发确定了塑-脆性破碎转变的临界切削深度，提出利用塑性耗能比来评价钻齿作用下岩石破碎效率的新方法，并结合颗粒流软件发展了基于图像处理的 Grain-based Model（GBM），形成了非连续岩体裂隙精细化表征方法，揭示了花岗岩在钻齿作用下的细观破碎机制；基于有限-离散元方法建立了花岗岩的三维非均质模型，分析了异形齿的破岩机理，建立了异形齿的综合选齿模型，对 13 种异形 PDC 齿的破岩性能进行了评价，并优选了针对花岗岩的最佳齿形；针对研磨性地层设计了个性化钻头，基于流-固-热三场耦合理论对钻头进行优化，钻头应用取得了较好的提速效果。

本书的具体内容如下：

第 1 章为绪论。主要介绍我国现阶段深部油气开采钻井提速所面临的挑战，全面介绍国内外钻头的发展情况，最后引出岩石塑-脆性破碎转变临界现象和以塑性耗能比为指标的岩石破碎效率评价的新方法。

第 2 章为硬岩物理力学特性及可钻性。主要介绍岩石力学及实验中涉及的一些基本概念，并以两种花岗岩为研究对象，开展相关的物理力学实验及不同围压下的可钻性实验。

第 3 章为钻齿侵入破碎硬岩机理研究——以非均质花岗岩为例。主要通过室内实验的方法，研究不同齿形侵入岩石过程中的侵入力与侵入深度、微观破碎、裂纹扩展、塑-脆性破碎转变及塑性耗能比的变化规律；提出塑性耗能比概念，并提出利用塑性耗能比来评价岩石破碎效率的方法，讨论塑性耗能比和岩石破碎效率的关系；建立花岗岩的非连续裂隙精细化表征方法，并开展大量数值模拟分析，从微宏观多尺度再现了花岗岩的破裂过程。

第 4 章为钻齿切削破碎硬岩机理研究——以非均质花岗岩为例。主要通过理论推导和室内实验相结合的方法研究钻齿切削作用下岩石的裂纹扩展、岩屑形成、破岩比功、塑-脆性破碎转变以及塑性耗能比等问题，提出以破岩比功作为参量研究岩石塑-脆性破碎转变的方法，并建立塑性耗能比的计算模型。

第 5 章为异形齿破岩机理及综合选齿理论。利用有限-离散元方法建立花岗岩的非均质模型，分析异形齿的破岩机理；建立异形齿的综合选齿模型，对 13 种异形 PDC 齿的破岩性能进行了评价，并优选针对花岗岩的最佳齿形。

第 6 章为高效破岩钻头设计及优化。根据具体地层设计 15 种相关类型的 PDC 钻头，通过全尺寸钻头破岩及全井钻柱动力学特性仿真优选最佳 PDC 钻头，并建立 PDC 钻头破岩过程的流-固-热三场耦合流场模型，对 PDC 钻头的喷嘴进行了优化。

第 7 章为高效破岩钻头现场应用。根据优化得到的最优钻头模型，进行钻头实物加工，并在 XXX-05BX1 井进行现场应用。

本书凝聚了西南石油大学"钻井提速"科研团队多年的辛勤劳动，同时也是国家自然科学基金优秀科学青年基金"油气井管柱力学与井下工具"（51222406）、国家自然科学基金"岩石塑-脆性破碎机理和塑性耗能比研究"（51674214）、教育部新世纪优秀人才支持计划"深部硬地层扭转冲击提速基础理论研究"（NCET-12-1061）、四川省青年科技创新研究团队"钻井提速"（2017TD0014）等基金课题中的部分研究内容。

在本书即将出版之际，首先要感谢杨春和院士和孙金声院士为本书作序，感谢为本书研究成果做出贡献的罗云旭博士和何灵博士，感谢阳飞龙硕士和李聪硕士协助整理书稿与绘制插图，感谢国家自然科学基金、教育部新世纪优秀人才支持计划项目、四川省青年科技创新研究团队项目等对研究工作的持续资助，感谢科学出版社在本书出版过程中的全力支持与帮助。

由于水平和时间有限，书中不妥之处在所难免，诚请专家和读者批评指正。

目　　录

第1章 绪 论

随着社会经济的快速发展，人类对石油天然气资源的需求也在不断增大。自1993年起我国进入原油净进口国行列，对外依存度逐年增大，截至2020年已突破73%，如图1-1所示。石油与天然气的安全供给是国家的重大战略需求，国内油气资源勘探开发是保障油气安全的重要途径。在我国剩余油气资源中，深层（超深层）油气资源丰富，据全国第三次资源评价统计，深层石油资源量为304亿吨，占石油总资源量的40%；深层天然气资源量为29.12万亿立方米，占天然气总资源量的60%，深层（超深层）油气将成为我国油气勘探的重大接替领域。近年来我国陆上油气勘探不断向深层（超深层）拓展，进入21世纪，深层（超深层）勘探获得一系列重大突破：在塔里木发现轮南—塔河、塔中等海相碳酸盐岩大油气区及大北、克深等陆相碎屑岩大气田；在四川发现普光、龙岗、高石梯等碳酸盐岩大气田；在鄂尔多斯、渤海湾与松辽盆地的碳酸盐岩、火山岩和碎屑岩领域也获得重大发现。东部地区在4500m以深、西部地区在6000m以深获得重大勘探突破，油气勘探深度整体下延1500～2000m。其中，塔里木油田勘探井深已连续4年超过6000m，且突破了8800m深度关口（轮探1井井深8882m，为亚洲第一深井，截至2020年4月），东部盆地勘探井深突破6000m（牛东1井井深6027m）[1]。我国现阶段是全球深井（超深井）钻探最活跃

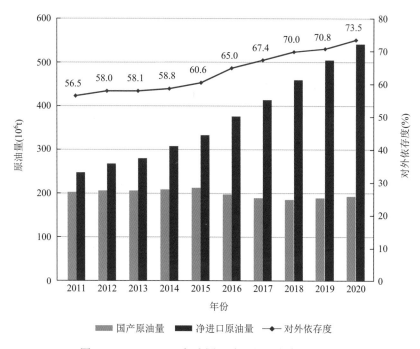

图1-1 2011～2020年我国石油对外依存度变化趋势

的地区之一，据不完全统计，年钻深井（超深井）占世界钻井总数的1.2%左右，但占世界深井（超深井）总数的30%左右。2010～2018年，平均年钻4500m以上深井1024口，接近美国陆上水平（1287口）；平均年钻6000m以上超深井246口，与美国陆上超深井数量相当（260口）。由此可见，深层已成为我国陆上油气勘探的重大接替领域，是石油工业未来最重要的发展领域之一，也是我国石油引领未来油气勘探与开发最重要的战略领域。

但是，我国深层（超深层）油气藏钻井的难度世界罕见：井底岩石高强度、高研磨性、非均质，由此导致钻头寿命短、钻速慢、钻井成本高的问题异常突出。现场钻井资料表明，深井段的平均机械钻速仅是其上部井段平均机械钻速的15%～30%，部分地区（如四川元坝）这个比例甚至低于8%。深部地层较低的机械钻速带来较高的钻井成本。以塔里木油田某井为例，钻上部井段时（1000m左右）的花费是1000美元/m，钻下部井段时（5000m左右）的花费则是3400美元/m；四川盆地深层页岩气长水平段钻柱摩阻扭矩大、托压问题严重等导致井下工具能力不足，钻井动力传递不到位，整体机械钻速仅3～4m/h，严重制约着四川盆地页岩气的高效开采；川渝地区须家河/茅口组非均质性强、研磨性高、可钻性差、工具动力不足/不配套，严重影响了钻头破岩效率，机械钻速低于1m/h。深部硬地层的高效低成本钻进是深井（超深井）中的首要技术问题，是制约我国向陆上油田深部地层及深海迈进的技术关键。因此，开展针对深部硬地层的高效破岩方法和破岩机理研究，提高钻头破岩效率是解决深部硬地层提速降本难题的关键。

1.1 石油钻井中常用钻头

钻头是破碎岩石打通地面和油气藏通道最直接的工具，目前国内外石油钻头主要有两大类，一类是牙轮钻头，另一类是聚晶金刚石复合片（polycrystalline diamond compact，PDC）钻头。牙轮钻头是使用最广泛的一种钻井钻头。牙轮钻头工作时切削齿交替接触井底，破岩扭矩小，切削齿与井底接触面积小、比压高，易于吃入地层，工作刃总长度大。因而减

少了钻齿和岩石间的相对磨损。牙轮钻头在钻压和旋转钻柱的作用下，钻齿压碎并吃入岩石，同时产生一定的滑动而剪切岩石。

世界上第一只牙轮钻头由美国休斯公司创始人霍华德·休斯先生于1909年研制成功，此后牙轮钻头得到飞速发展。1925年出现了钻齿相互交错啮合的自洁式两牙轮钻头。由于都采用无密封的简易滑动轴承，这种钻头在硬地层的磨粒性环境中工作寿命较短。1932年出现了滚动轴承的两牙轮钻头，相对于简易滑动轴承，轴承寿命大大延长；1933年三牙轮钻头代替两牙轮钻头，钻齿齿面寿命和钻进速度显著增长；1935年移轴式三牙轮钻头的成功研制，将冲击压碎作用和刮削作用结合应用于中硬和中软地层，将进尺速度增加了30%，单只钻头进尺增加20%，牙轮钻头自此进入大发展阶段。三牙轮钻头如图1-2所示。

图1-2 三牙轮钻头

牙轮钻头能够适应从软到坚硬的多种地层，因此其成为应用最广泛的钻头。随着型号的增多，牙轮钻头的使用份额也逐渐超过了刮刀钻头成为钻头的主导产品。

随着石油行业的发展，对牙轮钻头的性能提出了更高的要求。20 世纪 60 年代，喷射式牙轮钻头开始推广，牙轮钻头的钻井速度大大提升，这是牙轮钻头发展的一次重大革命。1951 年第一只硬质合金镶齿钻头由美国休斯克里斯坦森（Hughes Christensen）公司制造出，并投入市场。然而当时的深井数量不多，加之很少在极硬和研磨性很强的地层中钻井，且此时钻齿与轴承寿命并不匹配，因此该钻头并未推广开。20 世纪 60 年代初期，储油补偿密封系统首次出现，其后出现了大量有关密封轴承系统的专利。1970 年正式出现了密封储油滑动轴承牙轮钻头，牙轮钻头寿命大增。

之后牙轮钻头朝着轴承密封性能、钻头布齿结构以及切削齿强度方向发展。隶属于斯伦贝谢的 Reed-Hycalog 公司推出的 Titan 系列大直径牙轮中采用轴承结构，能承受超过 400r/min 的转速以适应井下马达驱动钻进技术。Reed-Hycalog 公司研制的固定切削齿钻头，集热稳定、超强耐磨切削齿技术及高稳定钻头结构特征于一体，配合改良的钻机和钻井液，在美国得克萨斯州东部硬岩地层钻井中的钻井时间平均降低了 37%。休斯克里斯坦森公司在推出带有人造金刚石增强层的 Genesis 钻头系列基础上，研制出带有 Endura II 硬敷焊材料的 XLX 钢齿钻头。Endura II 中富含大量球形铸造碳化钨，其几何形状能增强钻头牙齿和保径部位的强度及耐磨性，在强研磨性地层中保护钻头掌尖部位。

直到 1979 年，牙轮钻头配齐了从极硬到极软的完整系列。在这期间硬质合金材料、齿形、固齿工艺等多方面的问题得到解决，轴承寿命不断提高。采用硬质合金镶齿的优越性逐步体现出来。牙轮钻头此时已是世界上使用最广泛的钻头。

此后牙轮钻头的改进主要围绕改进制造处理工艺、开发完善各种品种系列上。休斯克里斯坦森公司生产的牙轮钻头材料也由 20 世纪 70 年代的 EX30、EX55 钢发展到了 90 年代的 EX9310 钢。这为钻头的综合优良性能奠定了坚实基础。随着钻井向着深层位，复杂地层发展，这些复杂工况对牙轮钻头又提出了新的要求。80 年代，休斯克里斯坦森公司推出了一系列高速牙轮钻头。

“优胜劣汰”是机械工程技术发展的一条必然法则。随着 PDC 钻头的崛起，20 世纪 90 年代时，牙轮钻头在某些地层中的钻速及寿命已远远落后于 PDC 钻头。但作为应用最广泛且使用历史最悠久的钻头，截至 2009 年，牙轮钻头仍占油田钻头总消耗量的 70% 左右，常配合中低速大扭矩涡轮钻具进行深井钻进。在硬岩钻井过程中，牙轮钻头齿容易损坏，牙轮-PDC 复合钻头也是目前油气井钻头发展的主要趋势之一。

PDC 钻头是随着复合材料的发展而发展起来的一种新型切削型钻头。PDC 是在高温高压条件下将聚晶金刚石和硬质合金基体烧结而成的一种复合超硬材料。该材料具有金刚石的高耐磨性和硬质合金的高抗冲击韧性，被广泛应用于地质钻探、机械加工等领域的切削元件。人造聚晶金刚石最早于 20 世纪 50 年代末由南非德比尔斯公司研制而成，此后得到不断完善和发展。1971 年美国通用电气公司研制出 PDC 切削齿。1973 年，美国克里斯坦森公司生产出适用于石油钻井的 PDC 钻头，并于同年 11 月 18 日进行了现场实验。在首批钻头的实验过程中发现，其存在的缺陷是复合片黏结不牢固，导致切削齿过早脱落，最终钻头失效。1975 年，PDC 钻头的研制开始向工业化发展，并于

图 1-3　PDC 钻头

20 世纪 70 年代末取得成功，在实际勘探开发中获得了巨大的经济效益。80 年代，钻探（井）界开始大面积推广运用 PDC 钻头，如图 1-3 所示。

PDC 钻头是 20 世纪钻井工程的重大技术突破。作为新型破岩工具，自问世以来，凭借其在软到中硬地层中具有破岩效率高、机械钻速快、可靠性高、寿命长等特点在世界石油、天然气等地质钻探开发领域得到了越来越广泛的应用。而且随着其需求量的逐年增加，对钻头的性能要求也越来越高。数据统计表明，现阶段在油田勘探开发中，PDC 钻头的进尺量占世界钻井总进尺的比例已超过 90%。

PDC 钻头进入市场四十多年来，其对世界范围内的石油、天然气钻井行业产生了重大影响。PDC 钻头与硬质合金牙轮钻头相比，其使用寿命长，钻进速度快，且结构简单，没有活动部件。这在很大程度上降低了钻井成本，提高了效率，还从结构上消除了事故隐患。在地层相同时，PDC 钻头与牙轮钻头相比，机械钻速可以提高 33%～100%，成本可以降低 30%～50%，单只进尺可增加 3～4 倍。随着 PDC 制造水平和质量的提高，PDC 钻头的适用地层和用量也不断扩大。PDC 钻头的进尺量占油田钻探总进尺的比例已由二十年前的不足 16%增加到了目前的超过 90%；目前 PDC 钻头在世界油气市场的份额已达 80%。

然而，在钻进硬地层和软硬交错地层时，PDC 钻头的使用仍然受到限制。PDC 钻头的使用领域仅局限于软、中硬地层，未能有效钻进深部坚硬地层和研磨性地层。工程技术及研发人员通过对现场经验的不断总结，对本领域技术的开拓创新，在传统 PDC 钻头的基础上进行了进一步优化设计，使其能够适应于各种典型地层，推出了系列个性化提速钻头。

1984 年，Schumacher 等[2]提出了如图 1-4 所示的刮切-牙轮复合钻头结构。其至少包含一个刀翼和一个牙轮，刀翼的端面布置有用于刮切破岩的刮切齿，刮切齿用以切削岩石与牙轮相互作用后所形成的齿坑脊。该结构的钻头与常规的牙轮钻头或 PDC 钻头相比，能够有效提高破岩效率。然而，由于当时刮切齿材料的技术水平不高，其抗冲击的性能不能满足钻井的需要，该复合钻头技术并未得到很好的推广应用。

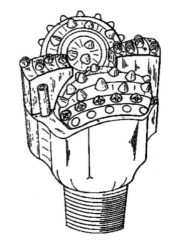

图 1-4　刮切-牙轮复合钻头示意图

2010 年，位于美国休斯敦的贝克休斯公司申请了将 PDC 钻头和牙轮钻头合二为一的 Kymera 复合钻头专利技术。图 1-5 展示的该切削结构由固定的 PDC 切削齿和可转动的牙轮切削齿组成[3, 4]。该复合钻头既具有 PDC 钻头的持久工作能力和优越的切削性能，又拥有牙轮钻头的强度。一方面，Kymera 复合钻头具有比 PDC 钻头更平稳、更低的钻进扭矩，钻进寿命更长、扭转振动更弱、可靠性更高；另一方面，Kymera 复合钻头比传统牙轮钻头具有更高的机械钻速，更小的轴向振动，所需的钻进钻压也更小。现场实钻结果表明该复合钻头能够有效降低钻井成本。随后研究人员又根据现场的需要对该复合钻头进行了优化改进。

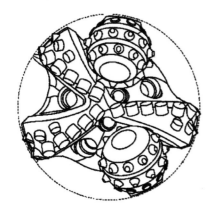 

图 1-5 Kymera 复合钻头示意图

2013 年，国民油井华高（National Oilwell Varco，NOV）公司将图 1-6 所示的用于钻进难钻地层的 FuseTek 复合钻头推向市场[5]。该钻头将具有高转速的 PDC 钻头和高耐磨性的孕镶金刚石钻头的优势融合在一起，在刀翼面布置 PDC 复合片，在刀翼顶部孕镶金刚石材料。这样的设计使得该钻头钻遇硬夹层时能够增强钻头的抗冲击能力。钻头的钻进地层范围从中硬地层扩大到坚硬高研磨性地层。当复合片磨损之后孕镶金刚石成为主切削结构，钻头能够继续保持良好的钻进能力。现场应用表明其既能够显著提高钻井效率，又能延长钻头的使用寿命。

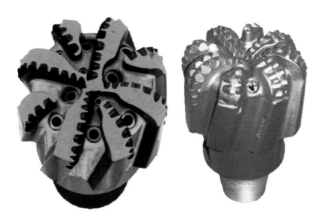

图 1-6 Fuse Tek 复合钻头

2013 年，为了解决 PDC 切削齿上聚集的摩擦热、提高 PDC 切削齿的刮切效率、延长钻头的使用寿命，Smith 公司采用自己独创的 360°旋转 PDC 复合片技术，推出了如图 1-7 所示的 ONYX 360°旋转 PDC 复合片钻头[6]。该钻头将旋转复合片安装在 PDC 钻头切削齿磨损最严重的位置。旋转运动使复合片全圆周上的切削刃都参与切削破岩,解决了 PDC 切削齿在一个方向上局部磨损最严重的问题,能够使切削刃保持长时间不钝化,充分发挥切削齿的潜能,实现高效破岩,大幅延长了复合片的耐久性,从而提高钻头的使用寿命。

图 1-7 ONYX 360°旋转 PDC 复合片钻头及其旋转切削齿

2014 年,Shear Bits 公司推出了图 1-8 所示的满足上层为漂砾或砾石等硬地层,下层为软砂岩或页岩等较软地层井段的高效钻进的 Pexus 复合钻头[7]。该复合钻头以刀翼前部的可旋转硬质合金为主切削齿破碎坚硬岩石,从而保护参与第二次破岩的 PDC 切削齿,即硬质合金齿先于复合片破碎硬岩,以降低其强度,然后 PDC 切削齿再刮切发生预损伤的岩石。该原理既提高了破岩效率,又保护了 PDC 切削齿,延长了钻头的使用寿命。这样,实现了一只钻头一趟行程便可完成整个井段内含有岩性差异很大的两类地层的钻进工作。

图 1-8 Pexus 复合钻头

Tercel 公司基于创新设计的微芯切削系统提出了 MicroCORE 钻头[8]。MicroCORE 钻头模型及其与岩石的相互作用状态如图 1-9 所示。该钻头取消了中心的切削结构，取而代之的是一个岩心腔。在岩心腔的壁面设计有利于切断钻进中形成的小岩心的复合片。这些复合片用以代替常规 PDC 钻头中心低效的挤压破岩方式，能创造性地将能量分配到其他更有效率的刮切结构上，从而提高钻头的破岩效率。形成的小岩心可用于工程师对地质进行分析。该结构的特殊性在一定程度上强化了钻头的破岩性能。

图 1-9　MicroCORE 钻头模型及其与岩石的相互作用状态示意图

斯伦贝谢旗下的钻头公司长期致力于高效破岩钻头的研发。其研制的布置有锥形金刚石元素（conical diamond element，CDE）的 StingBlade PDC 钻头就是其中的佼佼者[9, 10]。该钻头基于 PDC 钻头进行优化改进得来。图 1-10 展示了 CDE 在钻头上的各种特殊位置对应的 StingBlade 中心型 PDC 钻头和 StingBlade 刀翼型 PDC 钻头结构示意图。其中，中心型 StingBlade 钻头中心的 CDE 代替了 PDC 刮切钻齿，通过强力点荷载压碎井底中心的残

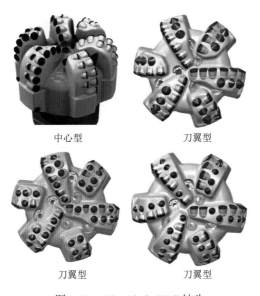

中心型　　　　　　　刀翼型

刀翼型　　　　　　　刀翼型

图 1-10　StingBlade PDC 钻头

留岩屑，解决了 PDC 钻齿回转线速度低导致的井眼中心刮切破岩效率低的问题。将 CDE 布置在钻头端面的刀翼上形成 StingBlade 刀翼型 PDC 钻头。StingBlade 刀翼型钻头具有两种钻齿的破岩机理，即剪切破碎和犁式破岩，其中 CDE 的犁式破岩能够有效提高 PDC 钻齿的刮切破岩效率。基于两种破岩原理的钻齿有机结合使得该钻头既能提高钻头的钻进效率，又能增加钻头的耐用性。StingBlade PDC 钻头不但抗冲击能力比常规 PDC 钻头强，还能降低钻具组合的振动，增强其稳定性，提高钻进速率和钻进尺寸。StingBlade PDC 钻头产生的岩屑尺寸较常规 PDC 钻头更大，更有利于对地层性质进行分析。同时，岩屑和钻井液的分离也更容易，能够节省更换钻井液的费用。

贝克休斯公司申请的 TerrAdapt 可调节自适应钻头在 2017 年获得专利授权，其结构如图 1-11 所示[11, 12]。该系列钻头的核心技术——可调节切深创新技术是贝克休斯公司针对钻头引起的黏滑振动问题而提出的。该系列钻头的与众不同之处在于其刀翼的 PDC 切削齿后部布置有可调节高度的球形金刚石齿，并通过圆柱销锁紧。这些球形金刚石齿能根据钻进环境的变化自动调节切削齿的刮切深度，减小钻进时钻头的振动以及地层对钻头的冲击。通过控制切削深度就能使钻头处于最合适的工作状态，并使钻头破岩时的扭矩具有良好的稳定性。传统的 PDC 钻头通常是针对某一特定岩石设计的，然而在实际钻井中，钻头经常需要穿透多种不同类型的岩层。故传统 PDC 钻头并不能很好地满足钻井工程的实际需求。该系列钻头的技术手段不但扩展了钻头对地层的适应能力、减缓钻头钻进时的振动，还可以吸收钻进时地层对钻头的突然冲击，能够在一定程度上提高钻进效率、降低钻井成本。

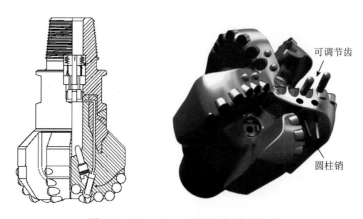

图 1-11 TerrAdapt 可调节自适应钻头

此外，得益于整体材料科学和加工工艺的进步，近几年各种异形齿被广泛用于破岩钻头的设计上，如锥形齿[13-18]、斧形齿[19]、楔形齿[20]、双曲面齿[21, 22]、凹面齿[23, 24]等，如图 1-12 所示。其中异于常规 PDC 齿的锥形 PDC 齿具有钻进硬岩的能力，能将钻进荷载高度集中到岩石上，目前已在实际应用中取得了较好的破岩效果。如针对 Permian 盆地的 Bone Spring 油藏地层钻遇砂岩层、石灰层和页岩夹层出现的机械钻速较低的问题，GMT 公司使用了 Smith 公司研发的 StingBlade 锥形金刚石钻头钻探了三口水平井，有效提高了机械钻速，共节约了 2.5 天的作业时间[25, 26]。针对在软塑性地层钻井过程中切削的长条状岩屑包裹钻头，形成泥包，导致钻头切削效率降低的问题，Smith 公司研发了 HyperBlade 双曲面金刚石钻头。该钻头避免了泥包卡钻问题，有效提高了岩屑清除效率，同时也有效提高了软塑性地层钻进的机械钻速和破岩效率。此外，Smith 公司还推出了具有硬质合金钻头挤压破岩和 PDC 钻头剪切破岩复合破岩效果的 AxeBlade 脊状斧式金刚石钻头。该切削齿具有较好的抗研磨性和抗冲击性能，将金刚石钻头的吃入地层深度至少提高了 22%；将钻头破岩方式转变为线压裂和面挤压，有效提高了钻头机械钻速。

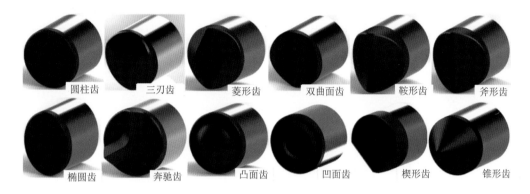

图 1-12　典型非平面 PDC 切削齿示意图

上述新型钻进破岩钻头是近年来对油气钻井领域传统钻头的重要突破，显著扩大了目标岩层的应用范围，提高了在难钻岩层的破岩效率和工作寿命，对油气勘探开发领域具有重要启示，对深井（超深井）的钻井提速增效具有重要意义。

1.2　钻头与井底岩石的相互作用

在牙轮钻头破岩钻进过程中，钻齿作用在岩石上的力不仅有钻压所产生的静荷载，还有因纵振而使钻齿以较高速度冲击岩石的动荷载。静荷载使钻齿挤压岩石，动荷载使钻齿冲击岩石。钻齿除对岩石起挤压和冲击作用外，还对其产生剪切作用。剪切作用发生在钻齿和岩石分离的过程。通过这些挤压和剪切作用最终在岩石表面形成破碎坑，达到破碎岩石的效果，如图 1-13 所示。

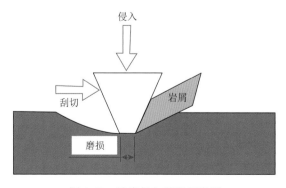

图 1-13　钻齿侵入破岩示意图

PDC 钻头在破岩钻进过程中以钻齿对岩层进行切削来实现岩石的破碎。在实际钻进过程中,钻头在伴有高温高压的井下高速旋转。井下高温高压条件使得岩石的切削过程和金属的切削过程类似,即岩石表现出一定程度的弹塑性。岩石的切削过程实质上是一种挤压过程。在挤压过程中,岩石主要通过内部颗粒之间的滑移变形而生成微裂纹,最终形成宏观裂纹及岩屑。当钻齿最初接触岩石时,在接触的地方岩石开始产生弹-塑性变形;随着钻齿的继续切入,岩石内部的弹-塑性区逐渐变大;当岩石内部某个地方的剪应力大于岩石的抗剪强度后,裂纹开始萌生并扩展;最后岩石沿剪切力相等的滑移面剥离,形成岩屑,如图 1-14 所示。通过分析三牙轮钻头和 PDC 钻头与井底岩石相互作用的过程可以发现,两种钻头破岩过程的基本方式可以简单概括为两种,即侵入破岩和切削破岩。

图 1-14　钻齿切削破岩示意图

石油钻井中两种钻头破碎岩石形成的井底图如图 1-15 所示。其中图 1-15（a）为三牙轮钻头破岩形成的井底图,岩石井底凹凸不平,有许多由钻齿侵入造成的破碎坑。图 1-15（b）展示了 PDC 钻头破岩形成的井底图,井底有许多表现得相对平整的圆圈形切痕。

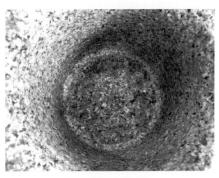 

(a) 三牙轮钻头井底图　　　　　　　　　　　　(b) PDC钻头井底图

图 1-15　石油钻井中两种钻头破碎岩石形成的井底图

虽然目前 PDC 钻头凭借其多种优点,在地质勘探开发中得到广泛应用,但在钻进深部坚硬地层,尤其是钻进软硬交错地层时,通常会遇到钻进效率低及钻头寿命短等问题,严重时甚至造成钻具断裂失效[27]。针对该问题,相关学者和工程技术人员做了大量研究，提出了很多新的方法以提高岩石破碎效率和钻进效率。目前研究较为深入的有扭冲破岩[28-30]、旋冲破岩[31-33]、复合冲击破岩[34, 35]、粒子冲击破岩[36, 37]、激光破岩[38, 39]、射流破岩[40-43]、热力破岩[44, 45]、超声波振动破岩[46, 47]等。但由于各种各样因素的限制，非机械破岩方法距离现场应用还有很长的路要走，短期内无法得到商业化应用。机械破岩仍是现阶段最直接、最经济、最有效的破岩方法，其中扭冲破岩、旋冲破岩、复合冲击破岩技术由于其显著的优点在工程上得到了较为广泛的应用。例如，扭冲破岩技术不但保留了 PDC 齿高效切削破岩的优点，还可有效抑制甚至消除下部钻具黏滑振动、提高钻井效率和钻孔质量[48, 49]；同样，旋冲破岩技术在保留了 PDC 齿高效切削破岩优点的同时，还具有减缓黏滑振动等优点。复合冲击是扭转冲击和轴向冲击的复合情况，即钻头在旋转的同时，从周向和轴向对岩石进行高频冲击。冲击破岩提速技术将是未来很长一段时间深部硬地层钻井提速的核心技术。

国内外学者及钻井公司研发了各种井下冲击破岩提速工具来增大钻头的破岩能量以提高深部难钻地层的破岩效率，如液动冲击器[50-56]、扭力冲击器[57-59]、复合冲击器[60-62]、旋冲螺杆[63, 64]等。其普遍特征都是将钻井液的水力能量通过提速工具转化为辅助的机械能量，增大钻头钻速或额外的冲击钻压，这些提速工具总体上具有较好的提速效果。例如，美国阿特拉（ULTERRA）公司研发的 TorkBuster 扭力冲击器（图 1-16）可将钻井流体能量转换为高频扭向的机械冲击能量，并直接传递给钻头，改变了钻头的运作方式，是一种纯机械动力工具，大大消除了钻头在硬地层钻进时的"卡-滑"现象，显著提高了机械钻速[65]。而多维冲击器（图 1-17）的应用可将钻井流体转换为有压力振荡的脉冲射流，具有轴向和扭向复合冲击作用。其主要由上下接头、螺旋冲击传递杆、自激振荡脉冲喷嘴等结构构成。在哈拉哈塘区块 QG4 井分地层钻进应用表明，多维冲击器增加了进尺长度，有效提高了机械钻速和破岩效率[66]。此外，国内还研发了减振稳扭旋冲钻井提速工具。

图 1-16 TorkBuster 扭力冲击器示意图

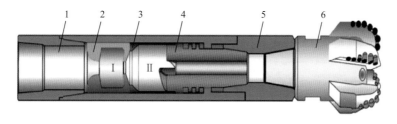

图 1-17 多维冲击器结构示意图

1-上接头；2-自激振荡脉冲喷嘴；3-固定套；4-螺旋冲击传递杆；5-下接头；6-PDC 钻头

该工具的原理为当超出设定扭矩限值时，将其自身旋转运动转化为直线运动，消除黏滑振动，实现超出设定扭矩限值的能量自动存储和释放。该工具还能产生高频冲击扭矩及冲击力，形成剪切和冲击复合破岩效果，在深部地层实际钻井中有效提高了机械钻速[67]。

1.3 钻头破岩效率评价方法

1.3.1 破岩比功评价方法

现今，破岩比功（又称机械比能，mechanical specific energy，MSE）是评价钻头/钻齿破碎岩石效率方法中最常用的评价指标，破岩比功是指钻齿破碎单位体积岩石所消耗的能量。一般情况下认为破岩比功越小钻齿破岩效率越高，破岩比功越大钻齿破岩效率越低。在破岩比功方面，大量学者也进行了相关的研究工作，Martinez 等[68]利用有限元方法研究了不同切削深度、前倾角（又称切削倾角）以及围限压力（简称围压）作用下破岩比功的变化情况。研究发现随着切削深度的增加破岩比功变小，随着前倾角和围压的增加破岩比功变大。

Zhou 等[69-73]在前人研究的基础上，利用有限单元方法和少量的实验数据点进行了大量的分析，确定了临界切削深度和岩石特征长度以及单轴抗压强度（又称压缩强度，σ_c）的关系，并通过有限元计算和室内实验研究了破岩比功和临界切削深度的关系。研究发现破岩比功随着临界切削深度（d_c）的增大而逐渐减小，最后趋于某个稳定的值，如图 1-18 所示。

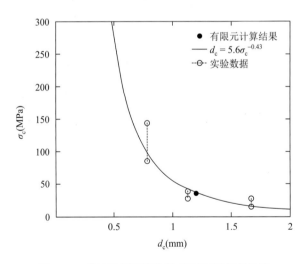

图 1-18 单轴抗压强度和临界切削深度的关系

Mendoza[74-76]研究了岩石在围压作用下的切削情况，分析了不同强度岩石的破岩比功以及孔隙度对岩石切削的影响。研究同样发现，在切削过程中岩石有两种失效方式：脆性失效和塑性失效，且在塑性切削中破岩比功和单轴抗压强度成正比。

Detournay 和 Tan[77]在不同水压和初始孔隙压力条件下针对皮埃尔页岩做了大量切削实验。实验发现破岩比功 MSE 和水压 p_w 是有关系的，但是和水压与孔隙压力的压差 p_w-p_0 是无关的，因此破岩比功可以表示成 MSE = $\mu_0 + \chi p_w$，χ 为拟合系数，无量纲。

Atici 和 Ersoy[78]、Altindag[79]利用岩石脆性和岩石破碎能的数据建立了破岩比功和钻井比能的预测模型。研究发现，破岩比功和第一种脆性参数（抗压强度与抗拉强度之比）呈线性相关、和第二种脆性参数（抗压强度减抗拉强度）呈多项式关系、和第三种脆性参数（抗压强度和抗拉强度平均值）呈幂指数关系，而钻井比能和脆性参数没有关系。

Akbari 等[80-82]通过大量实验研究了在高压环境下不同型号刀具切削岩石的情况，研究了刀具几何形状对破岩比功的影响以及破岩比功和颗粒尺寸的关系。研究表明，切屑尺寸的大小对破岩比功的影响很大，较小的切屑尺寸对应的是较大的破岩比功。

Carrapatoso 等[83-85]利用离散元软件 PFC 和实验方法研究了单个 PDC 齿切削蒸发岩过程中切削力的变化情况以及破岩比功随切削深度、前倾角的变化情况。研究表明，破岩比功随着切削深度的增加而减小，直到切削深度达到某个值，破岩比功才趋于稳定。Choi 和 Lee[86]利用离散元软件 PFC 研究了隧道掘进机滚刀切削岩石时的失效机理和最佳齿间距问题。

Ghoshouni 和 Richard[87]研究了前倾角 γ_b 以及不同形状的切削面积对切削力大小和方向的影响。研究表明，切削力的方向和材料的摩擦系数有关；破岩比功和前倾角不是简单的幂函数关系；切削力的大小和沟槽的宽度无关，但和临界切削深度的平方（即 d_c^2）有关。

综上所述，大多文献研究表明，破岩比功随着切削深度的增大而减小。也就是说在钻井过程中如果想提高钻头的破岩效率就要尽可能地增大钻齿的切削深度，但最佳的切削深度是多少却无从知晓。因此，需要对破岩比功进行更加精细化的分析和评价，岩石塑-脆性破碎机理研究是岩石破碎耗能精细化评价的新视角。

1.3.2 岩石塑-脆性破碎及塑性耗能比评价方法

钻头破岩钻进过程中，钻齿与岩石相互作用的基本方式一般可以分为两种类型：一种是切削破岩，一种是侵入破岩[88]。两者的主要区别在于，在切削破岩中钻齿的运动方向和被切削岩石表面平行；但是在侵入破岩中，钻齿的运动方向垂直于岩石表面[89,90]。两者作为机械破岩的基本形式，深入研究其破岩机理对优化钻头设计和钻井参数、提高钻进效率有重要作用[91,92]。但是由于井底岩石所处环境十分复杂，受复杂应力场、温度场、渗流场的完全耦合作用，其破碎的理论研究和数值模拟难度很大，且更难以完全模拟井下工况进行实验观测，现在对井底岩石破碎机理的认识程度还很低。国内对于井底岩石在钻齿作用下的裂纹萌生和扩展、损伤演化、岩屑形成、塑-脆性破碎以及破岩比功等问题的研究还不够系统和深入；国内外关于影响岩石塑-脆性破碎转变的关键因素即临界切削/侵入深度的研究很少，针对脆性破碎中塑性耗能比问题的研究未见报道。

关于切削过程的塑-脆性转变问题早在研究脆性材料（陶瓷、玻璃和水晶）切削加工精度时就已经提出来：Toh 和 McPherson[93]的研究发现在切削脆性材料时如果切削深度很小（小于 1μm），塑性切屑就会出现，能够得到非常高的表面精度，并且不会产生微裂纹；相似的结论在 Huerta 和 Malkin[94]、Yoshioka[95]、Molloy 等[96]、Shimada 等[97]的研究中也有发现。

随后，Bifano 等[98, 99]提出了一种加工脆性材料的新方法——塑性切削，并且通过理论计算和室内实验研究了切削深度和塑性切削的关系。研究表明，临界切削深度 d_c 和材料的断裂韧度 K_{IC}、硬度 H 和杨氏模量 E 有关。他们通过理论推导得出了脆性材料在塑性研磨和脆性研磨情况下的研磨比功公式，然后利用几种玻璃材料作为室内实验的研究对象验证了公式的正确性。研究发现，在塑性研磨中研磨比能是一个恒定值，但是在脆性研磨中，研磨比能和侵入深度呈幂指数关系。

Richard 等[100]、Detournay 和 Defourny[101]认为塑性切削时，切削力和切削深度成正比，平均机械切削比能和岩石单轴抗压强度成正比，即 $\mu \propto \sigma_c$，从而提出了用切削实验快速确定岩石抗压强度的方法；脆性切削时，切削力是和切削深度的开方成正比，如图 1-19 所示；最后得出临界切削深度 d_c、岩石断裂韧度 K_{IC} 以及单轴抗压强度 σ_c 的关系为 $d_c \propto (K_{IC}/\sigma_c)^2$，切削力 F 与单轴抗压强度 σ_c 的关系为 $F \propto \sigma_c w d$，机械切削比能 μ 和切削深度 d 的关系为 $\mu = \alpha K_{IC}/\sqrt{d}$，其中 α 为和岩石类型相关的系数。

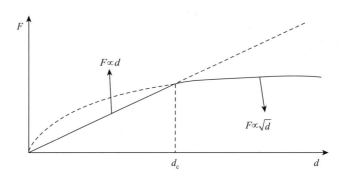

图 1-19　切削力与切削深度的关系

Nicodeme[102]、Chaput[103]通过实验研究了三种不同砂岩切削力与切削深度的关系。研究发现在切削深度比较小时，切削力和切削深度呈正比关系；当切削深度超过某个阈值后切削力和切削深度呈非线性的关系。

Rabia[104]把机械比能分为两种类型：一种为切削单位体积岩石消耗的能量，一种为产生新表面（即裂纹）消耗的能量。Peña[105]的研究发现，当切削深度小于临界切削深度 d_c 时，机械比能为一常数，不会随着切削深度的变化而变化；当切削深度大于临界切削深度 d_c 时，机械比能会随着切削深度的增大而减小，并且呈 $\mu = 1/\sqrt{d}$ 的关系。研究还发现塑性切削时，能量都消耗在塑性破坏的岩石体积上，而脆性破碎时，能量消耗在新产生的裂纹面积上。

Atkins[106]指出当岩石发生塑性失效时，发生塑性变形区域的岩石消耗了钻具对岩石所做的功；然而当发生脆性破坏时，能量的消耗发生在裂纹的萌生和扩展。许多学者[107-109]的研究表明，材料参数 $G_f E/\sigma_y^2$ 影响着脆-塑性的转变，其中 G_f 为表面能，σ_y 为屈服强度。

He 和 Xu[110]利用离散单元方法 PFC2D 通过颗粒簇来形成不同脆性的岩石,分析了岩石切削过程以及临界切削深度和岩石脆性的关系。研究表明,临界切削深度不仅和单轴抗压强度、断裂韧度有关,还和岩石的脆性有关;脆性大的岩石临界切削深度要小于脆性小的岩石,临界切削深度随着岩石脆性的增大而减小。

Jaime[111, 112]利用有限单元软件 LS-DYNA 建立了岩石切削的三维模型,分析了切削过程中裂纹的萌生以及后续的扩展和切屑的形成过程。研究发现,切削深度较小时岩石为塑性失效,切削深度较大时岩石为脆性失效。所得仿真结果和室内实验结果比较相近,如图 1-20 所示。并且实验测得在塑性切削时切削力变化幅值不大但变化频率却很快,而脆性切削却恰好相反,如图 1-21 所示。

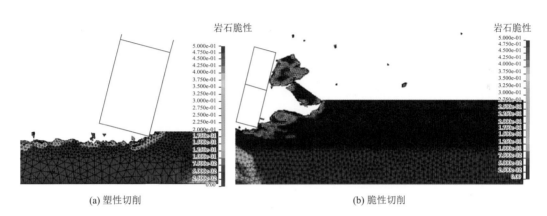

(a) 塑性切削 (b) 脆性切削

图 1-20 不同切削深度下岩石塑性、脆性破碎形态

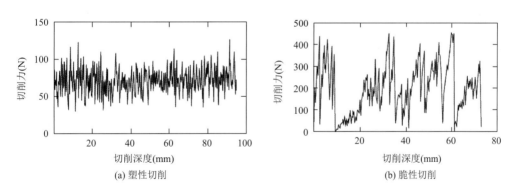

(a) 塑性切削 (b) 脆性切削

图 1-21 塑性切削和脆性切削对应的切削力响应规律

Huang 等[113, 114]指出在切削实验中岩石可能发生脆性破坏也可能发生塑性破坏,塑性破坏表现为岩石的损伤或塑性流动,脆性破坏表现为裂纹的萌生与扩展。其还模拟了随着切削深度增大,岩石从塑性失效到脆性失效的过程,模拟结果和实验吻合程度较高,如图 1-22 所示。研究还表明临界切削深度和岩石特征长度 $l = (K_{IC}/\sigma_c)^2$ 以及单轴抗压强度 σ_c 有关系。

Richard 等[115, 116]研究了岩石切削过程中岩石破碎形式转变的问题。他们同样把岩石破碎形式归结为两种，即塑性破碎和脆性破碎。其中塑性破碎通常发生在切削深度比较小的情况下，切削深度一般小于1mm，主要现象为被破碎的岩屑在刀尖前面的不断堆积，如图1-23（a）所示；而脆性破碎通常发生在切削深度比较大的情况下，如图1-23（b）所示案例中切削深度为4mm，主要表现为裂纹从刀尖开始沿着切削方向扩展，最终扩展至自由面而形成较大的切屑。岩屑形成的具体过程如图1-23（c）所示[117]。同样地，在侵入破岩中岩石的破碎也表现为塑性破碎和脆性破碎两种形式[118]。塑性破碎由于破岩比功大、岩石破碎效率低，易引起钻头的提前失效。因此在破岩过程中我们期望岩石能够发生脆性破碎。如何确定切削/侵入深度的阈值是研究岩石塑-脆性破碎转变的关键问题。当切削/侵入深度较小时，岩石发生塑性破碎，钻齿对岩石所做的功主要消耗在岩石的塑性变形上；当发生脆性破碎时，岩石不仅会发生塑性变形还会产生裂纹扩展，此时钻齿对岩石所做的功主要消耗在塑性变形和裂纹扩展上面（在切削破岩中可以不考虑弹性变形的影响，但在侵入破岩中需考虑）。

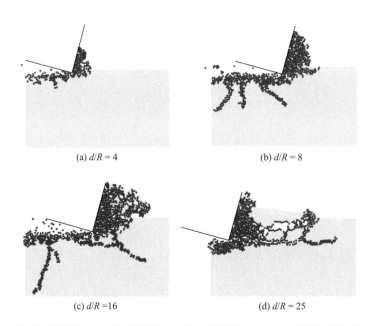

(a) $d/R = 4$ (b) $d/R = 8$

(c) $d/R =16$ (d) $d/R = 25$

图 1-22 岩石塑-脆性失效动态过程模拟（d 为切削深度，mm；R 为颗粒平均半径，mm）

(a) 塑性破碎形式,切削深度为1mm   (b) 脆性破碎形式,切削深度为4mm

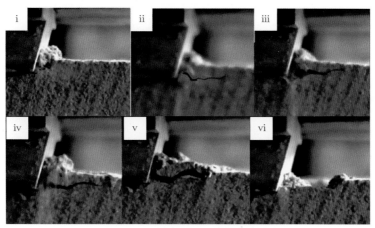

(c) 脆性岩屑形成过程,切削深度为2.3mm

图 1-23 三种不同切削深度的切削实验[119]

由此可见，岩石的塑性破碎在整个破岩过程中是不可避免的，并且塑性破碎耗能越大、岩石破碎效率越低。因此，如何降低岩石塑性破碎在整个破岩过程中的耗能是需要解决的另一个特别重要的问题。研究岩石在钻齿作用下发生塑-脆性破碎转变的临界切削/侵入深度和脆性破碎中塑性耗能问题，可为优化钻头设计、钻井参数和破岩方式的选择（冲击破岩、旋转破岩、冲旋复合破岩）提供重要理论依据，从而达到提高钻进效率、降低钻进成本的目的。

通过总结和分析相关岩石破碎的文献发现，国外学者对岩石切削和侵入过程中裂纹的扩展、岩屑生成、破岩比功以及塑-脆性破碎转变做了大量的理论和实验研究。但总体来说，由于井底岩石所处环境的复杂性，人们对其破碎机理的认识程度还很低；对于岩石在钻齿作用下的裂纹萌生和扩展、损伤演化、岩屑形成、塑-脆性破碎、破岩比功以及异形齿破岩机理等问题的研究还不够深入；关于影响岩石塑-脆性破碎转变的关键因素即临界侵入/切削深度的研究很少；针对脆性破碎中塑性耗能比问题的研究在国内外尚未见文献发表。

第2章　硬岩物理力学特性及可钻性

随着油气开采向深部迈进，深部地层岩石强度大、可钻性差的特点突出，导致钻井难度越来越大。探究硬岩的物理力学特性和可钻性对于正确认识所钻地层，提前制定钻井方案和优选钻头有重要意义。花岗岩是典型的硬岩，被喻为钻头的"克星"，因此，本章以花岗岩为研究对象。本章以XX-1-2井部分井段钻参曲线为基础，通过参数反演，确定了地层的强度参数，并确定了两种岩性接近的典型花岗岩岩样，分别为湖北随州的浅红色花岗岩和河南平顶山的灰白色花岗岩，通过单/三轴压缩强度实验（或抗压强度实验、压缩实验）及巴西劈裂实验、X 射线衍射（X-ray diffraction，XRD）实验、切片实验及可钻性实验，分析了两种花岗岩的物理力学特性及可钻性，为后续章节的计算分析和模型建立提供数据支撑。

2.1　岩石强度及变形特性

岩石是由固体相、液体相和气体相组成的多相体系。理论认为，岩石中固体相的组分和三相之间的比例关系及其相互作用决定了岩石的性质。在研究和分析岩石受力后的力学表现时，必然要联系到岩石的某些物理性质指标。岩石的物理性质是指岩石固体相的组分和三相之间的比例关系及其相互作用所表现出来的性质，主要包括基本物理性质和水理性质。岩石在受到外力作用下所表现出来的性质称为岩石的力学性质。岩石的力学性质主要有变形性质和强度性质。在静荷载和动荷载作用时，岩石的力学性质是有所不同的，表现在性质指标的差异上。

下面首先明确岩石的强度概念。岩石在各种荷载作用下达到破坏时所能承受的最大应力称为岩石的强度。岩石同其他材料一样，也具有一定的抵抗外力作用的能力。但是，这种能力是有限的，当外力超过一定的极限时，岩石就要发生破坏。外力作用的方式不同，抵抗破坏的能力也不同。因而，通常根据外力的类型来划分强度的类型，如单轴强度、三轴强度等。

根据大量的实验和观察证明，岩石的破坏常表现为下列各种形式：

（1）脆性破坏——大多数坚硬岩石在一定条件下都表现出脆性破坏的性质。也就是说，这些岩石在荷载作用下没有显著觉察的变形就突然破坏。产生这种破坏的原因可能是岩石中裂隙的发生和发展的结果。例如，地下洞室开挖后，由于洞室周围的应力显著增大，洞室围岩可能产生许多裂隙，尤其会在洞顶产生张拉裂隙。这些都是脆性破坏的结果。

（2）塑性破坏——岩石在破坏之前的变形很大，且没有明显的破坏荷载，表现出显著的塑性变形、流动或挤出的破坏形式。这种破坏也称为延性破坏或韧性破坏。塑性变形是岩石内结晶晶格错位的结果。在一些软弱岩石中，这种破坏较为明显。有些洞室的底部岩石隆起，两侧围岩向洞内鼓胀都属于塑性破坏的例子。坚硬岩石一般属于脆性破碎，但在两向或三向受力较大的情况下，或者在高温的影响下，也可能发生塑性破坏。

（3）弱面剪切破坏——由于岩层中存在节理、裂隙、层理、软弱夹层等软弱结构面，岩层的整体性受到破坏。在荷载作用下，当这些软弱结构面上的剪应力大于该面上的抗拉强度时，岩体就会发生沿软弱结构面的剪切破坏。岩基和岩坡沿着裂隙和软弱夹层的滑动以及小块试件沿着潜在破坏面的滑动，都属于这种破坏的例子。

岩石在单轴压缩荷载作用下达到破坏前所能承受的最大压应力称为岩石的单轴压缩强度，或称为非限制性抗压强度。因为试件只受轴向压力作用，侧向没有压力，所以试件变形没有受到限制。岩石在三向压缩荷载作用下，达到破坏时所能承受的最大压应力称为岩石的三轴压缩强度（又称三轴抗压强度）。与单轴压缩实验相比，试件除受轴向压力外，还受侧向压力。侧向压力限制试件的横向变形，因而三轴压缩实验是限制性抗压强度实验。三轴压缩实验的加载方式有两种。一种是真三轴加载，试件为立方体，其中 σ_1 为主压应力，σ_2 和 σ_3 为侧向压应力。这种加载方式的实验装置繁杂，且六个面均会受到由加压铁板所引起的摩擦力，对实验结果影响很大，因而实用意义不大，故极少有人做这样的三轴压缩实验，如图 2-1（a）所示。常规的三轴压缩实验是伪三轴试件：试件为圆柱体，试件直径为 25～150mm，长度与直径之比为 2∶1 或 3∶1。轴向压力的加载方式与单轴压缩实验相同。但由于有了侧向压力，其加载时的端部效应比单轴加载时要轻微得多，侧向压力（$\sigma_2 = \sigma_3$）由圆柱形液压油缸施加。由于试件侧表面已被加压油缸的橡皮套包住，液压油不会在试件表面造成摩擦力。因而侧向压力可以均匀地施加在试件中，如图 2-1（b）所示。

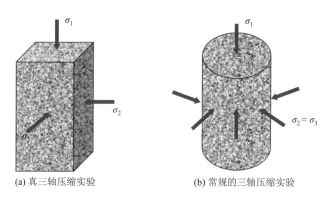

(a) 真三轴压缩实验　　　　　　(b) 常规的三轴压缩实验

图 2-1　岩石力学三轴压缩实验

三轴压缩实验最重要的成果就是对于同一种岩石的不同试件或不同实验条件给出几乎恒定的强度指标值。这一强度指标值以莫尔强度包络线的形式给出。为了获得某种岩石的莫尔强度包络线，须对该岩石的 3～5 个试件做三轴压缩实验。每次实验的围压值不等，由小到大，得出每次试件破坏时的应力莫尔圆。通常也将单轴压缩实验和拉伸实验破坏时的应力莫尔圆用于绘制应力莫尔强度包络线。各莫尔圆的包络线就是莫尔强度曲线。如岩石中一点的应力组合（正应力加剪应力）落在莫尔强度包络线以下，则岩石不会破坏，若应力组合落在莫尔强度包络线之上，则岩石将出现破坏。

岩石在单轴拉伸荷载作用下达到破坏时所承受的最大拉应力称为岩石的单轴抗拉强度，简称抗拉强度。抗拉强度可通过直接拉伸实验或间接拉伸实验确定。一般情况，对岩石进行直接拉伸实验是很困难的，因为当试件固定在实验机的夹具中时，夹持力过大则可能将试件端部夹裂，夹持力过小则试件易脱出。直接拉伸实验在实验准备上费时费力，且实验成功率不高，因此一般采用间接实验的方法测定岩石的抗拉强度。间接实验方法有很多，使用最多的是劈裂实验法（又称巴西劈裂实验），如图2-2所示。劈裂法的试件是高径比为0.5的圆盘。沿径向加载，使试件劈裂，从而求得抗拉强度。该方法简便易行，使用很广泛。加载采用特制的弧形压模进行，开始时弧形压模与试件呈线状接触。试件劈裂时二者弧形接触面对应的中心角应控制在10°以内。在如此加载的情况下，沿加载线岩石试件内的垂向应力维持压应力状态，而横向应力在试件边缘附近为压应力，内部为拉应力且在很长距离上呈均匀分布。由于岩石的抗拉强度远小于抗压强度，试件在横向拉应力的作用下可沿直径劈裂破坏，破坏从直径中心开始，然后逐渐向两端发展。

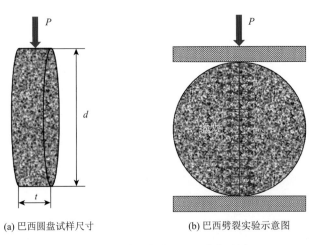

(a) 巴西圆盘试样尺寸　　　　　　　(b) 巴西劈裂实验示意图

图 2-2　巴西劈裂实验——测抗拉强度

岩石间接抗拉强度计算公式：

$$\sigma_t = \frac{2P}{\pi dt} \tag{2-1}$$

式中，σ_t 为岩石的抗拉强度（MPa）；P 为岩石破裂时的最大荷载（kN）；d 和 t 分别为试样的直径和厚度（mm）。

对一定形状的岩石试件，用材料实验机按一定的时间间隔施加单向压力，测量加压过程中各级应力及相应的轴向和横向应变值，并计算出体积应变值。以应力为纵坐标，以各种应变为横坐标，绘制出岩石单向压缩应力-应变曲线（图2-3）。该曲线反映了岩石在单向压缩条件下的变形特性。

岩石在单向压缩条件下的应力-应变全过程大致可分为5个阶段。

（1）OA 阶段：应力-轴向应变曲线为微上凹的曲线；应力-横向应变曲线陡，体积随应力的增加而压缩（即体积应变为正值），这是孔隙、微裂隙压缩压密的过程。

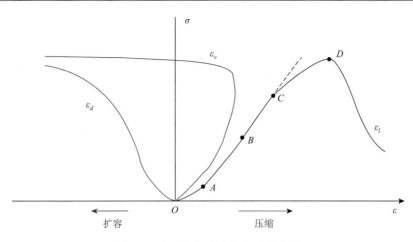

图 2-3　岩石单向压缩应力-应变曲线

ε_d 为径向应变，ε_v 为体积应变，ε_l 为轴向应变

（2）AB 阶段：岩石的应力-轴向应变曲线呈近似直线关系，岩石处于弹性阶段。相应于 B 点的应力值称为比例极限或弹性极限。

（3）BC 阶段：曲线由 B 点开始逐渐偏离直线。特别是应力-体积应变曲线，其斜率随应力的增大而变陡直至相反；岩石的体积变形由压缩变成膨胀，为微破裂稳定发展的阶段。C 点称为屈服点，相应于 C 点的应力值称为屈服极限。

（4）CD 阶段：过了 C 点，岩石进入塑性变形阶段。应力-轴向应变曲线的斜率急剧减小，体积膨胀加速，变形随应力迅速增长（岩石发生扩容变形）。该阶段为非稳定破裂阶段，至 D 点应力达到最大。相应于 D 点的应力值称为峰值强度或单轴极限抗压强度（简称单轴抗压强度）。

（5）D 点以后的阶段：岩石试件承载力达到峰值强度后，内部结构发生破坏。但基本保持整体状，变形主要表现为沿宏观破裂面的滑移，承载力随变形增大而迅速下降，但并未降到零。这说明岩石破裂后仍具有一定的承载力，称为残余强度。残余强度实际上就是一般岩体所具有的强度。

在岩石工程中经常遇到循环荷载作用。在这种条件下，岩石的强度通常低于静力强度（逐级加载条件下的强度）。线弹性的岩石和完全弹性的岩石，其加载与卸载的应力路径是相同的，但前者的应力路径是直线，后者是曲线。弹性的岩石，其加载与卸载的应力路径不相同，即曲线不重合。但卸载曲线的端点与加载曲线的端点重合，即卸载后的变形能完全恢复。加载与卸载曲线之间形成一个环路，反复加载卸载时，应力-应变曲线总是服从该环路。

非弹性岩石，当卸载点超过屈服应力（屈服极限）时，加载与卸载曲线不重合。两者之间形成一个环路，一般称为塑性滞回环。一般来说，卸载曲线的平均斜率与加载曲线直线段的斜率相同，或和原点切线斜率相同。反复加载卸载时，都会形成一个滞回环（滞回环不重合，这是因为存在塑性变形，即不可恢复的变形）。如果反复加载卸载的应力峰值不超过某一数值时，随着循环次数的增加，滞回环越来越狭窄。这说明岩石越来越富有弹性，一直到某次循环没有塑性为止，试件一般不会出现破坏，如图 2-4（a）所示。如果应力峰值超过该数值时，岩石将在某次循环中破坏，如图 2-4（b）所示，这种破坏称为疲劳破坏（任何材料都有这种特性）。这一数值称为临界应力，不同岩石的临界应力是不同的。当峰值应力超过临界应力时，反复加载卸载的应力-应变曲线将最终与全应力-应变曲线的峰后段相交，岩石破坏，此时给定的应力值称为疲劳强度。如果多次反复加载卸载循环，每次加载的最大荷载比前一次循环的最大荷载要大，则应力-应变曲线也存在滞回环，如图 2-4（a）所示，随着循环次数的增加，滞回环越来越大，卸载曲线的斜率逐次增加，表明卸载下的岩石弹性有所增强。此外，每次卸载后再加载，在荷载超过上次循环的最大荷载后，变形曲线仍沿着单调加载曲线上升，这种现象称为变形记忆。

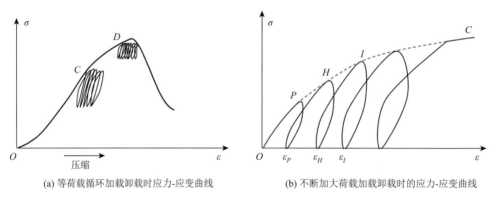

(a) 等荷载循环加载卸载时应力-应变曲线　　(b) 不断加大荷载加载卸载时的应力-应变曲线

图 2-4　岩石压缩实验中加载卸载应力-应变曲线

2.2　花岗岩强度反演

测井信息是反映岩石在特定地层条件下的实际状况，能够较好地反映岩石的物理力学参数。因此，这里根据 XX-1-2 井的测井资料，如图 2-5 所示，结合以往相关文献[120]，对该区块花岗岩的力学杨氏模量、泊松比、内聚力和单轴抗压强度进行参数反演。

1. 计算泥质含量 V_{CL}

根据 XX-1-2 井的测井资料，选用自然伽马测井数据来求岩石的泥质含量，泥质含量系数 ΔG：

$$\Delta G = \frac{G_R - G_{R\min}}{G_{R\max} - G_{R\min}} \tag{2-2}$$

式中，ΔG 为泥质含量系数；G_R 为自然伽马（API）；$G_{R\max}$ 为最大自然伽马（API）；$G_{R\min}$ 为最小自然伽马（API）。

则泥质含量 V_{CL}：

$$V_{CL} = \frac{2^{g \cdot \Delta G} - 1}{2^g - 1} \tag{2-3}$$

式中，g 在新地层取 3.7，在老地层取 2，在反演过程中取 2。

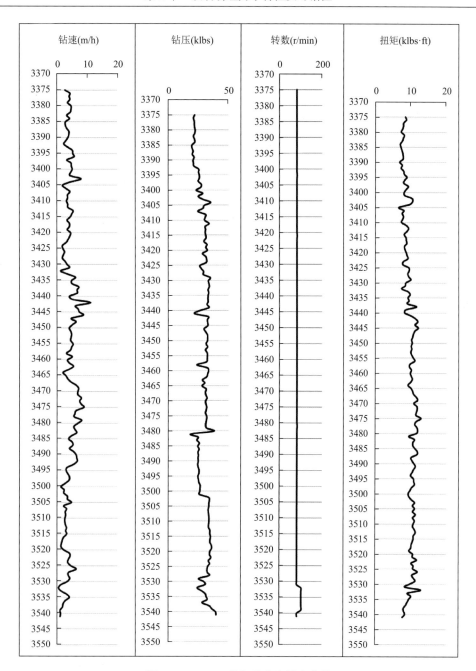

图 2-5　XX-1-2 井部分井段钻参曲线

1klbs = 493.592kg；1ft = 0.3048m

2. 动态泊松比 μ_d

对于各向同性的均质弹性岩石来说，声波（纵、横波）在岩石介质中传播，其声波在岩体中的传播速度：

$$V_p = \sqrt{\frac{E_d(1-\mu_d)}{\rho(1+\mu_d)(1-2\mu_d)}} \tag{2-4}$$

$$V_s = \sqrt{\frac{G}{\rho}} = \sqrt{\frac{E_d}{2\rho(1+\mu_d)}} \tag{2-5}$$

式中，E_d 为岩石的动态杨氏模量（MPa）；μ_d 为动态泊松比；ρ 为岩石密度（g/cm³）；G 为岩石剪切模量（MPa）；V_p、V_s 分别为纵波、横波在岩体中的传播速度（m/s）。

由关系式 $V_s = 1/\Delta t_s$ 和 $V_p = 1/\Delta t_p$，以及式（2-4）和式（2-5），可求得动态泊松比 μ_d：

$$\mu_d = \frac{0.5\Delta t_s^2 - \Delta t_p^2}{\Delta t_s^2 - \Delta t_p^2} \tag{2-6}$$

式中，Δt_s、Δt_p 分别为横波时差和纵波时差（s）。

3. 岩石剪切模量 G

由横波传播速度 V_s 与横波时差 Δt_s 的关系式 $V_s = 1/\Delta t_s$ 和式（2-5）可得岩石的剪切模量 G：

$$G = \frac{\rho}{\Delta t_s^2} \tag{2-7}$$

4. 动态杨氏模量 E_d

由式（2-4）和式（2-5）以及声波速度与时差的关系，可得岩石的动态杨氏模量 E_d：

$$E_d = \frac{\rho(3\Delta t_s^2 - 4\Delta t_p^2)}{\Delta t_s^2\left(\Delta t_s^2 - \Delta t_p^2\right)} \tag{2-8}$$

5. 岩石体积模量 K

由弹性力学知，体积模量 K 的表达式：

$$K = \frac{E_d}{3(1-2\mu_d)} \tag{2-9}$$

将式（2-6）和式（2-8）代入式（2-9）中，得

$$K = \frac{\rho(3\Delta t_s^2 - 4\Delta t_p^2)}{3\Delta t_s^2\Delta t_p^2} \tag{2-10}$$

由式（2-10）可求出岩石体积压缩系数 C_b：

$$C_b = \frac{1}{K} = \frac{3\Delta t_s^2\Delta t_p^2}{\rho(3\Delta t_s^2 - 4\Delta t_p^2)} \tag{2-11}$$

6. 岩石杨氏模量 E_s 和泊松比 μ_s

根据已有文献中分别对室内实验测定的岩石力学参数（泊松比和杨氏模量）和对应

测井资料确定的力学参数进行了动态和静态相关性分析，得到的参数（泊松比和杨氏模量）回归关系式中的相关性系数为 0.96。在反演岩石力学参数的过程中采纳该文献的既有结论[120]。其中，岩石的动态泊松比 μ_d 与静态泊松比 μ_s、动态杨氏模量 E_d 与静态杨氏模量 E_s 的关系：

$$\mu_s = 0.27\mu_d^{0.4} \tag{2-12}$$

$$E_s = 11.67\times10^3 E_d^{0.016} \tag{2-13}$$

7. 岩石内聚强度 C_0

对岩石内聚强度进行了统计分析，总结出其内聚强度 C_0：

$$C_0 = \frac{0.025aE_d}{C_b}\left[0.4185V_{CL} + 0.1609(1-V_{CL})\right] \tag{2-14}$$

式中，E_d 为岩石的动态杨氏模量；a 为岩石内摩擦角有关的常数，$a = 2\cos\phi/(1-\sin\phi)$，反演时设定内摩擦角为 50°；$C_b$ 为岩石的体积压缩系数；V_{CL} 为泥质含量。

将泥质含量 V_{CL} 与测井资料的关系式［式（2-2）、式（2-3）］、动态杨氏模量 E_d 与测井资料的关系式［式（2-8）］以及体积压缩系数 C_b 与测井资料的关系式［式（2-11）］代入式（2-14），就可以求出用测井资料表示的岩石内聚强度 C_0。

8. 单轴抗压强度 σ_c

由用主应力表示的莫尔-库仑（Mohr-Coulomb）准则，我们可以求出单轴抗压强度 σ_c 与内聚强度 C_0 的关系式：

$$\sigma_c = \frac{2\cos\phi}{1-\sin\phi}C_0 \tag{2-15}$$

式中，σ_c 为单轴抗压强度（MPa）；ϕ 为岩石的内摩擦角（°）；C_0 为岩石的内聚强度（MPa）。

9. 岩石的抗拉强度 σ_t

岩石的抗拉强度 σ_t 由经验确定：

$$\sigma_t = \frac{\sigma_c}{12} \tag{2-16}$$

式中，σ_c 为单轴抗压强度（MPa）。

2.2.1　参数反演流程

根据上述参数反演的理论依据，可以分别得出由 XX-1-2 井测井资料反演花岗岩的泊松比 μ_s、杨氏模量 E_s、单轴抗压强度 σ_c 和抗拉强度 σ_t 的反演过程。下面对上述四个反演参数的反演过程进行详述，参数反演流程如图 2-6 所示。

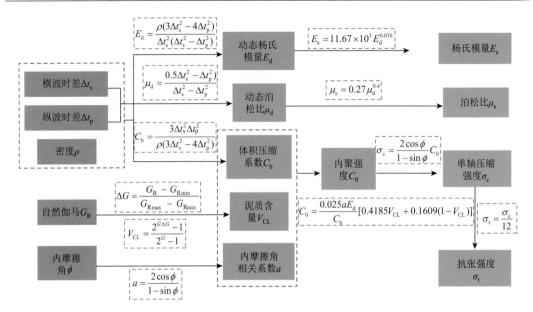

图 2-6　花岗岩参数反演流程图

1. 泊松比 μ_s

由测井资料中的横波时差 Δt_s 和纵波时差 Δt_p 经式（2-6）求得岩石的动态泊松比 μ_d，再由泊松比 μ_s 和动态泊松比 μ_d 之间的关系式［式（2-12）］即可求得岩石的泊松比 μ_s。

2. 杨氏模量 E_s

由测井资料中的横波时差 Δt_s、纵波时差 Δt_p 和密度 ρ 经式（2-8）求得岩石的动态杨氏模量 E_d，再由杨氏模量 E_s 和动态杨氏模量 E_d 之间的关系式［式（2-13）］即可求得岩石的杨氏模量 E_s。

3. 单轴压缩强度 σ_c

首先根据测井资料中的自然伽马 G_R 通过式（2-2）和式（2-3）求得岩石的泥质含量 V_{CL}；然后由测井资料中的横波时差 Δt_s、纵波时差 Δt_p 和密度 ρ 通过式（2-11）求得岩石的体积压缩系数 C_b；再通过设定岩石内摩擦角 ϕ 为 $50°$，由式（2-14）得到岩石的内聚强度 C_0；最后通过内聚强度 C_0、内摩擦角 ϕ 和单轴压缩强度 σ_c 之间的关系式［式（2-15）］即可求得岩石的单轴压缩强度 σ_c。

4. 岩石的抗拉强度 σ_t

由求出的单轴压缩强度 σ_c 及式（2-16）即可得出岩石的抗拉强度。

2.2.2　参数反演结果

由 XX-1-2 井综合录井结果知道，在该井所处难钻地层中主要存在灰白色和浅红色两种花岗岩。因此，根据 XX-1-2 井测井数据对该井所处深度为 3295～3523m 的地层进行了参数反演，各个参数的反演结果如下。

1. 泊松比 μ_s

XX-1-2 井深 3295～3523m 地层岩石泊松比反演结果如图 2-7 所示。由图 2-7 的反演结果可知，该地层中浅红色花岗岩的泊松比主要范围为 0.160～0.164，灰白色花岗岩的泊松比主要范围为 0.158～0.159。

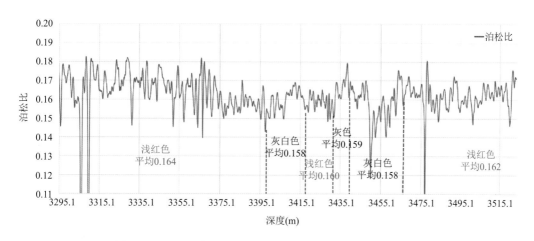

图 2-7   XX-1-2 井深 3295～3523m 地层岩石泊松比反演结果

2. 杨氏模量 E_s

XX-1-2 井深 3295～3523m 地层岩石杨氏模量反演结果如图 2-8 所示。由图 2-8 的反演结果可知，该地层中浅红色和灰白色花岗岩的杨氏模量均在平均值 13.8GPa 附近。

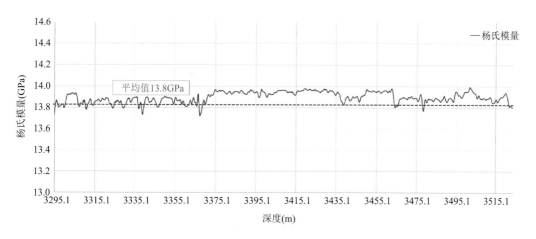

图 2-8   XX-1-2 井深 3295～3523m 地层岩石杨氏模量反演结果

3. 单轴压缩强度 σ_c

同样地，XX-1-2 井深 3295～3523m 地层岩石单轴压缩强度反演结果如图 2-9 所示。由图 2-9 的反演结果可知，该地层中浅红色花岗岩的单轴压缩强度主要范围为 60～120MPa，灰白色花岗岩的单轴压缩强度范围为 95～136MPa。

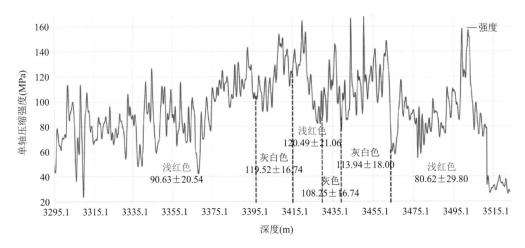

图 2-9　XX-1-2 井深 3295～3523m 地层岩石单轴压缩强度反演结果

4. 岩石的抗拉强度 σ_t

同理，XX-1-2 井深 3295～3523m 地层岩石抗拉强度反演结果如图 2-10 所示。由图 2-10 的反演结果可知，该地层中浅红色花岗岩的抗拉强度主要范围为 5～10MPa，灰白色花岗岩的抗拉强度主要范围为 7.9～11.3MPa。

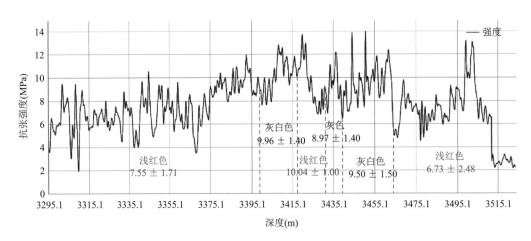

图 2-10　XX-1-2 井深 3295～3523m 地层岩石抗拉强度反演结果

2.2.3　参数反演有效性验证

岩石的强度在很大程度上影响了机械钻进的破岩速度和效率，一般而言岩石强度越大，实钻过程中的机械钻速（rate of penetration，ROP）就越低。因此，为了验证上述反演参数的有效性，将反演单轴抗压强度与实钻过程中的机械钻速进行对比，其相关性如图 2-11 所示。

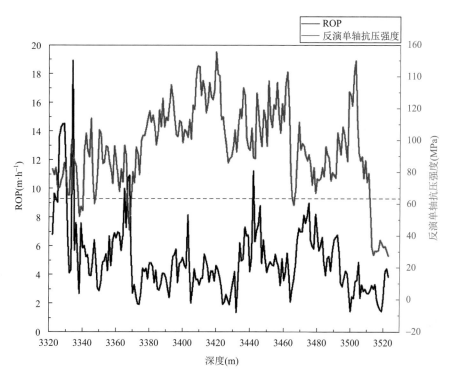

图 2-11　XX-1-2 井深 3295～3523m 地层岩石单轴压缩强度反演结果与实钻机械钻速相关性

从图 2-11 可以看到，反演单轴压缩强度曲线与机械钻速曲线大致关于蓝色虚线对称；反演单轴压缩强度与机械钻速大致呈负相关，这与预期和经验一致。因此，上述参数具有一定的有效性。

2.3　实验用花岗岩岩样

在上述 XX-1-2 井花岗岩地层岩石强度反演的基础上，寻找了两类花岗岩，如图 2-12 所示。从花岗岩的颜色上区分，分为浅红色花岗岩和灰白色花岗岩。将这两类花岗岩制作成标准试样，每类岩石准备 2 个岩样，然后开展相关岩石力学实验，具体实验结果如图 2-12 所示（灰白色花岗岩#1 岩样在图中未显示，不影响结果）。

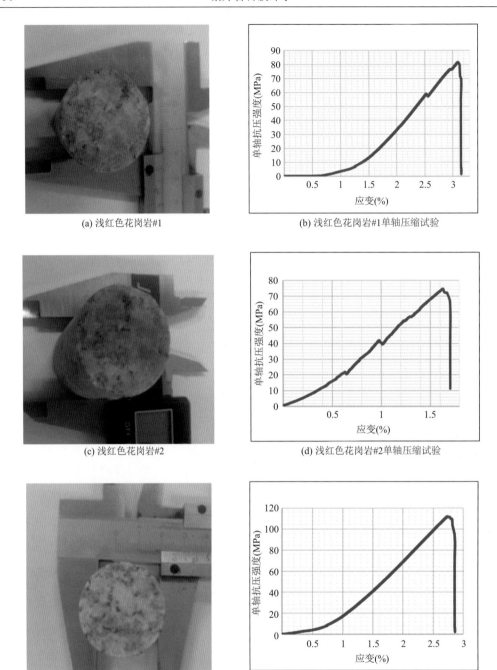

(a) 浅红色花岗岩#1　　　　　　　　　　(b) 浅红色花岗岩#1单轴压缩试验

(c) 浅红色花岗岩#2　　　　　　　　　　(d) 浅红色花岗岩#2单轴压缩试验

(e) 灰白色花岗岩#2　　　　　　　　　　(f) 灰白色花岗岩#2单轴压缩试验

图 2-12　两类花岗岩单轴压缩应力-应变曲线

　　通过分析两类花岗岩单轴压缩实验结果，浅红色#1 花岗岩的单轴抗压强度约为 85MPa，灰白色花岗岩单轴抗压强度约为 110MPa。也就是说，浅红色#1 花岗岩和灰白色花岗岩的单轴抗压强度和通过现场测井数据反演得到的岩石强度相当。因此，选取这两类花岗岩为研究对象，开展后续的研究实验和数值模拟工作。

2.3.1 花岗岩微观结构观测实验

花岗岩的细观结构和裂隙对于岩石力学特性和破碎机制有重要影响。因此为了研究花岗岩的微观结构，将这两类花岗岩进行磨片处理，得到厚度为 0.3mm 的薄片。将磨片处理后的薄片放在投射显微镜观察，得到了岩石微观晶粒及岩石内部裂隙情况，具体如图 2-13 所示。研究发现，浅红色花岗岩晶粒尺寸大概范围为 1～5mm，而灰白色花岗岩的晶粒尺寸总体在 1mm 左右。且浅红色花岗岩晶粒间的裂隙明显大于灰白色花岗岩的裂隙，这也是浅红色花岗岩单轴抗压强度要弱于灰白色花岗岩单轴抗压强度的原因之一。两类花岗岩的晶粒几何形状都呈不规则的多边形。一个多边形表示一个晶粒，晶粒与晶粒之间由黏土矿物胶结在一起，由此形成弱面，即裂隙。晶粒的形状、尺寸及弱面的分布等对于花岗岩的非均质力学特性有较大的影响。

(a) 灰白花岗岩微观结构及局部放大

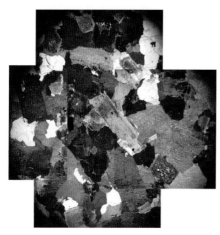

(b) 浅红花岗岩微观结构及局部放大

图 2-13　两类花岗岩的细观结构

2.3.2 花岗岩微观矿物成分测试实验

通过观察花岗岩的微观结构可以大致判断其矿物成分，如白色的晶粒为石英、浅红色的晶粒为长石、黑色的为云母等。但是为了研究其每种矿物组分的具体含量，开展了花岗岩试样的 X 射线衍射分析。为了能够比较精确地测出花岗岩各种矿物组分的含量，需把岩样磨成粉末。经过分析得到浅红色花岗岩的矿物组分为石英 19.2%、钠长石 47.5%、绿泥石 2.1%、斜长石 21.9%、云母 9.3%。灰白色花岗岩的矿物组分为石英占比 12.2%、钠长石 34.5%、绿泥石 4.4%、斜长石 41.1%、云母 7.8%，如图 2-14 所示。

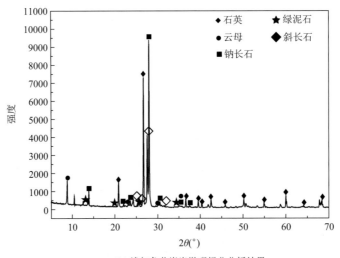

(a) 浅红色花岗岩微观组分分析结果

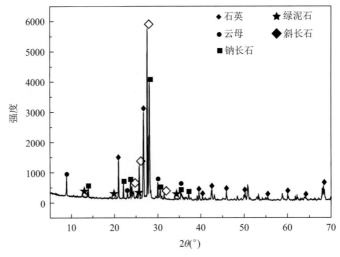

(b) 灰白色花岗岩微观组分分析结果

图 2-14　两类花岗岩的微观组分分析结果

2.3.3　花岗岩单轴/三轴抗压强度实验

分别准备了浅红色和灰白色花岗岩各 20 个岩样，开展单轴压缩实验、巴西劈裂实验和三轴抗压强度实验。围压分别为 0MPa、10MPa、20MPa、30MPa 和 40MPa。

岩石力学测试实验设备为美国 GCTS 公司 RTR-1000 型动三轴岩石力学测试系统。该系统最大轴向压力为 1000kN，最大围压为 140MPa，孔隙压力为 140MPa，温度为 150℃。实验控制精度：压力为 0.01MPa，液体密度为 0.01g/cm^3，变形为 0.001mm。

浅红色花岗岩单/三轴抗压强度实验结果和巴西劈裂实验结果见表 2-1 和表 2-2。

表 2-1　浅红色花岗岩单/三轴抗压强度实验结果

序号	围压（MPa）	泊松比	杨氏模量（MPa）	差应力（MPa）
1		0.112	9569.2	75.8
2	0	0.043	9815.5	81.8
3		0.072	12738.1	101.5
4		0.314	19272.7	106.8
5	10	0.154	22125.5	134.8
6		0.134	21002.8	124.4
7		0.104	26518.3	149.9
8	20	0.191	26771.0	139.5
9		0.194	22561.1	128.7
10		0.263	26096.5	140.5
11	30	0.263	32640.5	361.0
12		0.148	21088.1	130.4
13		0.266	30955.0	147.0
14	40	0.263	41438.9	442.2
15		0.377	24429.5	115.6

表 2-2　浅红色花岗岩巴西劈裂实验结果

编号	长度（mm）	直径（mm）	最大荷载（kN）	抗拉强度（MPa）
1	23.96	50.42	8.963	4.72
2	25.30	50.33	8.245	4.12
3	25.02	50.42	11.714	5.91
4	25.43	50.41	9.964	4.95
5	25.46	50.46	9.191	4.55

灰白色花岗岩单/三轴抗压强度实验结果和巴西劈裂实验结果见表 2-3 和表 2-4。

表 2-3　灰白色花岗岩单/三轴抗压强度实验结果

序号	围压（MPa）	泊松比	弹性模量（MPa）	差应力（MPa）
1		0.168	21494.6	117.4
2	0	0.079	22202.4	102.0
3		0.130	23928.0	106.0
4		0.310	20992.9	118.2
5	10	0.054	25700.7	151.3
6		0.246	22365.2	119.9
7		0.284	29666.6	190.7
8	20	0.395	26897.1	170.6
9		0.244	31906.4	218.9
10		0.362	33932.1	223.8
11	30	0.316	27774.3	184.8
12		0.292	33131.8	193.6
13		0.338	36764.8	255.3
14	40	0.303	34902.8	207.6
15		0.316	34022.7	233.4

表 2-4　灰白色花岗岩巴西劈裂实验结果

编号	长度（mm）	直径（mm）	最大荷载（kN）	抗拉强度（MPa）
0	24.61	50.67	8.946	4.57
1	24.78	50.52	17.924	9.11
2	24.67	50.48	17.610	9.00
3	24.71	50.53	9.715	4.95

2.3.4　岩石可钻性实验

为了探究花岗岩的可钻性随液柱压力和围压的变化规律，对参数反演后的两种花岗岩（浅红色花岗岩和灰白色花岗岩）进行可钻性实验。

2.3.4.1　参数代号

实验中可以调节的参数有围压和液柱压力。对这两个参数采用"参数类型代号＋参数值"的标号方式，不同参数类型（围压和液柱压力）之间用#连接，参数类型顺序依次为围压和液柱压力，参数值的单位为 MPa，用两位数字表示。这两种参数的类型代号如表 2-5 所示。

表 2-5　两种参数的类型代号

参数	围压	液柱压力
类型代号	W	Y

例如，当围压为 0MPa，液柱压力为 30MPa 时，参数代号为 W00#Y30；当围压为 10MPa，液柱压力为 30MPa 时，参数代号为 W10#Y30。

2.3.4.2　参数选取范围及其依据

XX-1-2 井涉及地层深度为 2687～3541m。另外，地层岩石平均密度为 2.16～2.64g/cm³，地层平均上覆岩层压力梯度 $p_k = 22.62$kPa/m。因此，通过式（2-17）即可求得 XX-1-2 井涉及地层的上覆岩层压力：

$$\sigma_{up} = p_k H \tag{2-17}$$

式中，σ_{up} 为地层的上覆岩层压力（Pa）；p_k 为上覆岩层压力梯度（Pa/m）；H 为地层深度（m）。

将数据代入式（2-17）得到 XX-1-2 井涉及地层的上覆岩层压力范围为 60.78～80.10MPa。同时，由实际钻井过程中使用的钻井液得到液柱密度为 1.07～1.1g/cm³，则液柱压力梯度 p_k 为 10.7～11.0kPa/m，取 $p_{ph} = 10.8$kPa/m。同理，由式（2-18）即可求得 XX-1-2 井涉及地层液柱压力：

$$\sigma_{ph} = p_{ph} H \tag{2-18}$$

式中，σ_{ph} 为地层液柱压力（Pa）；p_{ph} 为液柱压力梯度（Pa/m）。

将数据代入式（2-18）得到 XX-1-2 井涉及地层的地层液柱压力范围为 29.02～38.2MPa。

又由于上覆岩层压力为孔隙压力与岩石骨架压力之和，即

$$\sigma_{up} = \sigma_{po} + \sigma_{sk} \tag{2-19}$$

式中，σ_{sk} 为岩石骨架压力（Pa）；σ_{po} 为地层孔隙压力（Pa）。

当平衡钻井时，地层的孔隙压力大致等于钻井液柱压力，即

$$\sigma_{po} \approx \sigma_{ph} \tag{2-20}$$

则岩石骨架压力的大致范围为 31.76～41.9MPa。

由上述计算得到 XX-1-2 井涉及的地层压力（岩石骨架压力 σ_{sk} 和地层液柱压力 σ_{ph}）范围均为 30～40MPa。因此，实验中特地设定相应的地层压力在该范围内。这样得到的围压和液柱压力分别为 30～40MPa 的可钻性指标对于实钻过程才具有参考意义。

2.3.4.3　实验方案

1. 浅红色花岗岩可钻性实验

1）不同围压下 PDC 微钻头的可钻性实验

实验中控制液柱压力为 0MPa，围压变化范围为 0～40MPa，在 0～30MPa 增量为

10MPa；在 30～40MPa 增量为 5MPa，分别为 0MPa、10MPa、20MPa、30MPa、35MPa 和 40MPa，共 6 个取值。实验中用到的压力参数见表 2-6。

表 2-6　不同围压下 PDC 微钻头的可钻性实验压力参数

组别代号	压力参数					
P-w-F	W00#Y00	W10#Y00	W20#Y00	W30#Y00	W35#Y00	W40#Y00

注：组别代号中的"P"表示使用钻头为 PDC 微钻头；"w"表示变化因素为围压；"F"表示实验材料为浅红色花岗岩。

2）不同液柱压力下 PDC 微钻头的可钻性实验

实验中控制围压为 40MPa，液柱压力变化范围为 0～40MPa，在 0～30MPa 增量为 10MPa；在 30～40MPa 增量为 5MPa，分别为 0MPa、10MPa、20MPa、30MPa、35MPa 和 40MPa，共 6 个取值。实验中用到的压力参数见表 2-7。

表 2-7　不同液柱压力下 PDC 微钻头的可钻性实验压力参数

组别代号	压力参数					
P-y-F	W40#Y00	W40#Y10	W40#Y20	W40#Y30	W40#Y35	W40#Y40

注：组别代号中的"P"表示使用钻头为 PDC 微钻头；"y"表示变化因素为液柱压力；"F"表示实验材料为浅红色花岗岩。

3）不同液柱压力下牙轮微钻头的可钻性实验

实验中控制围压为 40MPa，液柱压力变化范围为 0～40MPa，在 0～30MPa 增量为 10MPa；在 30～40MPa 增量为 5MPa，分别为 0MPa、10MPa、20MPa、30MPa、35MPa 和 40MPa，共 6 个取值。实验中用到的压力参数见表 2-8。

表 2-8　不同液柱压力下牙轮微钻头的可钻性实验压力参数

组别代号	压力参数					
Y-y-F	W40#Y00	W40#Y10	W40#Y20	W40#Y30	W40#Y35	W40#Y40

*注释：组别代号中的"Y"表示使用钻头为牙轮钻头；"y"表示变化因素为液柱压力；"F"表示实验材料为浅红色花岗岩。

2. 灰白色花岗岩可钻性实验

1）不同围压下 PDC 微钻头的可钻性实验

实验中控制液柱压力为 0MPa，围压变化范围为 0～40MPa，在 0～30MPa 增量为 10MPa，在 30～40MPa 增量为 5MPa，分别为 0MPa、10MPa、20MPa、30MPa、35MPa 和 40MPa，共 6 个取值。实验中用到的压力参数见表 2-9。

表 2-9　不同围压下 PDC 微钻头的可钻性实验压力参数

组别代号	压力参数					
P-w-H	W00#Y00	W10#Y00	W20#Y00	W30#Y00	W35#Y00	W40#Y00

注：组别代号中的"P"表示使用钻头为 PDC 微钻头；"w"表示变化因素为围压；"H"表示实验材料为灰白色花岗岩。

2）不同液柱压力下 PDC 微钻头的可钻性实验

实验中控制围压为 40MPa，液柱压力变化范围为 0～40MPa，在 0～30MPa 增量为 10MPa，在 30～40MPa 增量为 5MPa，分别为 0MPa、10MPa、20MPa、30MPa、35MPa 和 40MPa，共 6 个取值。实验中用到的压力参数见表 2-10。

表 2-10　不同液柱压力下 PDC 微钻头的可钻性实验压力参数

组别代号	压力参数					
P-y-H	W40#Y00	W40#Y10	W40#Y20	W40#Y30	W40#Y35	W40#Y40

注：组别代号中的"P"表示使用钻头为 PDC 微钻头；"y"表示变化因素为液柱压力；"H"表示实验材料为灰白色花岗岩。

3）不同液柱压力下牙轮微钻头的可钻性实验

实验中控制围压为 40MPa，液柱压力变化范围为 0～40MPa，在 0～30MPa 增量为 10MPa，在 30～40MPa 增量为 5MPa，分别为 0MPa、10MPa、20MPa、30MPa、35MPa 和 40MPa，共 6 个取值。实验中用到的压力参数见表 2-11。

表 2-11　不同液柱压力下牙轮微钻头的可钻性实验压力参数

组别代号	压力参数					
Y-y-H	W40#Y00	W40#Y10	W40#Y20	W40#Y30	W40#Y35	W40#Y40

注：组别代号中的"Y"表示使用钻头为牙轮微钻头；"y"表示变化因素为液柱压力；"H"表示实验材料为灰白色花岗岩。

2.3.4.4　实验仪器及原理

1. 岩石可钻性实验装置

该实验装置是西南石油大学油气藏地质及开发工程国家重点实验室研制的岩石可钻性实验仪，其设备实物如图 2-15 所示。

该岩石可钻性实验系统最大加载围压 100MPa，孔隙压力 100MPa，液柱压力 100MPa，三个压力独立加载，互不干扰。该系统的特点为动静闭环伺服控制，能够实现钻压、转速、围压及液柱压力稳定加载的要求。

图 2-16 为可钻性实验用的微钻钻头，分别为微钻 PDC 钻头和微钻牙轮钻头。其中微钻 PDC 钻头具有两颗 PDC 切削齿，切削齿的前倾角为 20°。

图 2-15　HTHP 岩石可钻性测试装置

(a) 微钻PDC钻头　　　　　　　　　　　　　　(b) 微钻牙轮钻头

图 2-16　可钻性实验用的微钻钻头

2. 数据采集及处理

可钻性实验机同步记录钻深、钻压随时间的变化。微钻 PDC 钻头有效钻时为钻进 3mm 所用时间；微钻牙轮钻头有效钻时为钻进 2.4mm 所用时间，如图 2-17 所示。当 128s 不能钻达有效深度，可以增加钻压至 1000N；若使用 1000N 仍不能钻进，可以考虑 2000N。当 2000N 不能钻进时，说明该岩石极硬，取最大可钻性级值。

岩石微可钻测试等级的量化指标采用可钻性级值表示：

$$K = \log_2 T \tag{2-21}$$

式中，K 为可钻性级值；T 为钻进指定有效深度的钻时记录值（s）。

根据计算得到的岩石可钻性级值，可将岩石大致分为软、中、硬三类，如表 2-12 所示。

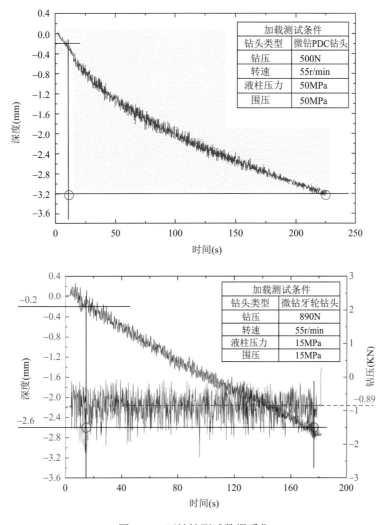

图 2-17　可钻性测试数据采集

表 2-12　岩石可钻性分级表

测定值（s）	<2^2	$2^2\sim2^3$	$2^3\sim2^4$	$2^4\sim2^5$	$2^5\sim2^6$	$2^6\sim2^7$	$2^7\sim2^8$	$2^8\sim2^9$	$2^9\sim2^{10}$	>2^{10}
级别	1	2	3	4	5	6	7	8	9	10
类别		软				中			硬	

3. 岩样准备

实验选用浅红色花岗岩和灰白色花岗岩。所选岩样为标准全尺寸圆柱岩样,高 80mm,直径 50mm,实验前的岩石试样如图 2-18 所示。

4. 实验结果与结论

本次实验对浅红色花岗岩和灰白色花岗岩共计 36 块岩石进行不同围压和不同液柱

压力的可钻性测试，可钻性测试后岩样如图 2-19 所示。微钻 PDC 钻头的测试结果根据国标测得可钻性级值如表 2-13 所示，微钻牙轮钻头的测试结果根据国标测得可钻性级值如表 2-14 所示。

图 2-18　实验前的岩石试样

图 2-19　实验后的岩石试样

表 2-13　微钻 PDC 钻头岩石可钻性实验结果

组别代号	参数代号	可钻性级值	组别代号	参数代号	可钻性级值
P-y-F	W40#Y00	3.11	P-w-F	W00#Y00	4.48
	W40#Y10	7.36		W10#Y00	4.43
	W40#Y20	7.78		W20#Y00	5.16
	W40#Y30	8.42		W30#Y00	5.68
	W40#Y35	8.44		W35#Y00	5.88
	W40#Y40	8.89		W40#Y00	4.53
P-y-H	W40#Y00	4.46	P-w-H	W00#Y00	3.91
	W40#Y10	6.00		W10#Y00	3.95
	W40#Y20	6.53		W20#Y00	4.40
	W40#Y30	6.27		W30#Y00	4.37
	W40#Y35	7.80		W35#Y00	4.56
	W40#Y40	7.91		W40#Y00	4.83

表 2-14　微钻 PDC 钻头岩石可钻性实验结果

组别代号	参数代号	可钻性级值	组别代号	参数代号	可钻性级值
Y-y-F	W40#Y00	9.88	Y-y-H	W40#Y00	10
	W40#Y10	10		W40#Y10	10
	W40#Y20	10		W40#Y20	10
	W40#Y30	10		W40#Y30	10
	W40#Y35	10		W40#Y35	10
	W40#Y40	10		W40#Y40	10

为了更加直观地得出花岗岩的可钻性随液柱压力和围压的变化规律,将实验得到的可钻性作图,如图 2-20 所示。由图 2-20(a)(b)知,在 PDC 微钻头作用下,当液柱压力一定时,增大围压,岩石可钻性级值增加;当围压一定时,增大液柱压力,岩石可钻性级值也增加。比较两种花岗岩的可钻性可知,灰白色花岗岩比浅红色花岗岩容易钻。

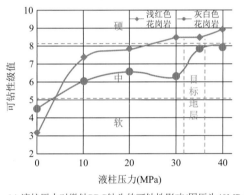

(a) 液柱压力对微钻PDC钻头的可钻性影响(围压为40MPa)

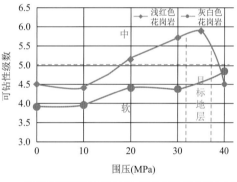

(b) 围压对微钻PDC钻头的可钻性影响(液柱压力为0)

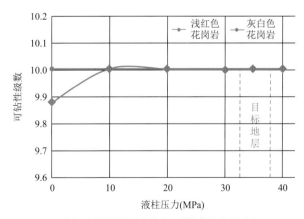

(c) 液柱压力对微钻牙轮钻头可钻性的影响(围压为40MPa)

图 2-20　围压和液柱压力对两种花岗岩的岩石可钻性的影响

这可能是浅红色花岗岩岩石内部的矿物粒径大于灰白色花岗的矿物粒径所致。由此可知，深部硬地层的岩石可钻性不仅与岩石矿物颗粒之间的胶结有关（灰白色花岗岩的胶结强度大于浅红色花岗岩），还与岩石内部的矿物粒径、矿物的组分及其力学性质有关。从图 2-20（c）可以看出，高围压时，液柱压力对微钻牙轮钻头可钻性几乎无影响，此时两种花岗岩均难钻。

另外，从图 2-20（a）（b）也可以看出，只施加围压不施加液柱压力对岩石可钻性的影响较小。在 XX-1-2 井所在的难钻目标地层（2687～3541m）中，当液柱压力较大时［在图 2-20（a）中的目标地层中液柱压力约为 35MPa］，岩石可钻性级数较大，岩石难钻，这与 XX-1-2 井涉及的实际工况相符合；当液柱压力较小时［在图 2-20（b）中的目标地层中液柱压力约为 0MPa］，岩石可钻性级数减小了，岩石难钻程度下降。这种现象发生的原因可能是高围压、高液柱压力增强了深层花岗岩内部胶结的塑性，降低了单位输入能量所引起的岩石形变，从而增加了破岩能耗。

由上面的分析可推论，减小液柱压力有助于降低岩石的可钻性级数，提高破岩效率。因此，在具体的破岩钻井作业时，若井底工况允许，建议采用低密度钻井液、控制较低的液柱压力，从而降低岩石可钻性级数、提高钻井速率。

2.4　本章小结

本章主要介绍了岩石力学及实验中涉及的一些基本概念，如岩石的破坏形式、岩石单/三轴强度、变形特性及岩石力学性质的影响因素；并以两种花岗岩为研究对象，开展了相关的物理力学实验及不同围压下的可钻性实验，得到了两种花岗岩的相关参数。主要结论如下：

（1）浅红色花岗岩为粗粒花岗岩，晶粒尺寸为 1～5mm，而灰白色花岗岩为细粒花岗岩，晶粒尺寸在 1mm 左右；浅红色花岗岩的矿物组分为石英 19.2%、钠长石 47.5%、绿泥石 2.1%、斜长石 21.9%、云母 9.3%；灰白色花岗岩的矿物组分为石英 12.2%、钠长石 34.5%、绿泥石 4.4%、斜长石 41.1%、云母 7.8%。

（2）通过岩石单轴/三轴压缩实验及巴西劈裂实验获得了两种花岗岩的抗压强度、抗拉强度、弹性模量及泊松比等力学参数。

（3）灰白色花岗岩比浅红色花岗岩容易钻，这可能是浅红色花岗岩岩石内部的矿物粒径大于灰白色花岗的矿物粒径所致。由此可知，深部硬地层的岩石可钻性不仅与岩石矿物颗粒之间的胶结有关（灰白色花岗岩的胶结强度大于浅红色花岗岩），还与岩石内部的矿物粒径以及矿物的组分及其力学性质有关。高围压时，液柱压力对微钻牙轮钻头的可钻性几乎无影响，此时两种花岗岩均难钻。

第3章 钻齿侵入破碎硬岩机理研究——以非均质花岗岩为例

3.1 空腔膨胀理论

空腔膨胀模型为研究钻齿侵入过程中岩石裂纹产生之前所处应力状态提供了方法。根据 Huang 等[121]和 Detournay 等[122]的研究,空腔膨胀模型可以简单地归纳为体积平衡的问题(钻齿侵入挤压而产生的岩石体积压缩会造成岩石相应的弹性膨胀)。钻齿上作用一集中力 F,侵入深度为 d,钻齿与岩石接触长度的投影长度为 $2a$,钻齿下方半径为 a 的范围内将出现密实核,岩石周围有远场地应力 σ_0 的作用且不考虑岩石的重力。为了方便研究,定义了极坐标系(r, θ),极点位于钻齿与岩石最开始的接触点,r 表示极半径,θ 表示极角,假设模型初始状态没有应力并关于中间轴对称。

3.1.1 应力场分布

首先,在空腔膨胀模型中可以将岩石分为三个区域:一个半径为 a 的密实核,该密实核区域的岩石处于静水压力状态;密实核外部为以钻齿初始接触点为原点的半圆形塑性区,岩石采用莫尔-库仑(Mohr-Coulomb)准则和非关联的流动准则作为岩石失效的依据;塑性区以外为弹性区,r^* 为弹塑性交界面的半径,弹性区应力场通过拉梅公式可以求解。

对极半径 r 进行无量纲处理后得到 $\xi = r/a$,同理对弹塑性区域分界面半径 r^* 进行无量纲化后得到 $\xi^* = r^*/a$。此时,钻齿侵入作用下岩石的应力场如下。

(1)密实核区域($0 \leqslant \xi \leqslant 1$):以楔形钻齿(钻齿表面与岩石表面的夹角,即楔形夹角为 β)与岩石接触点为中心,半径为 a 的密实核区域内岩石的应力分布可以通过空腔膨胀模型计算,应力分布计算如下:

$$\sigma_r = \sigma_q = -p \quad (0 \leqslant \xi \leqslant 1) \tag{3-1}$$

式中,p 为侵入应力(Pa),其大小根据 $p = F/2a$ 计算,F 是压力,a 为长度。

(2)塑性变形区域($1 < \xi \leqslant \xi^*$):岩石塑性区域的应力场可以通过线性的莫尔-库仑准则来计算,其中法向应力 σ_n 和切向应力 σ_s 的关系表达式如下,并绘制于图 3-1:

$$\sigma_s = \sigma_n \tan\phi + c \tag{3-2}$$

式中,ϕ 为内摩擦角(°);c 为岩石的黏聚力(MPa)。

在主应力图 3-2 中,失效准则可以表示如下:

$$\frac{1}{2}(\sigma_1 - \sigma_3) - \frac{1}{2}(\sigma_1 + \sigma_3)\sin\phi - c\cos\phi = 0 \tag{3-3}$$

或者：

$$\sigma_1 = K_p\sigma_3 + \sigma_c \qquad (3\text{-}4)$$

式中，$K_p = (1 + \sin\phi)/(1-\sin\phi)$；$\sigma_c$ 为单轴抗压强度，$\sigma_c = 2c\cos\phi/(1-\sin\phi) = 2c\sqrt{K_p}$。

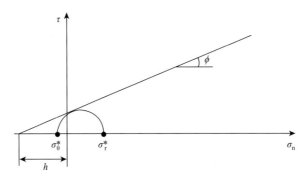

图 3-1　弹塑性交界面的莫尔圆及莫尔-库仑屈服准则（σ_n-σ_s 平面，压应力为负）

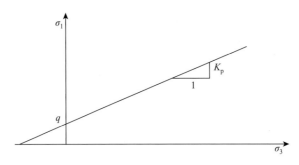

图 3-2　主应力坐标下的莫尔-库仑屈服准则

在式（3-2）和式（3-3）中的压应力为负，这里假设拉应力为负。因此，式（3-1）可以重新表示：

$$\sigma_r = K_p\sigma_\theta - \sigma_c \qquad (3\text{-}5)$$

或者：

$$\sigma_r - h = K_p(\sigma_\theta - h) \qquad (3\text{-}6)$$

式中，$h = c\cot\phi = \sigma_c/(K_p-1)$。

遵循平面应变及轴对称的力学模型，应力平衡方程有

$$\frac{\mathrm{d}\sigma_r}{\mathrm{d}\xi} + \frac{\sigma_r - \sigma_\theta}{\xi} = 0 \qquad (3\text{-}7)$$

式中，$\xi = r/a$。

对于轴对称的平面问题，如楔形钻齿侵入破岩，将式（3-6）代入式（3-7）中，然后再引入边界条件，当 $\xi = 1$ 时（也就是 $r = a$），$\sigma_r = -p$，塑性区的应力场分布函数可以表示为

$$\begin{cases} \sigma_r = h - (p+h)\xi^{(1-K_p)/K_p} \\ \sigma_\theta = h - \dfrac{1}{K_p}(p+h)\xi^{(1-K_p)/K_p} \end{cases} \qquad (1 \leqslant \xi \leqslant \xi^*) \qquad (3\text{-}8)$$

（3）弹性变形区域（$\xi > \xi^*$）：楔形钻齿侵入作用下岩石弹性区域的应力场分布可以通过拉梅公式进行求解：

$$\begin{cases} \sigma_r = -\sigma_0 - p^* \left(\dfrac{\xi^*}{\xi} \right)^2 \\[3mm] \sigma_\theta = -\sigma_0 + p^* \left(\dfrac{\xi^*}{\xi} \right)^2 \end{cases} \quad (\xi > \xi^*) \tag{3-9}$$

式中，σ_0 为远地应力场（Pa）；p^* 为弹塑性界面上的压应力（Pa）。在塑性区域的应力场仅和密实核中的应力 p 相关（也就是侵入应力），而不是弹塑性界面上的 p^*，然而弹性区域内的应力场和 p^* 与 σ_0 都有关系。

通过式（3-9）可以计算得到弹塑性界面上的应力分布：

$$\begin{cases} \sigma_r^* = (\sigma_c - 2\sigma_0)/(K_p + 1) \\[3mm] \sigma_q^* = (-\sigma_c - 2K_p\sigma_0)/(K_p + 1) \end{cases} \tag{3-10}$$

3.1.2　塑性区及楔形钻齿临界侵入深度

对弹塑性区域分界面半径 r^* 进行无量纲化后，ξ^* 和 γ 的关系如下：

$$\gamma = (1 + \mu)\xi^{*(K_d+1)/K_d} - \mu\xi^{*(K_p-1)/K_p} \tag{3-11}$$

式中，γ 为与钻齿几何形状以及材料性质有关的参数。

$$\gamma = \frac{2(K_p + 1)G\tan\beta}{\pi\sigma_c} \tag{3-12}$$

$$\mu = \omega K_p/(K_p + K_d) \tag{3-13}$$

式中，

$$K_p = (1 + \sin\phi)/(1 - \sin\phi) \tag{3-14}$$

$$K_d = (1 + \sin\psi_1)/(1 - \sin\psi_1) \tag{3-15}$$

$$\omega = \frac{(K_p - 1)(K_d - 1) + (1 - 2\mu)(K_p + 1)(K_d + 1)}{2K_p} \tag{3-16}$$

式中，ϕ 为岩石的内摩擦角（°）；Ψ_1 为膨胀角（°），一般情况下岩石内摩擦角大于膨胀角；σ_c 为单轴抗压强度（MPa）；G 为剪切模量（MPa）；μ 为泊松比；β 为钻齿表面与岩石表面的夹角，即楔形夹角（°）；K_p 为与内摩擦角相关的系数；K_d 为膨胀角系数。

对于几何自相似问题，当夹角 β 与单位钻齿长度上的应力 p 恒定不变时，γ 可以解释岩石在产生脆性裂纹之前的钻齿侵入过程。单位钻齿长度上的应力可由弹塑性区半径 ξ^* 求得

$$p = \frac{1\sigma_c}{K_p - 1} \left(\frac{2K_p}{K_p + 1} \xi^{*\frac{K_p-1}{K_p}} - 1 \right) \tag{3-17}$$

$$F = 2pa \tag{3-18}$$

式中，F 是压力（N），a 是长度。

在楔形钻齿侵入岩石过程中，钻齿给予岩石的是一个压应力。因此岩石最终将会产生拉伸裂纹而破碎。钻齿下方塑性区域将会使压缩应力场转换成含有拉伸成分的应力场，并且弹塑性边界处产生的最大拉应力在楔形钻齿压入过程中保持不变，直到岩石断裂裂纹产生为止。

假设在弹塑性交界面处存在沿侵入方向的裂纹缺陷 λ_0。随着钻齿侵入深度和塑性区域的增加，钻齿下方岩石的应力将从压缩应力转化为拉伸应力。图 3-3 中红色曲线为钻齿下方岩石在 X 方向的受力状态（拉应力为正、压应力为负）。由此可见，在弹塑性区交界面处岩石所受拉应力最大，当拉应力大于岩石的抗拉强度后（裂纹尖端的应力强度因子 K_r 将达到岩石的断裂韧性 K_IC），最终导致裂纹的扩展。基于格里菲恩断裂力学理论，假设裂纹的扩展萌生于弹塑性交界面上的特征缺陷长度 λ_0。针对楔形钻齿的侵入过程，有如下表达式：

$$\frac{d_*}{\lambda_0} = \frac{\eta[1+(K_\mathrm{p}-1)\tau]}{[\eta(1-2\tau)-1]}\frac{\tan\beta}{\xi^*} \tag{3-19}$$

式中，d_* 为钻齿的临界侵入深度（m）（最大侵入力及不稳定裂纹产生时对应的钻齿侵入深度）；$\tau = \sigma_0/\sigma_\mathrm{c}$；$\eta$ 为一个常数，它的大小和岩石单轴抗压强度和抗拉强度之比成正比，具体表示如下：

$$\eta = \frac{\sigma_\mathrm{c}}{(K_\mathrm{p}+1)\sigma_\mathrm{t}} \tag{3-20}$$

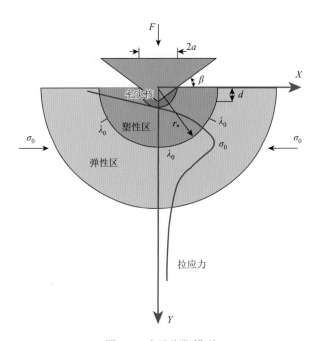

图 3-3　空腔膨胀模型

上式同样可以表示为

$$\eta = \frac{\sigma_c \sqrt{\lambda_0}}{\alpha(K_p + 1)K_{IC}} \tag{3-21}$$

式中，α 为基于线性断裂力学的无量纲系数，表示如下：

$$\sigma_t = \frac{\alpha K_{IC}}{\sqrt{\lambda_0}} \tag{3-22}$$

图 3-4 为不同侧向压力条件下，不同钻齿楔形夹角 β 侵入花岗岩得到的临界侵入深度值。由图可知，钻齿临界侵入深度随着 β 的增大而增大，并且钻齿临界侵入深度也随着侧向压力的增大而增大。

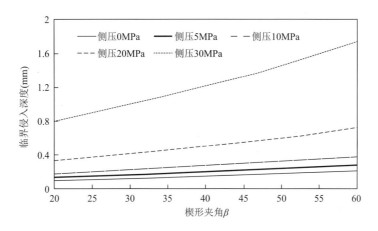

图 3-4　不同侧向压力下楔形夹角 β 与临界侵入深度的关系

另外，根据分析钻齿侵入岩石的过程，可以把岩石的失效方式归纳为两种：一种是随着钻齿的侵入岩石发生塑性变形，如图 3-5（a）所示；另一种是裂纹从塑性区域萌生并扩展，在这个阶段基本不会有塑性变形，如图 3-5（b）所示。

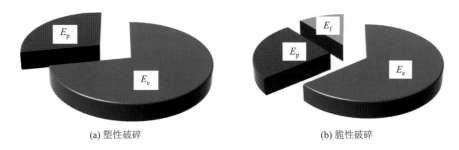

图 3-5　钻齿侵入过程中岩石破碎耗能情况

在第一个阶段中，钻齿对岩石所做的功只转变为岩石的弹性变形耗能和塑性变形耗能，可表示为

$$E_T = E_e + E_p \tag{3-23}$$

$$\frac{E_{\mathrm{p}}}{E_{\mathrm{T}}} = 1 - \frac{E_{\mathrm{e}}}{E_{\mathrm{T}}} = 1 - \frac{(K_{\mathrm{h}} - 1)}{\gamma[2K_{\mathrm{h}}\xi^{*(K_{\mathrm{h}}-1)/K_{\mathrm{h}}} - K_{\mathrm{h}} - 1]} \tag{3-24}$$

式中，E_{T} 为钻齿所做总功（J）；E_{e} 为岩石弹性变形耗能（J）；E_{p} 为岩石塑性变形耗能（J）。

当裂纹产生进入第二个阶段后，弹性应变耗能将被释放，生成岩石新表面（裂纹扩展），此时钻齿所做的功消耗在岩石的弹性变形、塑性变形及脆性破碎上面[123]。

$$E_{\mathrm{T}} = E_{\mathrm{e}} + E_{\mathrm{p}} + E_{\mathrm{f}} \tag{3-25}$$

式中，E_{f} 为裂纹扩展耗能（J）。

分析这三种形式的耗能情况对于研究钻齿侵入岩石过程中岩石的破碎机理有重要意义。

3.2　实验设备简介

本节使用了三种岩石，分别为红砂岩、黑砂岩和花岗岩。分别对其进行取心，并制作为标准的圆柱形实验岩样，如图 3-6 所示。分别对这三种岩样进行单轴压缩实验和巴西劈裂实验，测定其杨氏模量、泊松比、单轴抗压强度、抗拉强度等宏观参数。

图 3-6　单轴压缩实验和巴西劈裂实验所用岩样

单轴压缩实验和巴西劈裂实验所用的方法和实验设备见 2.3.3 节，这里不再赘述。实验所得三种岩石的物理性质分别列于表 3-1 和表 3-2。岩石的脆性与其强度成正相关，三种岩石的脆性系数 B_{R} 定义为[124]

$$B_{\mathrm{R}} = \frac{\sigma_{\mathrm{c}}\sigma_{\mathrm{t}}}{2} \tag{3-26}$$

式中，B_{R} 为脆性系数（MPa^2）；σ_{c} 为单轴抗压强度（MPa）；σ_{t} 为抗拉强度（MPa）。

由表 3-1 和表 3-2 可知，花岗岩、红砂岩和黑砂岩的脆性系数分别为 487.24MPa^2、16.375MPa^2 和 122.364MPa^2。三种岩石的相对脆性大小为：红砂岩＜黑砂岩＜花岗岩。

表 3-1　单轴压缩实验获得的物理参数

序号	岩石	围压（MPa）	泊松比	杨氏模量（MPa）	单轴抗压强度（MPa）
1	黑砂岩	0	0.143	9100.5	82.4
2	红砂岩	0	0.314	3748.1	25.0
3	花岗岩	0	0.130	15600.2	104.0

表 3-2　巴西劈裂实验获得的物理参数

序号	岩石	长度（mm）	直径（mm）	最大荷载（kN）	抗拉强度（MPa）
1	黑砂岩	25.30	24.88	2.940	2.97
2	红砂岩	25.06	24.51	1.260	1.31
3	花岗岩	25.14	24.71	9.141	9.37

3.2.1　微机控制电液伺服万能实验机

采用的微机控制电液伺服万能实验机型号为 SHT4106，其最大荷载为 1000kN，采用基于 DISP 的全数字高响应测量系统，负荷、应变测量全程不分挡，实验力分辨力高达 300000yd（1yd = 0.9144m）。数据传输采用 USB 通信，12MB/s 高速链接；满足《金属材料室温拉伸实验方法》（GB/T 228—2022）以及相关标准要求，自动求取各相关标准中规定的结果参数。可用于各种金属材料试样的拉伸、压缩、弯曲、剪切等实验，以及一些产品的特殊实验。但由于微机控制电液伺服万能实验机不能直接用于研究，因此基于实验需求对实验机的压头进行了改装。加工了用于本书研究的钻齿（两种不同形状的钻齿，一种为楔形钻齿，楔形夹角分别为 120°、105°、90°；一种为圆形钻齿），如图 3-7（a）所示。岩样夹具如图 3-7（b）所示，夹具通过拧紧四个螺栓来使挡板约束岩样的左右两侧位移，以达到固定岩样的目的。

(a) 四种不同类型的钻齿

(b) 岩样夹具

图 3-7　侵入实验所用钻齿和岩样夹角

3.2.2　声发射分析仪

材料因裂缝扩展、塑性变形或相变等引起应变能快速释放而产生应力波的现象称为声发射（acoustic emission，AE），其通过接收和分析材料的声发射信号来评定材料性能或结构完整性的无损检测方法。声发射技术是 1950 年由德国人凯泽（J.Kaiser）开始研究的。1964 年美国将该技术应用于检验产品质量，从此获得迅速发展。材料的范性形变、马氏体相变、裂纹扩展、应力腐蚀以及焊接过程产生裂纹和飞溅等都有声发射现象。检测到声发射信号，就可以连续监视材料内部变化的整个过程。本书采用声发射分析仪的型号为 AMSY-6，如图 3-8 所示。

图 3-8　声发射分析仪

声发射技术主要通过记录微震烈源的微小能量释放信号，同时统计与预测声发射的定位。关于声发射的定位需要多个通道来实现。对于突发信号最常用的定位方法就是时差定位，即经过各个声发射通道信号到达时间差、波速、探头间距等参数的测量来确定波源的位置。2 个声发射探头可以确定一条声发射源所在的双曲线；3 个声发射探头可以确定两条双曲线的交点，即一个真实的 AE 源，一个伪 AE 源；4 个声发射探头构成菱形分布进行平面定位，这样便可以得到唯一真实的 AE 源，如图 3-9 所示。

3.2.3　材料应变三维测量系统

岩石试件在加载过程中采用 ARAMIS 应变测量系统来追踪试件表面的变形和应变情况，ARAMIS 应变测量系统如图 3-10 所示。与传统测量方式（贴应变片）相比，ARAMIS 应变测量系统采用非接触方式测量，用同样的传感器测量大小不同的试件；该系统测量范围可对 1～1000mm 的试件进行测量；应变测量范围为 0.05%～100%；测量精度可达0.01%。

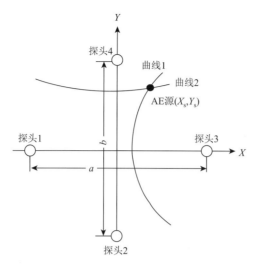

图 3-9 AE 源平面定位

图 3-10 材料应变三维测量系统

1. 测量步骤

首先，将岩石试件表面处理成随机或规则的图案，这些图案会随负载状态下的岩石试件一起变形。其次，通过两个电荷耦合器件（charge coupled device，CCD）相机对加载状态下的岩石试件进行测量：图像处理先是在初始状态的图像中定义许多宏观小平面片；继而在加载各个阶段，摄影测量技术能精确地计算出试件表面上的这些小平面片的三维坐标值。最后，根据 CCD 相机测量得到三维坐标值，精确地计算出岩石试件表面的三维应变和位移。应变测试过程如图 3-11 所示。

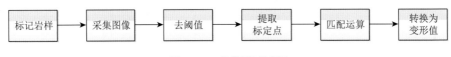

图 3-11　应变测试过程

2. 测量原理

ARAMIS 应变定义示意图如图 3-12 所示，坐标采用笛卡儿坐标系。在这里，我们将试件的某个单元放大，获取该单元变形前［图 3-12（c）］和变形后［图 3-12（d）］的示意图，从而根据材料力学对应变的定义可知：

$$\begin{cases} \xi_x = \dfrac{H - H_0}{H_0} \\[2mm] \xi_y = \dfrac{B - B_0}{B_0} \end{cases} \tag{3-27}$$

式中，ξ_x 为横向应变；ξ_y 为纵向应变。

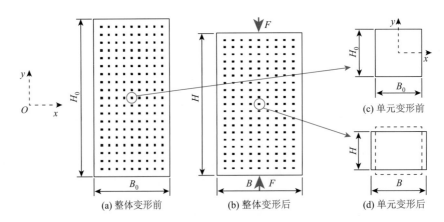

图 3-12　ARAMIS 应变定义示意图

3.2.4　岩样制备

实验中使用的天然岩石分别为红砂岩、黑砂岩和花岗岩。用岩石切割机将岩体平整切割成尺寸为 230mm×230mm×30mm 的岩样试件。其中红砂岩 10 个、黑砂岩 10 个、花岗岩 15 个。在使用这些岩样做实验之前需要对其进行散斑处理。首先在岩样一面使用专用喷漆均匀涂抹一层白色的底层，然后使用黑漆喷涂散斑，要保证散斑清晰可见，如图 3-13 所示。

3.2.5　侵入破岩实验系统

侵入破岩实验系统由微机控制电液伺服万能实验机、声发射仪器、三维应变测量仪、钻齿、岩样和夹具组成，如图 3-14 所示。岩样正前方通过两个 CCD 相机对加载状态下的岩石试件进行测量。CCD 相机的拍照速率可根据实际情况进行调节。后表面按逆时针方向安装四个声发射探头，探头与岩石表面通过涂抹适量凡士林来保证耦合质量，再使用防水胶带将四个探头固定在四个方位。声波信号经过四个前置放大器进入系统，设定固定门限值为 34dB。将加工的专用钻齿安装在实验机压头处，钻齿下方放置平板岩样。在微机控制电液伺服万能实验机的控制系统中重新写入本书所需实验方案，使万能实验机以 0.0083mm/s 的速度加载到 5kN 后再卸载到 3kN，再继续加载直到岩样破坏。通过数据采集系统收集钻齿侵入岩样过程中的侵入力，实验过程中保证微机控制电液伺服万能实验机、声发射仪器、三维应变测量仪这三种测量方式的初始时间同步，以便于后期的数据分析。

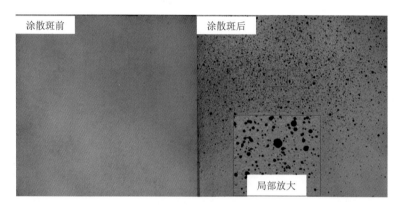

图 3-13　喷涂散斑前后的岩样

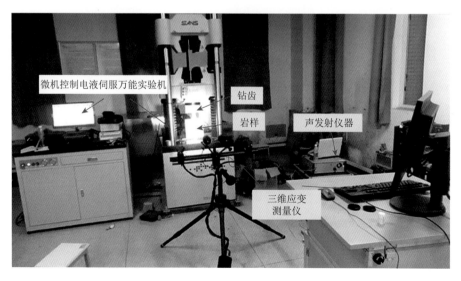

图 3-14　侵入破岩实验系统

3.3　岩石在钻齿侵入作用下的破碎机理研究

3.3.1　钻齿侵入作用下岩石的劣化研究

　　侵入破岩常见于三牙轮钻头、冲击钻头破岩钻进过程中。岩石在钻齿侵入过程中不同时刻的应变情况如图3-15所示。本书所使用的岩样为正方形的薄板，可在厚度方向将试件视为平面应力问题。由图可知，随着钻齿的侵入，岩石与钻齿首先接触的地方产生应变，随后形成塑性区，随着侵入深度的增加，岩样的变形从塑性区开始沿某个路径萌生，最后岩样变形贯穿岩样，该实验中所用岩样为花岗岩。由于花岗岩在钻齿作用下表现为瞬间断裂，断裂时间非常短，因此CCD相机只捕捉到了裂纹贯穿岩样后的图片。裂纹扩展的过程并没有被捕捉到，如图3-16所示。在钻齿压入花岗岩时，岩样会发出"咔咔"的声音。随着钻齿的继续侵入，岩石所发出的"咔咔"声越来越频繁，当侵入深度达到一定值时，岩样会瞬间崩裂成两半，并发出"嘣"的声音。通过对比图3-15和图3-16可知，岩样表面的变形和最后的宏观裂纹相似度非常高。通过这种方法可以知道岩样宏观裂纹周围的损伤变形情况。

图3-15　花岗岩在钻齿侵入作用下的应变情况

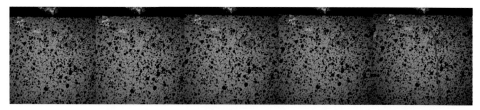

(a) 宏观裂纹扩展情况

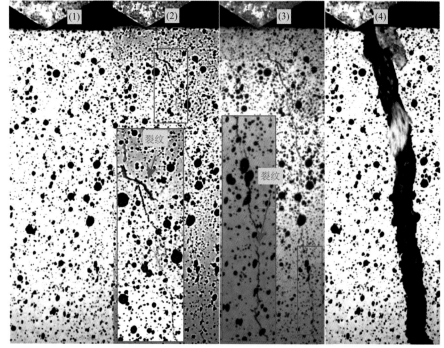

(b) 裂纹局部放大情况

图 3-16　花岗岩在钻齿侵入作用下的宏观裂纹扩展情况

　　岩石在钻齿作用下的损伤劣化情况可以通过声发射定位来分析。岩石在钻齿侵入作用下产生微小断裂并释放能量，通过声发射测试仪对其进行定位，结果如图 3-17 所示。虽然岩石内部所产生的微小断裂不会形成宏观破坏，但其能够很好地反映岩石内部损伤演化情况，以及可以大致判定宏观裂纹的走向。随着钻齿的侵入，在钻齿下方的岩石发生微破裂产生微裂纹并快速增加。图 3-17（d）为岩样断裂之前测得的微裂纹情况。通过对比断裂之后岩样的宏观裂纹可以发现，宏观裂纹的扩展方向和微裂纹总体分布的方向大体一致。

　　图 3-18 为黑砂岩在钻齿作用下的应变情况；图 3-19 为黑砂岩在钻齿侵入作用下的宏观裂纹扩展情况。对比两图可以发现，岩样的应变情况和宏观裂纹的扩展情况非常相似，可以认为宏观裂纹的产生就是岩样局部位置应变变化导致的结果。图 3-20 为黑砂岩在钻齿侵入作用下的微裂纹分布情况，图 3-20 的四个图分别为微裂纹随侵入过程的演化情况。图 3-21～图 3-23 为红砂岩在钻齿侵入作用下的应变、宏观裂纹扩展以及

微裂纹分布情况。由图可知,微裂纹的总体分布方向和宏观裂纹产生的方向大体一致,硬度越大的岩石产生的微裂纹数越大,并且越发散。

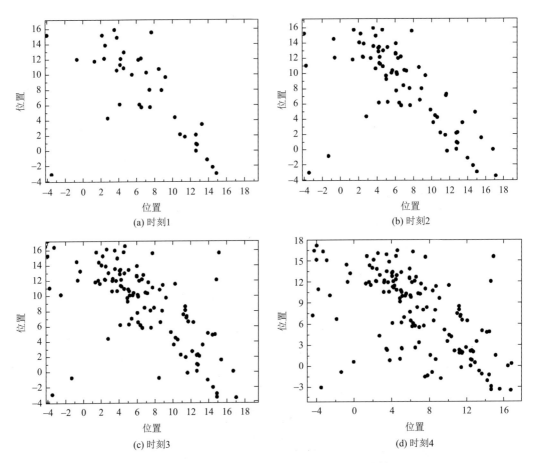

图 3-17　花岗岩在钻齿侵入作用下的微裂纹分布情况

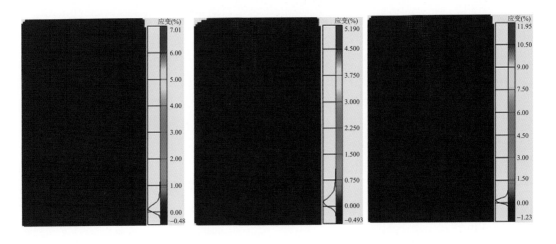

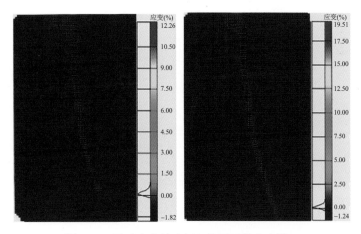

图 3-18　黑砂岩在钻齿侵入作用下的应变情况

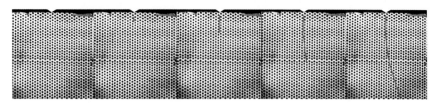

图 3-19　黑砂岩在钻齿侵入作用下的宏观裂纹扩展情况

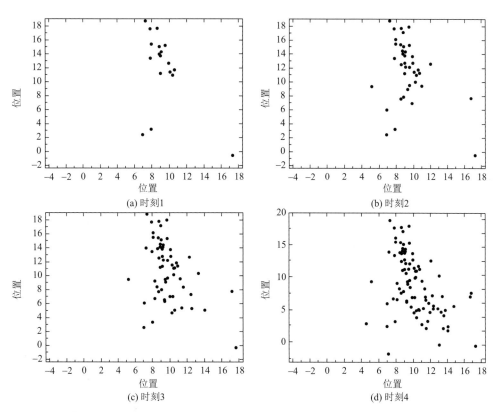

(a) 时刻1　　　　　　　　　　　　　　(b) 时刻2

(c) 时刻3　　　　　　　　　　　　　　(d) 时刻4

图 3-20　黑砂岩在钻齿侵入作用下的微裂纹分布情况

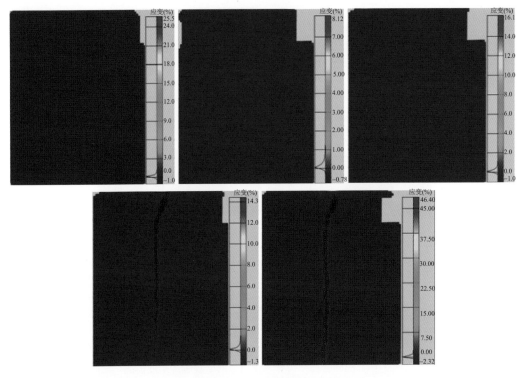

图 3-21 红砂岩在钻齿侵入作用下的应变情况

图 3-22 红砂岩在钻齿侵入作用下的宏观裂纹扩展情况

钻齿在侵入花岗岩过程中侵入力与岩石声发射累计数以及与声发射释放能量的关系如图 3-24 所示。声发射累计数是在钻齿侵入岩石过程中，岩石内部由于形变、破碎等引

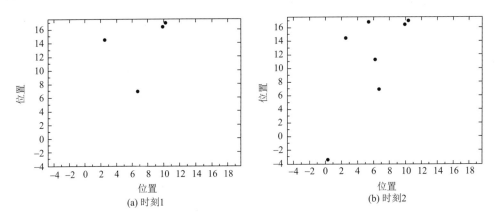

(a) 时刻1

(b) 时刻2

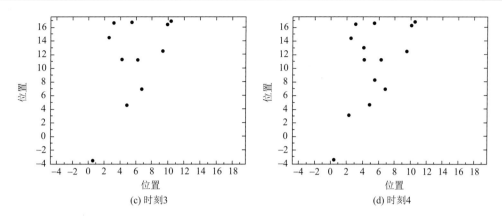

(c) 时刻3   (d) 时刻4

图 3-23 红砂岩在钻齿侵入作用下的微裂纹分布情况

起能量快速释放所产生的瞬态弹性波被声发射探头探测到的次数。其中，声发射释放能量为每次声发射所释放的能量。通过微机控制电液伺服万能实验机来实现钻齿在侵入过程中的加载与卸载操作。由图 3-24 可知，当侵入力小于某个阈值时，岩石内部基本没有声发射现象，同样也没有能量释放；当侵入力大于这个阈值时，声发射累计数和声发射释放能量随着侵入力的增加而增加。但是声发射累计数和声发射释放能量的瞬间增加发生在侵入力瞬间减小（即中间主裂纹萌生和扩展）时刻。

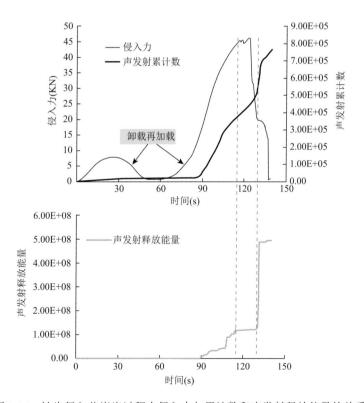

图 3-24 钻齿侵入花岗岩过程中侵入力与累计数和声发射释放能量的关系

对比图 3-24～图 3-26 可知，花岗岩在钻齿侵入过程中声发射累计数和声发射释放能量是最大的，黑砂岩次之，红砂岩最小。由此可以认为，声发射的活跃程度和岩石的岩性，特别是硬度和脆性有很大关系。在实验室中还发现，花岗岩从裂纹萌生到裂纹贯穿岩样的时间极短，岩样会瞬间崩裂，以至于把 CCD 相机设置为每秒钟拍摄 8 张图片都无法观测到。这说明在钻齿侵入花岗岩过程中，岩样存储了巨大的弹性势能，以至于岩样崩裂并发出巨响。这种现象在黑砂岩实验中有所缓解，在红砂岩实验中，CCD 相机可以完全捕捉到岩样从裂纹萌生到贯穿整个岩样的过程。实验发现，当裂纹萌生之后，红砂岩不会像花岗岩一样瞬间崩裂。相反，红砂岩实验中裂纹会缓慢扩展至岩样底边，并且裂纹扩展到距离底边越近的地方扩展速度越慢。这说明在钻齿侵入花岗岩过程中，钻齿对岩样所做的功用于存储在岩石弹性变形中的能量相对较少。

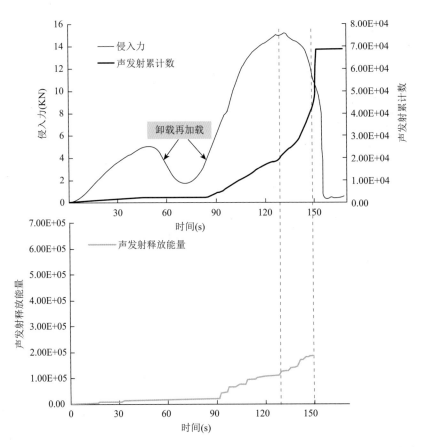

图 3-25　钻齿侵入黑砂岩过程中侵入力与声发射累计数和声发射释放能量的关系

为了定量分析岩石在钻齿侵入作用下的变形和裂纹扩展情况，选取岩样应变图和 x 方向位移图上的 4 个截面作为分析对象，如图 3-27 所示。不同截面对应的应变和位移如图 3-28 所示，随着钻齿的侵入，其首先在与钻齿接触的地方出现应变，如图 3-28（a）中红色线框所示。随着钻齿的继续侵入，变形的面积不断增大，如图 3-28（c）所示，在 CCD 相机所拍摄的第 34 段中，截面 1 也开始发生变形。随着变形的不断增大，变形区域将朝着岩样内部发展，最后变形区域贯穿整个岩样，也就是说选取的 4 个截面都发生了变形和位移，如图 3-28（i）所示。

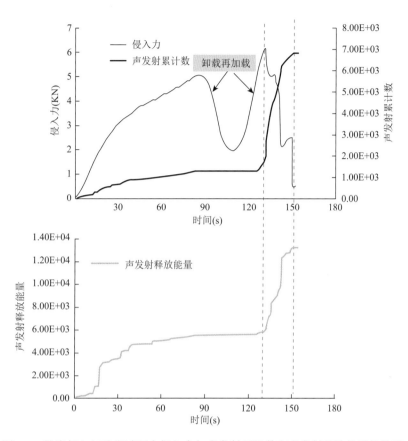

图 3-26　钻齿侵入红砂岩过程中侵入力与声发射累计数和声发射释放能量的关系

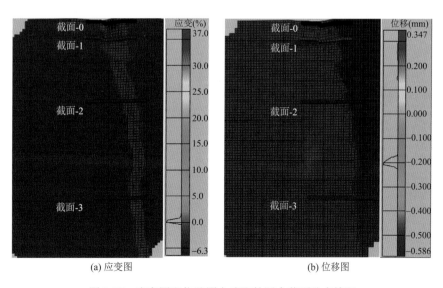

(a) 应变图　　　　　　　　　　　　　　　(b) 位移图

图 3-27　应变图和位移图上选取的四个截面分布情况

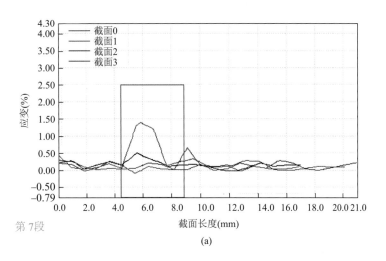

第 7 段

(a)

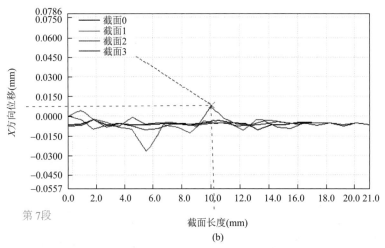

第 7 段

(b)

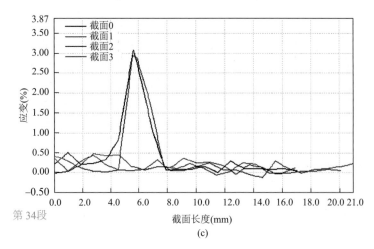

第 34 段

(c)

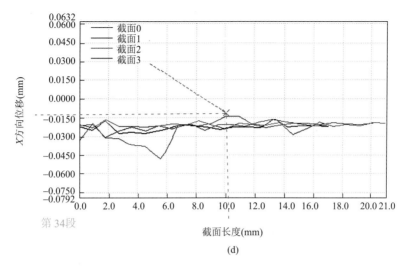

第 34 段

(d)

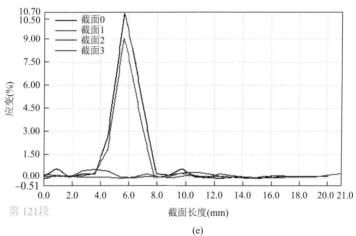

第 121 段

(e)

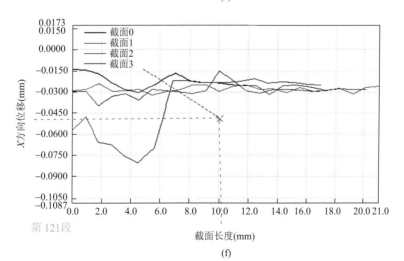

第 121 段

(f)

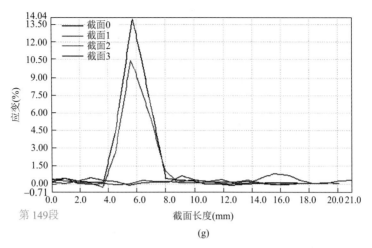

(g)

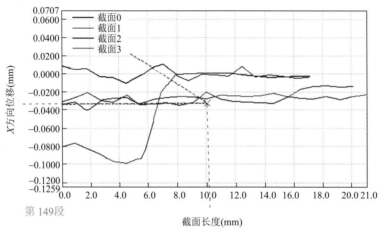

(h)

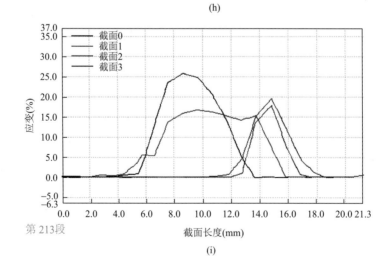

(i)

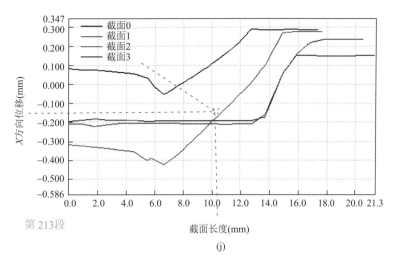

第 213 段

图 3-28 四个截面的应变和位移分布情况

3.3.2 边界条件对裂纹扩展的影响

为研究边界条件对裂纹扩展以及侵入力的影响，分别对自由边界和两侧约束这两种情况下的岩样进行侵入实验。岩样的两侧约束是通过加工的一个夹具来实现的。夹具两侧有四个螺栓，通过拧紧螺栓使夹具内部的两个钢板和岩样紧密接触，从而到达约束岩样两侧边界的目的，如图 3-29 所示。在自由边界情况下，随着钻齿的侵入，与钻齿接触的地方会首先产生弹性变形，然后再形成一个半圆形的塑性区。随着钻齿的继续侵入，中间主裂纹会在塑性区的下部开始萌生，最终贯通整个岩样。对于两侧约束的情况，随着钻齿的侵入，与钻齿接触的地方同样会形成半圆形的弹性区和塑性区，但是随着钻齿的继续侵入不会形成中间主裂纹。实验中，当侵入深度达到 3.6mm 也没有形成中间主裂纹，而在自由边界情况下，形成主裂纹的临界侵入深度仅为 1.2mm。

图 3-29 两种边界情况

通过分析两种情况下岩样微裂纹的分布情况同样可以发现：在自由边界情况下，微裂纹发生在宏观裂纹的周边，并贯穿岩样；而在两侧约束的情况下，微裂纹主要发生在岩样的上半部分，在下半部分基本没有发生损伤，如图 3-30 所示。由此可见，岩样的侧向边界条件对中间主裂纹的产生影响很大，对其扩展有抑制作用。

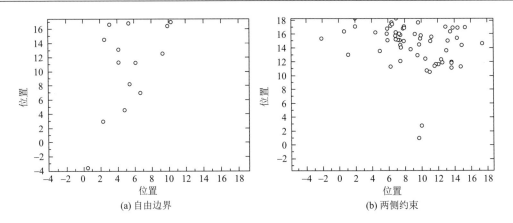

(a) 自由边界　　　　　　　　　　　　　　　　(b) 两侧约束

图 3-30　两种边界情况下微裂纹的分布情况

　　两种不同边界条件下侵入力随侵入深度的变化情况如图 3-31 所示。在自由边界条件下，随着侵入深度的增加，侵入力也随着增加，当中间主裂纹产生时，侵入力瞬间降低到低位。在两侧约束的情况下，随着侵入深度的增加，侵入力会先增加到某个值后突然减小，然后再增加，形成一种跳跃式侵入的现象。产生这种现象的主要原因是随着钻齿的侵入和挤压岩样受载到一定程度后突然破碎，形成破碎坑，钻齿跳跃式侵入；之后又与岩样接触，挤压岩样，当挤压到一定程度时，岩样又突然破碎形成破碎坑，钻齿跳跃式侵入，如此反复。两种不同边界条件下的声发射累计数与时间的关系如图 3-32 所示，两侧约束条件下的岩样声发射发生时间要滞后于自由边界条件，并且声发射累计数大于自由边界情况。实验后的岩样如图 3-33 所示，一个完整的岩样基本被中间主裂纹分割成两半。

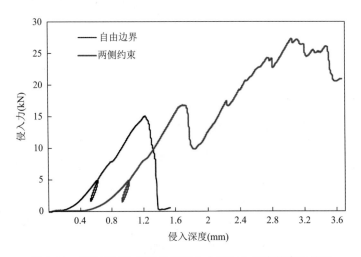

图 3-31　两种不同边界条件下侵入力随侵入深度的变化情况

　　为研究边界效应对裂纹扩展的影响，本节研究距离边界 115mm（岩样中心）、85mm、55mm 和 25mm 四种情况下裂纹的扩展情况，如图 3-34 所示。研究表明，由于边界效应的存在，裂纹的扩展始终朝着自由边界方向；并且还发现一个比较有意思的现象，当裂纹尖端扩展至接近自由边界的时候，裂纹的扩展速度将变得更缓慢[125]。四种情况下对应的侵入力随侵入深度的变化情况如图 3-35 所示，随着钻齿接触点距离自由边界的距离减小，侵入力呈现出先增大后减小的变化情况，距离右侧自由边界 85mm 时侵入力最大。

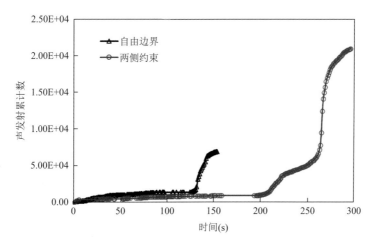

图 3-32　两种不同边界条件下声发射累计数与时间的关系

图 3-33　实验后的岩样

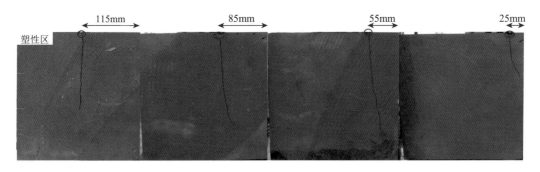

图 3-34　边界效应对裂纹扩展的影响

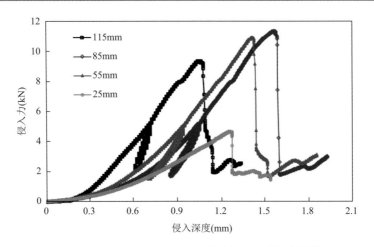

图 3-35　四种情况下对应的侵入力随侵入深度的变化情况

3.4　岩石破碎过程中的能量耗散研究与破碎效率评价

由 3.1.2 节的理论分析可知，塑性破碎由于破岩比功大、岩石破碎效率低，易引起钻头的提前失效。因此在破岩过程中我们期望的是岩石能够发生脆性破碎，且钻齿侵入过程存在两个阶段，即岩石塑性变形（第一阶段）和弹性能的释放并用以新裂纹扩展（第二阶段）。其中，第一阶段钻齿所做总功被用于岩石的弹性变形（E_e）和塑性变形（E_p），即式（3-23）、式（3-24）。第二阶段的能耗分配见式（3-25），此时钻齿所做功除消耗在岩石的弹性变形（E_e）和塑性变形（E_p）上，还有一部分用以脆性破碎（即裂纹扩展耗能，E_f）。

分析第二阶段中三种形式的耗能情况对于研究钻齿侵入岩石过程中岩石的破碎机理有重要意义。图 3-36～图 3-45 为不同岩性的岩样在不同钻齿作用下侵入力随侵入深度的关系。观察这些图可知，在裂纹产生之前，钻齿对岩石所做的功消耗在岩石的塑性变形和弹性变形上面；当裂纹萌生时，如图中的 E 点，钻齿对岩石所做的功用于产生的新表面（裂纹），在这个过程中塑性耗能不会变化。图中 $\triangle ACD$ 的面积为钻齿对岩石所做的总功；E 点为裂纹的萌生点，其通过三维应变测量仪所测量的表面应变情况和 CCD 相机拍摄的图片确定；斜线 BE 和卸载曲线平行。

由弹塑性理论可知，$\triangle ABE$ 的面积为岩石塑性应变耗能，$\triangle BCD$ 的面积为岩石弹性应变耗能，$\triangle BDE$ 的面积为岩石脆性破碎耗能。通过计算可得，图 3-36 中 $\triangle ABE$ 的面积等于 2.69kN·mm，ΔBCD 的面积等于 2.43kN·mm，$\triangle BDE$ 的面积为 0.13kN·mm。由此可得，弹性耗能、塑性耗能以及脆性耗能的比值为 18.69∶20.69∶1，塑性耗能占总耗能的比值为 1∶1.95。图 3-37 中弹性耗能、塑性耗能以及脆性耗能的比值为 3.21∶3.47∶1，塑性耗能与总耗能的比值为 1∶2.21。图 3-38 中弹性耗能、塑性耗能以及脆性耗能的比值为 3.95∶4.46∶1，塑性耗能与总耗能的比值为 1∶2.11。图 3-39 中弹性耗能、塑性耗能以及脆性耗能的比值为 5.73∶6.55∶1，塑性耗能与总耗能的比值为 1∶2.02。通过对比上述四种情况可知，105°楔形钻齿侵入破岩过程中塑性耗能比最小，岩石破碎效率最高；90°楔形钻齿侵入破岩过程中塑性耗能比最大，岩石破碎效率最低。

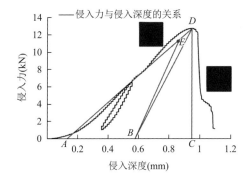

图 3-36　90°楔形钻齿侵入红砂岩

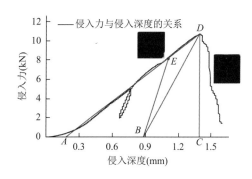

图 3-37　105°楔形钻齿侵入红砂岩

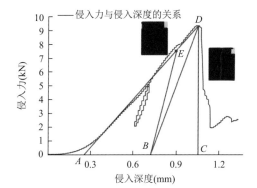

图 3-38　120°楔形钻齿侵入红砂岩

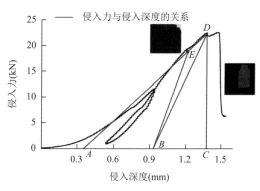

图 3-39　圆形钻齿侵入红砂岩

图 3-40 中弹性耗能、塑性耗能以及脆性耗能的比值为 6.58∶2.13∶1，塑性耗能与总耗能的比值为 1∶4.56。图 3-41 中弹性耗能、塑性耗能以及脆性耗能的比值为 6.09∶3.91∶1，塑性耗能与总耗能的比值为 1∶2.81。图 3-42 中弹性耗能、塑性耗能以及脆性耗能的比值为 3.67∶2.92∶1，塑性耗能与总耗能的比值为 1∶2.6。图 3-43 中弹性耗能、塑性耗能以

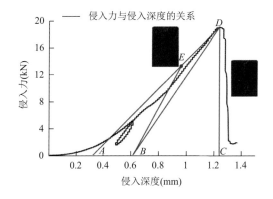

图 3-40　90°楔形钻齿侵入黑砂岩

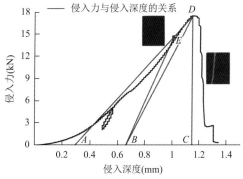

图 3-41　105°楔形钻齿侵入黑砂岩

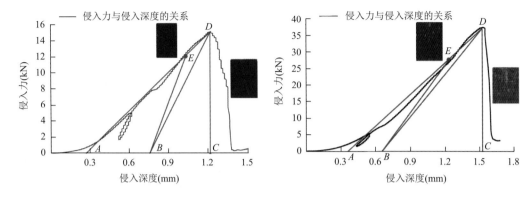

图 3-42　120°楔形钻齿侵入黑砂岩　　　　　图 3-43　圆形钻齿侵入黑砂岩

及脆性耗能的比值为 10.29：2.6：1，塑性耗能与总耗能的比值为 1：5.35。对比上述四种情况可知，圆形钻齿侵入破岩过程中塑性耗能比最小，岩石破碎效率最高。但是使用圆形钻齿使临界侵入力变大，破岩所需总功变大，对钻齿的寿命影响很大。因此不建议使用。120°楔形钻齿侵入破岩过程中塑性耗能比最大，岩石破碎效率最低。

　　图 3-44 和图 3-45 为钻齿侵入花岗岩过程时侵入力与侵入深度的关系曲线。由图可知钻齿对岩石所做的功大部分转化为岩石的弹性能，岩石塑性变形和脆性破碎消耗的能量非常小。这种现象和实验过程中所观测到的现象基本一致。当微机控制电液伺服万能实验机加载到 5kN 时进行卸载，实验发现卸载曲线可以回到原点。这说明在这段加载过程中岩样没有产生任何塑性变形，只有弹性变形。随着钻齿的继续加载，岩石会发出断断续续"咔""咔"的声音。这主要是岩石内部晶体的错位引起的。随着钻齿的继续侵入，岩样会毫无征兆地瞬间崩裂成两半并以较高速度分开。图 3-46 为岩石破裂前后的四张照片。图中每张照片拍摄间隔 0.17s。第一张照片显示裂纹已经萌生并扩展；第二张图片显示岩石已经被中间主裂纹分割成两半，并且相隔距离较大。由此可见，对于硬脆性岩石的破碎，钻齿对岩石所做的功大部分转化为岩石的弹性能，塑性变形和脆性破碎耗能较少，弹性能主要转化为岩石破碎时岩屑的动能。

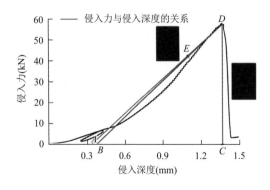
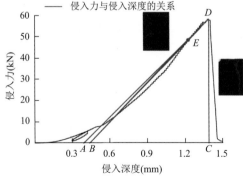

图 3-44　105°楔形钻齿侵入花岗岩　　　　　图 3-45　120°楔形钻齿侵入花岗岩

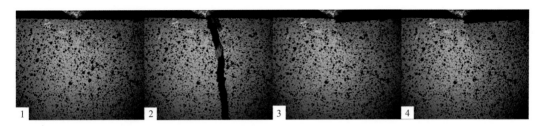

图 3-46　不同时刻下岩石的破碎情况

总体上，从图 3-36～图 3-46 还可以发现，强度越大的岩石其破碎时塑性耗能比越小；强度越小的岩石其破碎时塑性耗能比越大。例如，当楔形钻齿为 120°时，砂岩破碎时的塑性耗能比为 1∶2.11；灰岩破碎时的塑性耗能比为 1∶2.6；而花岗岩破碎时塑性耗能基本可以忽略不计。

3.5　花岗岩微宏观破碎机理

目前，二维离散元颗粒流软件 PFC2D 已成为研究岩石破碎力学的强有力工具。而利用 PFC2D 模拟岩石切削过程的可行性，包括齿尖挤压区的形成、裂纹的萌生、扩展和交汇，甚至切屑最终从岩石本体中剥离的过程已有大量相关研究。此外，在这些研究中，还包括了切削深度、切削速度、切削齿倾角等切削参数以及岩石脆性、液柱压力等因素对岩石破碎模型的影响。

在 PFC 建模框架中，颗粒之间通过不同的接触模型由黏结键结合在一起。如果接触力超过黏结键允许的强度极限，成对黏结的颗粒将破裂并产生微裂纹，黏结键的微观拉伸和剪切破坏分别产生拉伸裂纹和剪切裂纹。PFC 中内置了丰富的基本接触模型，如平行黏结模型（parallel bond model，PBM）、光滑节理模型（smooth-joint model，SJM）等。对于 PBM，颗粒间通过具有恒定强度与刚度的假想弹簧固定，一旦 PBM 被破坏，颗粒间会因为缺乏旋转阻力，发生相互转动，如图 3-47（a）所示；而 SJM，一个假想的结合平面将平行键黏结的颗粒结合，允许颗粒破碎后相互穿过，其在矿物边界处的力学行为与岩石节理的力学行为更相似，如图 3-47（b）所示。其中，PBM 通过接触或平行黏结键将颗粒黏在一起，从而生成岩石模型。其中组成岩石模型的颗粒可视为岩石晶粒，其形状为圆形，它们具有相同的刚度和接触特性。因此，通过离散元颗粒流方法模拟得到的岩石抗拉强度与抗压强度之比必然大于实验结果。此外，由于摩擦角较小，破坏包络线呈线性，从而低估了极限强度。岩石非均质性的三种主要来源可分为：①微观结构尺寸和形状变化引起的颗粒几何非均质性；②由于矿物强度的不同而引起的颗粒变形不均匀性；③由于颗粒内接触性质的不同而导致的颗粒内接触不均匀性。由此可见，PBM 不能更真实地反映岩石的微观结构和非均质特性，切削破岩过程中观察到的岩石破碎机理不能准确地反映岩石的实际破坏模式。

由于不可破碎颗粒的假设以及圆形（2D）和球形（3D）颗粒的理想化，很难使用 PBM 来捕捉岩石的抗拉强度与抗压强度之比，并且 PBM 破坏包络线是线性的，与实验室结果

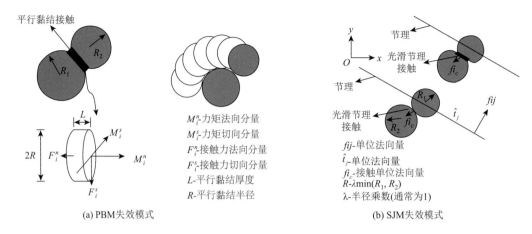

(a) PBM 失效模式　　　　　　　　　　　(b) SJM 失效模式

图 3-47　不同模型黏结键失效情况

相比，摩擦角要小得多。虽然可以通过将颗粒聚集在一起形成团块颗粒来减少 PBM 的缺陷，但这些代表矿物的团块颗粒是不能破碎的刚体。然而在现有研究中，裂缝不仅沿着矿物边界，而且还与矿物相交，发生颗粒破碎。为克服这一缺点，Potyondy[126]提出了结合 PBM 和 SJM 的基于颗粒模型（grain-based model，GBM），以 GBM 模拟可变形、易碎的多边形颗粒，更接近岩石的真实微观结构。基于泰森多边形（又称 Voronoi 图）方法的 GBM 在研究岩石破碎方面取得了不错的成果。但是，泰森多边形方法不能真实表征岩体晶粒的几何非均质特性。近年来，利用等效岩体技术对岩石进行建模，更好地反映了非均质岩石的破坏模式。等效岩体技术以颗粒流理论为基础，以 PFC 软件为工具，采用 PFC 内部接触模型表征岩体中的岩块和节理，构建与现场岩体机构、力学效应等效的数值模型。在该模型中，晶粒内部的颗粒采用 PBM 构建，晶粒被赋予不同的微观参数以模拟不同的矿物组分，晶粒之间通过 SJM 黏结，以此模拟晶粒内和晶粒间接触的开裂行为。

3.5.1　基于 GBM 的花岗岩等效岩体建模

本节等效岩体建模所用的花岗岩采自湖北随州（即第 2 章经 XX-1-2 井强度反演所采用的浅红色花岗岩），其外观形貌和晶粒尺度的微观结构如图 3-48 所示。由图可知，花岗岩由多种矿物组成，矿物的结构形状呈不规则的几何多边形，尺寸为 1～5mm，不同矿物之间有明显的胶结弱面或裂隙。通过岩石的 XRD 分析得到花岗岩主要由石英、钠长石、绿泥石、斜长石、云母等多种成分组成，其中石英为 19.2%，钠长石为 47.5%，绿泥石为 2.1%，斜长石为 21.9%，云母为 9.3%。通过单轴压缩实验以及巴西劈裂实验，可知其杨氏模量为 10.7GPa，泊松比为 0.112，单轴抗压强度为 86.4MPa，抗拉强度为 4.85MPa。

在建立花岗岩模型之前，通过岩样采集，对晶粒界面等几何特征参数进行统计分析，进而获得岩样的离散裂隙网格（discrete fracture network，DFN）。首先对花岗岩试件进行图像采集，如图 3-49（a）所示，然后对其进行灰度化处理，并按照岩样的实际大小对图像进行调整，图像处理结果如图 3-49（b）所示，最后由灰度图像获取岩样的 DFN，如图 3-49（c）所示。

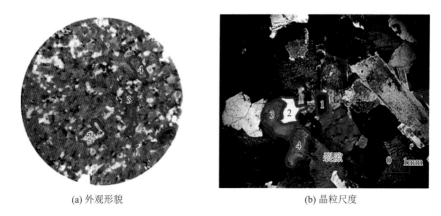

(a) 外观形貌　　　　　　　　　　　　　　(b) 晶粒尺度

图 3-48　湖北随州花岗岩

1. 云母；2. 钠长石；3. 斜长石；4. 石英

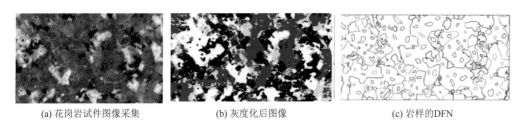

(a) 花岗岩试件图像采集　　　　(b) 灰度化后图像　　　　(c) 岩样的DFN

图 3-49　花岗岩离散裂隙网格获取

　　以得到的花岗岩 DFN 为基础等效表征花岗岩模型。首先生成高 50mm、宽 25mm 的矩形岩样，颗粒之间的接触模型采用 PBM。然后将提取出的 DFN 引入生成的 PBM 中，并按照不同的矿物组分进行分组，生成含四种矿物属性的岩石模型。最后将晶粒边界处的颗粒接触修改为 SJM。由此得到湖北随州花岗岩的等效岩体表征模型，如图 3-50 所示。

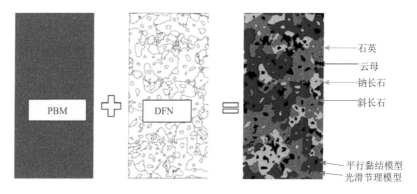

图 3-50　花岗岩的等效岩体表征模型

3.5.2　花岗岩模型微观参数标定

　　用花岗岩样品的宏观力学参数来校正模型参数，岩石的杨氏模量、单轴抗压强度和抗拉强度通常通过单轴压缩实验以及巴西劈裂实验获得。在花岗岩样品的四种矿物中，石英的微观参数被赋予最高值，晶界的接触参数远小于晶粒内的参数，通过大量模拟和标定，直到模拟结果与实验室中所测的参数大致吻合。在模拟过程中产生了 4 种裂纹，分别是晶间拉伸裂纹、晶间剪切裂纹、晶内拉伸裂纹和晶内剪切裂纹，模拟中的黏结破坏受应力-应变规律控制。单轴压缩实验和巴西劈裂实验结果分别如图 3-51 所示，灰色颗粒为石英，浅灰色颗粒为钠长石，红色颗粒为斜长石，黑色颗粒为云母。最终得到的参数如表 3-3 所示。

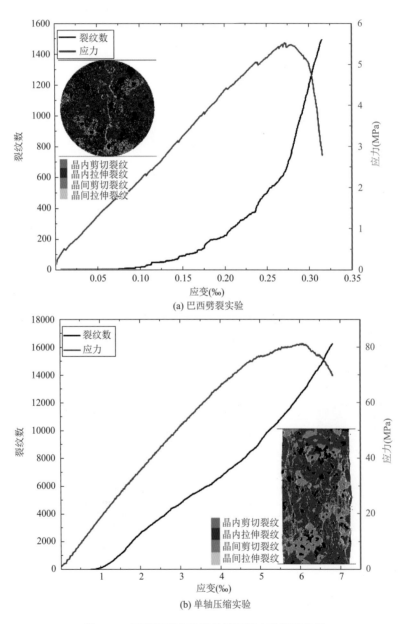

图 3-51　巴西劈裂实验及单轴压缩实验模拟结果

表 3-3　岩石模型微观参数

微观参数	石英	斜长石	钠长石	云母
最小颗粒半径（mm）	0.075	0.075	0.075	0.075
颗粒半径比	1	1	1	1
颗粒密度（kg/m³）	2700	2700	2700	2700
接触法向切向刚度比	1.0	2.0	2.0	1.5
颗粒接触模量（GPa）	12.5235	9.9675	7.4114	4.8566
颗粒摩擦系数	0.7	0.7	0.7	0.7
半径因子	1.0	1.0	1.0	1.0
平行黏结法向切向刚度比	1.0	2.0	2.0	1.5
平行黏结模量（GPa）	12.5235	9.9675	7.4114	4.8566
平行黏结拉伸强度（MPa）	140	131.04	131.04	123.928
平行黏结强度（MPa）	49.7	46.5192	46.5192	43.9944
平行黏结摩擦角（°）	65	65	65	65
光滑节理模型法向刚度（N/m）	8.2×10^{13}			
光滑节理模型切向刚度（N/m）	2×10^{13}			
光滑节理模型拉伸强度（MPa）	6.79			
光滑节理模型黏结强度（MPa）	45			
光滑节理模型摩擦角（°）	65			
光滑节理模型摩擦系数	0.7			

可以看到，裂纹大致呈指数型增长，在模拟初期，裂纹增长很慢。当应力到达峰值附近，裂纹迅速增长。晶间裂纹以拉伸裂纹为主，晶内裂纹以剪切裂纹为主。模型中拉伸裂纹超过剪切裂纹。在单轴压缩模拟中，由于晶粒间和晶粒内微裂纹的共同作用，形成了贯穿的裂纹，由此在试件中引发宏观断裂；也观察到未黏结的宏观断裂，其原因是晶粒间接触的微观拉伸强度低，导致试样中心区域中的多个晶粒间接触断裂；巴西劈裂模拟中样品的断裂是由于晶粒间接触（晶界）发生断裂而形成的宏观拉伸断裂，这也是晶间裂纹产生的主要原因。模拟结果与实验结果对比见表 3-4。

表 3-4　实验与模拟结果对比

参数	实验值（MPa）	模拟值（MPa）	误差（%）
抗拉强度	4.85	5.25	8.25
抗压强度	86.4	81.5	5.67

数值模拟获得的力学性能与实验结果大致匹配，误差均控制在 10% 以内，因此表 3-3 中给出的微观力学性能可用于模拟湖北随州花岗岩的力学行为。

3.5.3　钻齿侵入破碎花岗岩微宏观机理

侵入破岩是机械破岩的基本形式之一。研究钻齿侵入过程中岩石的微观变化和破坏特征对优化钻齿钻具参数、提高破岩效率具有重要作用。为研究在楔形钻齿侵入过程中花岗岩宏观破裂情况以及裂纹的扩展情况，建立了在楔形夹角分别为 90°、120°的楔形钻齿作用下的离散元模型。侵入模型如图 3-52 所示，岩石模型长 60mm，高 50mm，共包含 84061 个颗粒。颗粒半径为 $7.5 \times 10^{-5} \sim 1.25 \times 10^{-4}$m，其他参数与切削模型一致。楔形钻齿的楔形夹角分别为 90°、120°，钻齿尖端半径为 1mm，钻齿侵入速度为 0.1m/s。楔形钻齿侵入实验模拟了在围压 P_0 为 0MPa、10MPa、20MPa、30MPa 的情况下，且最大侵入深度为 1.5mm 时，花岗岩内部裂纹的萌生与扩展以及花岗岩宏观破裂情况。

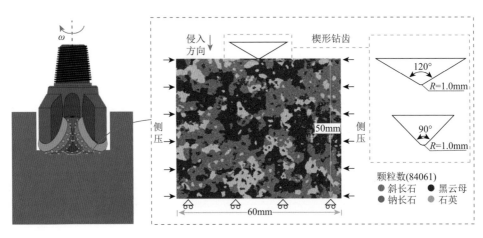

图 3-52　楔形齿垂直侵入模型

图 3-53 是不同围压下两种楔形钻齿在侵入深度为 1.5mm 时花岗岩内部裂纹扩展及破裂情况。图中展示了楔形钻齿、岩石、裂纹之间以及晶粒边界、裂纹之间的关系。图 3-54 是不同围压下两种楔形钻齿在侵入深度为 1.5mm 时花岗岩内部裂纹种类及其数量关系。

从图 3-53 中可以明显看出，无论在何种条件下，花岗岩在钻齿尖端周围区域都会形成直接损伤区。直接损伤区内裂纹类型主要为晶内裂纹，尤其是晶内剪切裂纹。另一个明显的现象是：当 $P_0 = 0$MPa 时，楔形钻齿侵入过程中产生很少的横向裂纹，但却容易形成贯穿整个岩石的径向裂纹，致使岩石发生破裂。径向裂纹主要为沿晶粒边界扩展的晶间拉伸裂纹以及少量贯穿晶粒内部的晶内剪切裂纹。而当围压增大时，径向裂纹扩展受到抑制，数量急剧减少。因此，当围压较大时，不宜采用侵入破岩的方式。在图 3-54 中可以更加直观地得到裂纹间的数量关系：在侵入过程中，花岗岩内部萌生的裂纹以晶间拉伸裂纹为主，产生的晶内剪切裂纹数量次之；晶内拉伸裂纹在侵入过程中产生的数量极少，而几乎没有晶间剪切裂纹的产生。

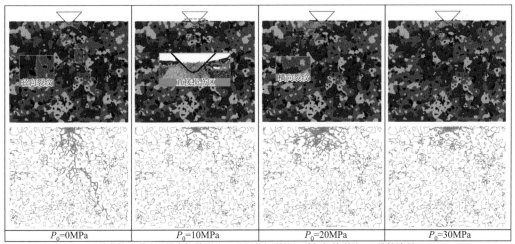

(a) 90°楔形钻齿在不同侧压下侵入花岗岩1.5 mm的实验结果

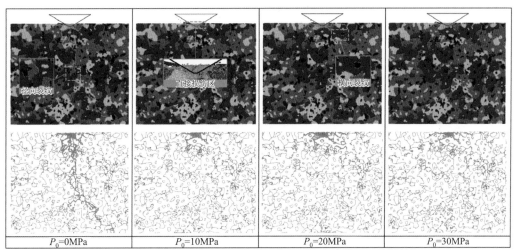

(b) 120°楔形钻齿在不同侧压下侵入花岗岩1.5mm的实验结果

图 3-53　侵入破岩实验结果

围压从 0 增加到 30MPa 的过程中，裂纹种类始终以晶间拉伸裂纹为主，而裂纹总数呈波浪形波动变化，即裂纹总数先减小后增加再减小。结合图 3-53 与图 3-54 可知，当 P_0 = 10MPa 时，花岗岩内部产生的裂纹数量最少。这是由于围压在一定范围内逐渐增大时，花岗岩内部的微孔隙逐渐闭合，晶粒在围压作用下被压得更"紧"；晶粒边界参数得到加强，晶间裂纹的萌生和扩展被抑制。这与切削实验的现象相吻合。微孔隙闭合后，花岗岩在继续增大的围压作用下进入弹性变形阶段。当 P_0 = 20MPa 时，在楔形钻齿侵入作用下形成直接损伤区，以直接损伤区为中心向外形成以晶间拉伸裂纹为主的辐射状裂纹区域，裂纹总数再次增大。当 P_0 = 30MPa 时，直接损伤区面积变小，裂纹总数减少，而在远离直接损伤区的其他区域萌生大量晶间拉伸裂纹。这是由花岗岩塑性随着围压的继续增大而增加导致的。

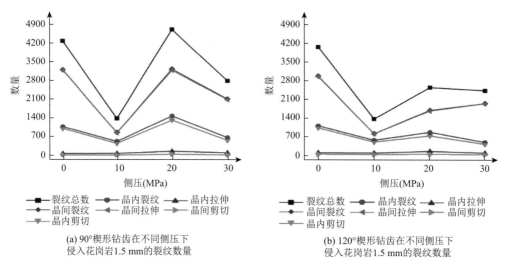

(a) 90°楔形钻齿在不同侧压下
侵入花岗岩1.5 mm的裂纹数量

(b) 120°楔形钻齿在不同侧压下
侵入花岗岩1.5 mm的裂纹数量

图 3-54　裂纹种类及其数量关系

讨论钻齿侵入过程中的受力情况，对钻齿选型、钻具优化至关重要。图 3-55 为两种钻齿在不同围压下侵入花岗岩 1.5mm 过程中受力与裂纹关系。当 $P_0 < 20MPa$ 时，两种齿形受力情况差距不明显；两者受力曲线的最大峰值和波峰数量相似。当围压 $P_0 = 20MPa$ 时，90°楔形钻齿受力曲线的波峰呈"跳跃式"变化，即曲线只存在三个峰值较大的波峰；而在其他部分几乎为 0，且在侵入深度超过 1mm 后出现一个峰值巨大的波峰。虽然 120° 楔形钻齿受力曲线也只存在三个明显的波峰，但其受力曲线的波峰分布更均匀，峰值保持在一个稳定的水平。当围压 $P_0 = 30MPa$ 时，两种钻齿受力曲线的峰值水平相差不大，两种钻齿受力曲线的峰值都保持在一个相对稳定的水平；但 90°楔形钻齿受力曲线的波峰数量更少。综合来看，在相同工况下，两种钻齿的受力情况差距不大，90°楔形钻齿比 120° 楔形钻齿受力曲线的波峰数量要少、钻齿受到的冲击次数更少。

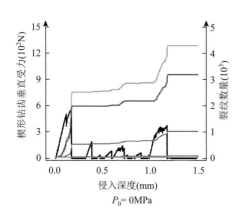

P_0= 0MPa

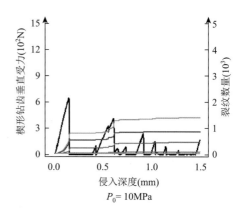

P_0= 10MPa

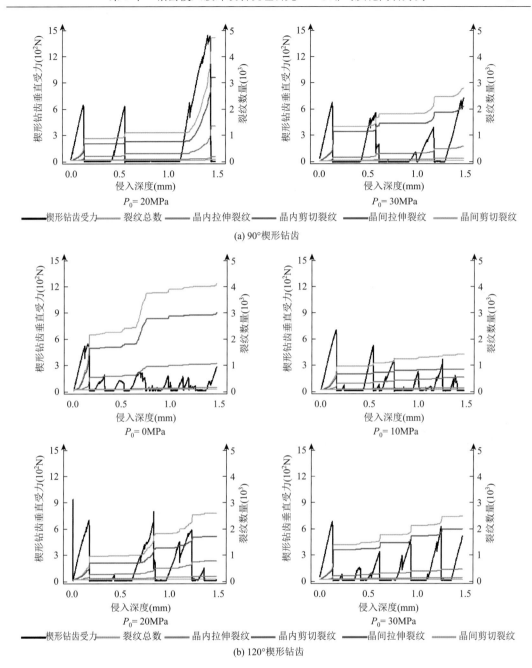

(a) 90°楔形钻齿

——楔形钻齿受力　　裂纹总数　　晶内拉伸裂纹　　晶内剪切裂纹　　晶间拉伸裂纹　　晶间剪切裂纹

(b) 120°楔形钻齿

图 3-55　两种钻齿在不同围压下侵入花岗岩 1.5mm 过程中受力与裂纹发展关系

由图 3-55 可以看出，与切削过程相似，侵入过程中裂纹总数的增加情况与楔形钻齿受力曲线波峰的变化情况存在一定联系：当受力曲线出现波峰时，裂纹总数总是会随之出现一定程度的增加。并且当波峰的峰值越大时，裂纹总数增加越明显。而当波峰峰值处于极低水平时，各种类型的裂纹数量变化很小或几乎不变化，数量曲线近似为水平直线。侵入过程与切削过程中的裂纹变化情况几乎一致：晶间拉伸裂纹的数量从始至终都处在最高水平；晶内剪切裂纹的数量次之；晶内拉伸裂纹数量始终处于较低水平；而晶间剪切裂纹几乎没有变化，数量基本接近于 0。晶内剪切裂纹与晶间拉伸裂纹的数量曲线和裂纹总数曲线变化一致。尤其晶间拉伸裂纹的数量曲线与裂纹总数曲线变化情况几乎一模一样。

结合裂纹萌生、扩展情况与钻齿受力规律，当围压 $P_0 = 0$MPa 时，90°楔形钻齿与 120°楔形钻齿侵入花岗岩达到的破岩效果基本一致。当围压 P_0 较大时，侵入过程中径向裂纹的萌生和扩展受到抑制，破岩效率低下。相同工况下，120°楔形钻齿在侵入过程中受力曲线的波峰数量相对 90°楔形钻齿更多，即受到的冲击次数更多。因而在实际破岩中，选用 90°楔形钻齿能减少钻具受到的冲击次数，从而延长钻具的使用寿命。

3.6　本章小结

本章通过室内实验研究了三种不同类型岩石（软、中、硬）在钻齿侵入作用下的变形和位移情况、侵入力和侵入深度的关系、裂纹扩展情况、损伤演化情况以及破碎过程中的能量耗散情况和岩石破碎效率等问题。研究得出以下结论：

（1）花岗岩在钻齿侵入过程中累计数和声发射释放能量是最大的，黑砂岩次之，红砂岩最小；由此可以认为，声发射的活跃程度与岩石的岩性，特别是硬度和脆性，有很大关系；并且在实验室中还发现，花岗岩从裂纹萌生到裂纹贯穿岩样的时间极短；黑砂岩次之；红砂岩实验中裂纹会缓慢扩展至岩样底边，并且裂纹扩展到距离底边越近的地方扩展速度越慢。

（2）通过声发射测试仪可以对钻齿侵入岩石过程中微裂纹的生成进行定位，虽然微裂纹不会形成宏观破坏，但能较好地反映岩石内部的损伤演化情况并能大致判定宏观裂纹的走向。

（3）侧向边界条件对中间主裂纹的产生影响很大，对其扩展有抑制作用；在自由边界条件下，随着侵入深度的增加，侵入力也随着增加，当中间主裂纹产生时，侵入力瞬间降低到低位；在两侧约束的情况下，随着侵入深度的增加，侵入力会先增加到某个值后突然减小，然后再增加，形成一种跳跃式侵入的现象。

（4）边界效应的存在使得裂纹的扩展始终朝着自由边界方向；并且当裂纹尖端扩展至接近自由边界时，裂纹的扩展速度将会变得更缓慢；两侧约束条件下的岩样声发射发生时间要滞后于自由边界情况，并且声发射累计数大于自由边界情况。

（5）研究了不同类型岩石在钻齿作用下发生破碎时的能量耗散问题，首次提出了通过塑性耗能比去评价岩石破碎效率的方法，为钻头优化设计、钻井参数优选提供了理论依据。

（6）基于离散元颗粒流方法并结合图像处理技术建立了花岗岩的等效岩体模型，相比传统的泰森多边形方法更加精细地表征了花岗岩晶粒尺度的几何非均质特性，为后续研究结晶岩石的破碎机理提供了参考。

（7）围压是影响楔形钻齿侵入破岩效率的直接因素。围压较大时径向裂纹的萌生扩展受到明显抑制，其数量急剧减少，致使破岩效率低下。因此，在围压较大时不宜采用侵入破岩的方式。

（8）楔形钻齿侵入过程中会产生 4 种微裂纹：晶内拉伸裂纹、晶内剪切裂纹、晶间拉伸裂纹、晶间剪切裂纹，并且产生的裂纹以晶间拉伸裂纹为主，晶内剪切裂纹次之，而且几乎都不产生晶间剪切裂纹。

第4章 钻齿切削破碎硬岩机理研究——以非均质花岗岩为例

本章主要通过理论推导和室内实验相结合的方法研究了钻齿切削作用下岩石的裂纹扩展、岩屑形成、破岩比功、塑-脆性破碎转变以及塑性耗能比等问题，提出了以破岩比功作为参量研究岩石塑-脆性破碎转变的方法，并建立了塑性耗能比的计算模型。

4.1 岩石塑-脆性破碎转变模型建立

众所周知，在钻齿切削过程中岩石的失效形式有两种：一种是当切削深度较小时发生的塑性破碎，在切削沟槽下方形成塑性区，如图 4-1（a）所示；一种是当切削深度较大时发生的脆性破碎，形成侧向裂纹和中间裂纹，如图 4-1（b）所示。岩石在外力作用下只改变其形状和大小而不破坏自身的连续性称为塑性破碎，岩石在外力作用下直至破碎都无明显形状改变的称为脆性破碎。

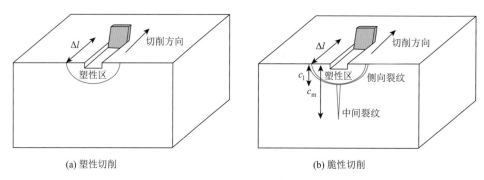

(a) 塑性切削　　　　　　　　(b) 脆性切削

图 4-1　岩石塑脆性切削破碎示意图

Δl 为切削行程（m）；c_l 为侧向裂纹的长度（m）；c_m 为中间裂纹长度（m）

假设在岩石切削过程中，当切削力和切削深度较小时，与钻齿接触的岩石发生塑性变形或连续流动，形成一条沟槽以及其下面的塑性区。塑性区以下是弹性区，考虑到钻齿的前倾角，这种情况下钻齿的切削力 F_c 计算如下所示：

$$F_c = \eta \sigma_c A \tag{4-1}$$

式中，σ_c 为岩石单轴抗压强度（MPa）；η 为几何因子与钻齿前倾角 γ_b 有关；A 为钻齿与岩石的接触面积（m^2）。

钻齿对岩石所做的总功等于切削力和切削行程的乘积，如式（4-2）所示：

$$E_{dp} = F_c \Delta l = \eta \sigma_c A \Delta l \tag{4-2}$$

式中，E_{dp} 为钻齿对岩石做的总功（J）；Δl 为切削行程（m）；F_c 为切削力（N）。

其中一部分能量的消耗发生在岩石形变或裂纹扩展以及切屑生成等上面；另一部分能量消耗在钻齿与岩石的摩擦上面，即

$$E_{dz} = \mu \sigma_f A_f \Delta l \tag{4-3}$$

式中，E_{dz} 为钻齿摩擦能耗（J）；μ 为齿面与岩石的滑动摩擦系数；$A_f = w_c l_2$，其中 l_2 为钻齿磨损的长度（m²）。

$$\sigma_f = k_0 H \sqrt{H/E} \tag{4-4}$$

式中，k_0 为与接触力 σ_f 以及硬度 H 有关的常数；E 为岩石杨氏模量（MPa）。

塑性切削总的能量消耗：

$$E_d = E_{dp} + E_{dz} \tag{4-5}$$

塑性切削体积：

$$V_d = A \Delta l \tag{4-6}$$

如果钻齿在没有发生磨损的情况下（理想情况，钻齿尖端无磨损或倒角），可以假定钻齿的磨损长度为 0，也就是钻齿切削过程中消耗在摩擦上面的能量可以忽略，即 $E_{dz} = 0$。此时，塑性切削比功：

$$MSE_p = \frac{E_d}{V_d} = \frac{E_{dp}}{V_d} = \frac{\eta \sigma_c A \Delta l}{A \Delta l} = \eta \sigma_c \tag{4-7}$$

在切削过程中只要切削深度以及切削力足够大，弹性能将促使岩石产生侧向裂纹和中间裂纹，如图 4-1 所示。裂纹之间的交汇最终形成脆性岩屑。此时，切削力和切削深度的开方值成正比，即 $F_c \propto \sqrt{d}$。脆性切削过程中岩石破碎体积的计算公式如下[127]：

$$V_b = \frac{\pi}{2} c_1^2 \Delta l \tag{4-8}$$

式中，c_1 为侧向裂纹的长度（m），其和表面能有关系。

c_m 为中间裂纹长度（m），两者之间的关系如下所示[128]：

$$c_1 \cong \frac{c_m}{k_1} \tag{4-9}$$

式中，k_1 为缩放系数。

c_m 和钻齿法向力 F_n 的关系为 $c_m \propto F_n^{2/3}$，法向力和切削深度 d 的关系为 $F_n \propto d^2$。结合上述各参量的关系，可以得出侧向裂纹的长度与切削深度的关系[127, 128]：

$$c_1 \propto d^{4/3} \tag{4-10}$$

由裂纹扩展形成的自由面区域大小可以表示如下[129]：

$$A_s = (2\pi c_1 + 2c_m) \Delta l \tag{4-11}$$

因此，裂纹扩展形成自由面耗能的计算公式如下：

$$E_{df} = A_s G_f = (2\pi c_1 + 2c_m) G_f \Delta l \tag{4-12}$$

式中，G_f 为岩石的表面能（J/m²）。

在脆性切削过程中，岩石塑性变形耗能：

$$E_{dp} = \lambda \sigma_y V_p = \frac{\pi}{4} \lambda \sigma_y c_1 \Delta l \tag{4-13}$$

式中，$V_p = \pi/4 c_1^2 \Delta l$，总的耗能可以写成：

$$E_d = E_{df} + E_{dp} = \left[(2\pi c_1 + 2c_m)G_f + \frac{\pi}{4} \lambda \sigma_y c_1 \right] \Delta l \tag{4-14}$$

因此，脆性切削情况下破碎单位体积岩石的能耗计算公式如下：

$$MSE_f = \frac{E_d}{V_b} = \left[(2\pi c_1 + 2c_m)G_f + \frac{\pi}{4} \lambda \sigma_y c_1 \right] \Delta l \bigg/ V_b = \frac{\pi}{2} c_1^2 \Delta l = K_b d^{4/3} + K_p \tag{4-15}$$

结合公式（4-7）和（4-15）可得钻齿切削过程中破岩比功的计算公式如下：

$$MSE = \begin{cases} \eta \sigma_c, & d < d_c \\ K_b d^{4/3} + K_p, & d > d_c \end{cases} \tag{4-16}$$

式中，K_b 为与钻齿形状、材料参数（包括 G_f、K_{IC}、H、E、c_1 和 c_m）有关的参数（MPa·m$^{4/3}$）；K_p 为岩石塑性耗能（MPa）。

由式（4-7）可知，在塑性切削中破岩比功与切削深度没有关系。对特定岩石和前倾角的情况下，塑性切削的破岩比功是保持不变的，但是钻齿的前倾角对破岩比功的影响很大。由式（4-16）可知，破岩比功和切削深度 d 呈反比关系，切削深度越大破岩比功越小，当切削深度足够大时，破岩比功等于 K_p。由此可知，破岩比功和切削深度的关系如图 4-2 所示。

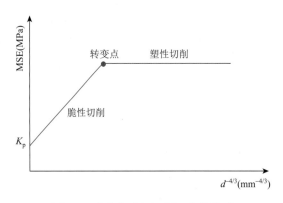

图 4-2　破岩比功与切削深度的关系

如图 4-3 所示，在大多数钻齿切削破岩的实际情况下，为了确保钻齿的使用寿命，多将钻齿进行倒角处理，并且钻齿在与岩石接触时，岩石会产生一定的变形。这些因素都会导致钻齿在切削破岩过程中钻齿与岩石的接触面积不可忽略，也就是钻齿摩擦耗能较大。例如，当切削深度为 0.05mm 或 0.1mm 时，PDC 齿的倒角尺寸大概为切削深度的 10～20 倍。这就导致塑性切削中真正用于破碎岩石的能量不大，可以忽略不计，主要能量消耗在钻齿与岩石的摩擦磨损上面。此时，式（4-7）可以写成：

$$\mathrm{MSE_p} = \frac{E_d}{V_b} = \frac{E_{dp} + E_{dz}}{V_b} = \frac{\eta \sigma_c A \Delta l + \mu \sigma_f A_f \Delta l}{A \Delta l} \approx \frac{\mu \sigma_f l}{d} \qquad (4\text{-}17)$$

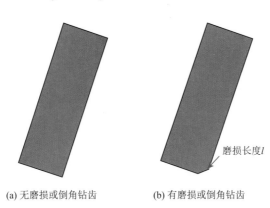

(a) 无磨损或倒角钻齿　　　　　(b) 有磨损或倒角钻齿

图 4-3　有无磨损或倒角钻齿

　　当切削深度较大，岩石发生以脆性破碎为主的失效模式时，可以忽略摩擦耗能对破岩比功的影响。此时，钻齿的破岩能量主要消耗在破碎岩石形成岩屑的过程中，摩擦耗能可以忽略不计，钻齿的破岩比功还是如式（4-15）所示。图 4-4 为考虑钻齿切削破岩过程中摩擦损耗的比功与切削深度的变化图。当切削深度较小时，由式（4-17）可知，比功中由摩擦损耗的占比较大。随着切削深度的增大，比功中由摩擦损耗占主导的情况会转变为破碎岩石能耗占主导的情况。直到岩石发生以脆性破碎为主的失效方式，此时几乎可以忽略钻齿与岩石的接触摩擦损耗。

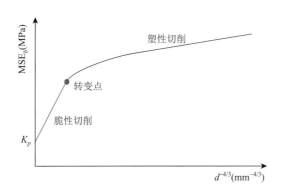

图 4-4　摩擦损耗的比功与切削深度的变化图

　　PDC 齿在切削破岩过程中会受到来自岩石的反作用力，其受力状态会直接影响 PDC 齿的寿命。破岩时，PDC 齿上的切削力占主导作用，其破岩方式以剪切作用为主。因此，对钻进过程中钻齿上切削力的分析尤为重要。

　　钻齿上的受力状态能大致反映切削齿的失效程度以及寿命，但受力大小和单一的外力做功都难以衡量切削齿的破岩效率。因此这里通过引入破岩比功来衡量不同形状 PDC 齿的破岩效率。破岩比功最早由蒂尔（Teale）于 1965 年提出，是衡量岩石破碎效率的一个重要

指标。破岩比功越小，则表示破岩效率越高。其定义为破碎单位体积岩石所消耗的能量，即

$$\text{MSE} = \frac{W}{V} \qquad (4\text{-}18)$$

式中，MSE 为破岩比功（mJ/mm^3）；W 为破碎岩石消耗的总功（能量）（mJ）；V 为岩石的破碎体积（mm^3）。

式（4-18）中，破碎岩石消耗的总功 W 等于平均切削力 $\overline{F}$ 乘以切削行程 l，即

$$W = \overline{F}l \qquad (4\text{-}19)$$

式中，$\overline{F}$ 为 PDC 齿的平均切削力（N）；l 为切削行程（mm）。

式（4-18）中，岩石的破碎体积 V 约等于切削面的投影面积 S 乘以切削行程 l，即

$$V = Sl \qquad (4\text{-}20)$$

式中，S 为切削面投影面积（mm^2）。

将式（4-19）与式（4-20）代入式（4-18），即可得到简化后的破岩比功计算式：

$$\text{MSE} = \frac{\overline{F}}{S} \qquad (4\text{-}21)$$

式（4-21）中，平均切削力 $\overline{F}$ 可由单齿切削实验结果得到。为了求得切削面积 S，图 4-5 中给出了 PDC 齿及锥形齿切削岩石的切削面积计算示意图。

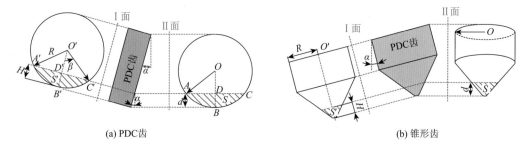

(a) PDC齿　　　　　　　　　　　(b) 锥形齿

图 4-5　PDC 齿及锥形齿切削花岗岩切削面积计算示意图

如图 4-5（a）所示，将 PDC 齿向 I 面投影得 PDC 齿的正视图，向 II 面投影得 PDC 齿在垂直于切削方向上的投影图。d 为 PDC 齿的切削深度，切削齿前倾角为 α，PDC 齿在与岩石接触面上的投影面积为阴影面积 S。R 为 PDC 齿的半径，H 为切削深度 d 在正视图上对应的高度，S' 为阴影部分 S 投影在正视图上的面积。由圆 O' 和椭圆 O 之间的几何关系容易得

$$S = \frac{S'}{\cos \alpha} \qquad (4\text{-}22)$$

式中，S' 为图 4-5（a）中左侧圆 O' 上阴影部分的面积（mm^2）；α 为切削齿前倾角(°)。

在圆 O' 中，由几何关系可得

$$S' = S'_{A'\overset{\frown}{B'C'}O'} - S'_{\triangle A'B'O'} \qquad (4\text{-}23)$$

式中，$S'_{A'\overset{\frown}{B'C'}O'}$ 为扇形 $A'B'C'O'$ 的面积（mm^2）；$S'_{\triangle A'B'O'}$ 为 $\triangle A'B'O'$ 的面积（mm^2）。

在 $\triangle O'A'D'$ 中，由几何关系可以得到

$$\beta = \arccos\left(\frac{R-H}{R}\right) \tag{4-24}$$

式中，β 为弧度（rad）；R 为 PDC 齿的半径（mm），取 $R=6.5\text{mm}$；H 为切削深度 d 在正视图上对应的 $B'D'$的长度，即

$$H = |B'D'| = \frac{d}{\cos\alpha} \tag{4-25}$$

结合式（4-24）、式（4-25）就能计算出扇形 $A'B'C'O$ 和 $\triangle A'B'O$ 的面积，并将其代入式（4-23）可得

$$S = R^2\beta - R\sin\beta(R-H) = R^2(\beta - \sin\beta) + HR\sin\beta \tag{4-26}$$

因此，即可求出切削面面积 S：

$$S = \frac{R^2(\beta - \sin\beta) + HR\sin\beta}{\cos\alpha} \tag{4-27}$$

而对于其他齿形的 PDC 齿（除了圆柱齿），如图 4-5（b）所示的锥形齿，它们的投影面积或体积可通过计算机辅助设计（computer aided design，CAD）软件中的"面积投影"功能得到。结合上述的分析，就能对不同切削深度和前倾角下各 PDC 齿的切削力以及破岩比功进行计算分析，从而对各种参数下 PDC 齿的破岩效率进行衡量对比。

4.2　切削实验平台和岩样制备

实验装置是经过改装的车床 CDE6140A。该车床可以精确地控制切削深度，精度为 0.05mm。改装后的车床在原刀架位置加装了三通道通用测力传感器。传感器与三向力高精度线性放大器相连接。放大器采集的信号经由数据传输线传回电脑，从而实时读取并保存切削过程中 PDC 单齿上所受到的切向力、径向力和轴向力。数据采集频率为 10Hz，切向力和轴向力的测量范围为–500～3000N，切削力测量精度为 1N，测量范围均能满足实验中切削深度的要求。在进行切削实验之前，使用测力环对切削力进行标定，保证实验精度。钻齿的切削速度可通过调节车床主轴的转速来实现，其最低转速为 11r/min，实验装置如图 4-6 所示。

图 4-6　PDC 单齿切削破岩实验装置

实验中使用的岩样为两种花岗岩，分别为灰白色花岗岩和浅红色花岗岩。两种花岗岩共计准备了 100 个样品，如图 4-7 所示。为了方便实验夹装，把花岗岩加工为 100mm×180mm 的圆柱形岩样；并且设计了两个岩样夹装装置，分别在岩样左右两端将岩石固定在切削车床上面。为保证切削深度的精度控制，在进行切削破岩实验之前，先对岩样表面进行预切削处理，使圆柱岩样的轴线和车床轴线共线。

图 4-7　实验用花岗岩岩样

用于切削破岩实验的 PDC 齿准备了 4 种，分别为圆柱齿、斧形齿、三刃齿和锥形齿，共计 13 个齿。其中圆柱齿、斧形齿和锥形齿的前倾角分别为 10°、15°、20°和 25°，三刃齿的前倾角为 15°，如图 4-8 所示。

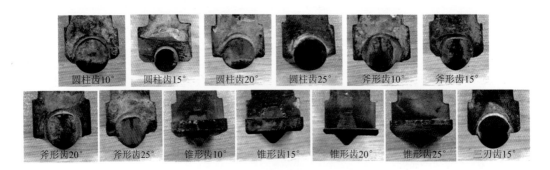

图 4-8　实验中所用的 PDC 齿

4.3　灰白色花岗岩实验结果与分析

下面主要以花岗岩为研究对象开展相关的切削破碎实验，分析不同切削深度下花岗岩的塑-脆性破碎转变机理。

4.3.1　切削深度的影响

开展了从切削深度为 0.05～1.5mm 条件下花岗岩的切削破岩实验，不同切削深度下的切削力如图 4-9 所示。切削齿前倾角分别为 10°、15°、20°、25°；切削速度为 50mm/s，所使用的切削齿有圆柱齿、斧形齿和锥形齿。由图 4-9（a）可知，当切削深度较小时切削力随切削深度的增大几乎呈线性增大。此时花岗岩发生塑性破碎，岩屑表现为粉末状细小颗粒。随着切削深度的增大，部分细小颗粒变成尺寸较大的颗粒，花岗岩开始从塑性破碎向脆性破碎转变，并且随着切削深度的增大，岩屑尺寸继续增大，如图 4-10（a）所示；当切削深度较大时，钻齿切削会在切痕两侧产生明显的侧向裂纹导致侧向破碎，如图 4-10（b）所示。而切削力与切削深度的关系由切削深度较小时的线性关系变化为切削深度较大时

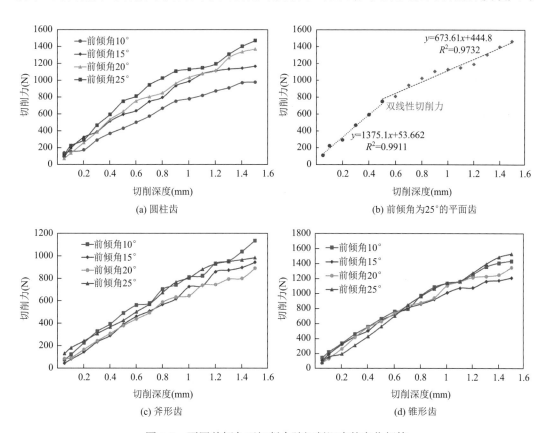

图 4-9　不同前倾角下切削力随切削深度的变化规律

的另一种斜率线性关系，即切削力随切削深度表现为双线性关系，如图 4-9（b）所示。除圆柱齿切削力随切削深度表现为双线性关系外，斧形齿和锥形齿的切削力同样具有相似的规律，只是双线性的转折点不同。这种双线性的切削力变化规律产生的原因主要是岩石在切削过程中的破碎机理发生了转变，即由粉末状破碎转变为块状破碎。

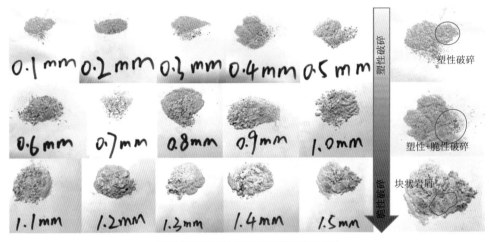

(a) 不同切削深度下圆柱齿切削破碎花岗岩岩屑

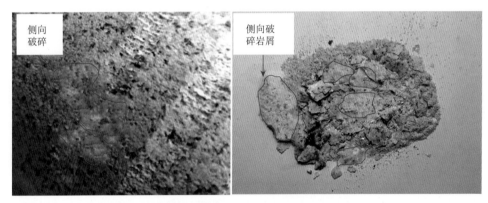

(b) 切削深度较大时切削产生侧向裂纹导致破碎

图 4-10 不同切削深度下切削破碎花岗岩生成的岩屑情况

当岩石发生塑性破碎时，钻齿做的功主要消耗在两个地方：一是用于破碎岩石形成细小粉末状岩屑；二是消耗在钻齿与岩石的摩擦损耗上面，产生摩擦热量。当钻齿齿尖无磨损或倒角时，可以忽略钻齿与岩石的摩擦损耗。但当钻齿有磨损或倒角时，通过实验发现摩擦损耗对塑性破碎耗能影响较大。本书用于切削破碎花岗岩的钻齿在齿尖大概有 1mm 的倒角。因此，本节将把摩擦损耗计入塑性切削耗能的比功计算。

不同切削深度下破岩比功和切削深度的（-4/3）次方（即 $d^{-4/3}$）关系如图 4-11 所示。当切削齿倾角为 10°，切削速度为 50mm/s 时，花岗岩的塑-脆性破碎转变临界深度为 0.3mm；当切削深度小于等于 0.3mm 时，岩石发生以塑性破碎为主的破碎模式；其破岩比功与切削深度呈幂函数关系；总体上随着切削深度的减小，破岩比功增大；且增大的部分主要是钻齿与岩石的摩擦损耗造成的。当切削深度大于 0.3mm 时，岩石发生以脆性破碎为主的破碎模式；随着切削深度的增大，破岩比功与切削深度的（-4/3）次方呈线性关系；满足线性公式 $MSE_f = E_d/V_b = K_b d^{-4/3} + K_p$；此时，塑性耗能 K_p=89.4MPa，系数 K_b = 52.8MPa·mm$^{-4/3}$。通过分析发现，在岩石发生以脆性破碎为主的破碎模式时，随着切削深度的增大，脆性耗能减小，即形成的裂纹较少。但是这些裂纹相互交汇形成了宏观的长裂纹，使岩石发生大块的岩屑剥落。

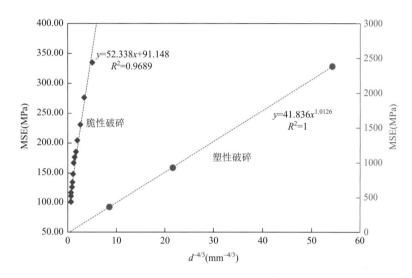

图 4-11　不同切削深度下破岩比功和切削深度 $d^{-4/3}$ 的关系（前倾角为 10°）

4.3.2　前倾角的影响

由图 4-9 可知，圆柱齿切削力表现出随钻齿前倾角的增大而增大的规律；而作为异形齿的斧形齿和锥形齿却没有表现出相似的规律。以锥形齿为例说明，当切削深度较小时，前倾角越大切削力越小；而当切削深度较大时，切削力随着前倾角的增大，先减小后增大。此外，前倾角对圆柱齿切削力大小的影响程度要高于斧形齿和锥形齿，而前倾角对锥形齿切削力的影响最小。

图 4-12 为圆柱齿前倾角分别为 10°、15°、20°和 25°时破岩比功与 $d^{-4/3}$ 的关系曲线。总体上破岩比功随着钻齿前倾角的增大而增大，塑-脆性破碎转变临界切削深度也有相同规律。在前倾角为 15°、20°时，花岗岩的临界切削深度大概为 0.3mm；当前倾角为 25°时，花岗岩的临界切削深度增大为 0.4mm。

图 4-13 为锥形齿前倾角分别为 10°、15°、20°和 25°时破岩比功与 $d^{-4/3}$ 的关系曲线。与其他齿形破岩规律不同的地方在于，锥形齿切削破岩比功远大于其他齿形。由前文分析可知，锥形齿的切削破岩能量很大部分消耗到了钻齿与岩石的摩擦上面，特别是在切削深度较小时，这种现象更为明显。锥形齿切削破碎花岗岩的塑-脆性破碎转变临界切削

深度随着前倾角的增大而减小，也就是当锥形齿切削倾角较小时岩石的塑性破碎程度要大于切削倾角较大的情况。另外，随着锥形齿倾角的增大，破岩比功整体上逐渐减小，例如，在切削深度为0.05mm的情况下，切削倾角为10°时，破岩比功约为8300MPa，而切削倾角为25°时破岩比功只有5100MPa左右。因此，对于锥形齿来说，较大的前倾角可使破岩效率得到提高。

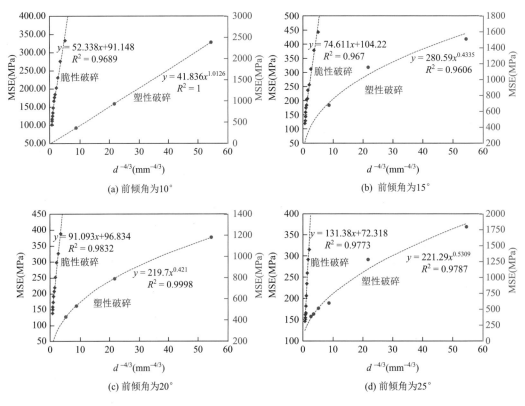

图 4-12　圆柱齿破岩比功与 $d^{-4/3}$ 的关系曲线

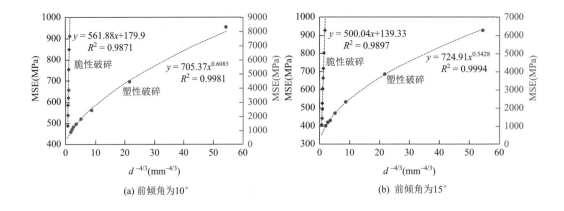

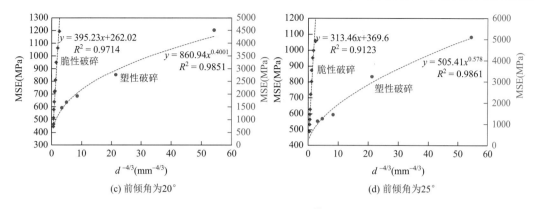

(c) 前倾角为20°　(d) 前倾角为25°

图 4-13　锥形齿破岩比功与 $d^{-4/3}$ 的关系曲线

图 4-14 为圆柱齿在不同前倾角下破岩比功与切削深度的关系，破岩比功总体随着切削深度的增大而减小，且随着切削深度的增大趋向平稳。当切削深度较小时破岩比功较大，主要是在本节实验中使用的钻齿有大概 1mm 的倒角，破岩比功中钻齿与岩石的摩擦损耗占据大部分，而真实用于破碎岩石的能耗占比较少。反之，在使用没有倒角的钻齿破岩时，钻齿与岩石的摩擦损耗在破岩比功的占比较小，甚至可以忽略不计。

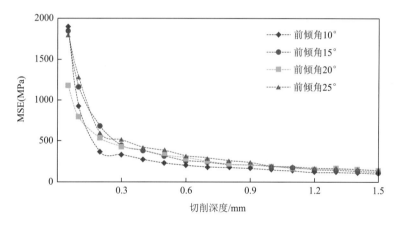

图 4-14　圆柱齿在不同前倾角下破岩比功与切削深度的关系曲线

4.3.3　钻齿形状的影响

图 4-15 为相同倾角、相同切削深度下的不同形状 PDC 齿的切削实验结果。四种齿形中，斧形齿的切削力一直最小。在相同切削深度下，斧形齿的切削力与其他相差较大；并且随着切削深度的增大，斧形齿的切削力与其余三种齿形切削力之间的差值总体呈增大趋势。另外三种齿形的切削力相差不大，但存在一个转折点。当切削深度小于等于 1.1mm 时，切削力的大小为"三刃齿＜圆柱齿＜锥形齿"；当切削深度大于等于 1.2mm 时，切削力的大小为"圆柱齿＜锥形齿＜三刃齿"。

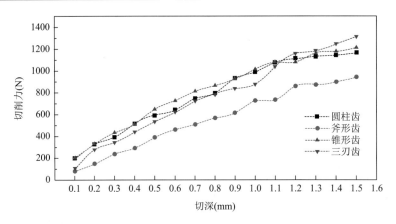

图 4-15　切削力随齿形的变化规律（前倾角为 15°）

图 4-16 为 4 种异形 PDC 齿在不同切削深度下破碎花岗岩得到的破岩比功变化规律，破岩比功随着切削深度的增大呈现出逐渐减小，最后趋于稳定的规律，与切削深度呈反相关。

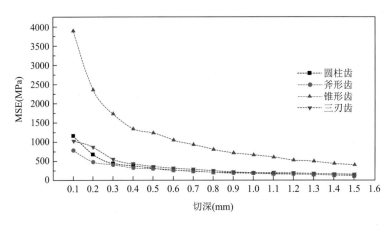

图 4-16　不同切削深度下 4 种 PDC 齿切削破碎花岗岩比功（前倾角为 15°）

锥形齿在不同切削深度下的破岩比功均明显地高于其他 3 种齿形，特别是在切削深度较小时，锥形齿表现出来的破岩比功特别大。其主要原因是在锥形齿切削破岩过程中，钻齿与岩石之间的摩擦特别剧烈，甚至在做切削实验时能够明显听到锥形齿与岩石摩擦发出的声音，这也证明了钻齿切削破岩能量大部分消耗在摩擦磨损上面，而只有少部分真正用于破碎岩石。随着切削深度的增大，锥形齿的破岩比功与其他 3 种齿形的差距逐渐减小，但还是比其他 3 种齿形高 2～3 倍。

其他三种齿形（圆柱齿、斧形齿和三刃齿）表现出来的破岩比功随切削深度的变化规律差别不大。总体上，斧形齿的破岩比功均小于其他齿形，当切削深度比较小时更加明显。三刃齿的破岩比功总体上最大，圆柱齿介于斧形齿和三刃齿之间。

图 4-17 为不同切削深度下（0.1～1.5mm）4 种 PDC 齿切削破碎花岗岩岩屑。

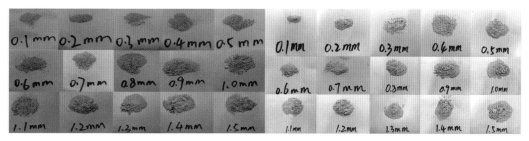

(a) 不同切削深度下圆柱齿切削破碎花岗岩岩屑　　　　　　(b) 不同切削深度下斧形齿切削破碎花岗岩岩屑

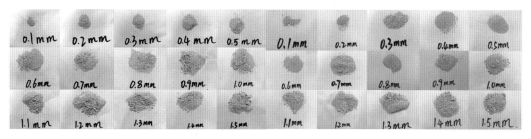

(c) 不同切削深度下三刃齿切削破碎花岗岩岩屑　　　　　　(d) 不同切削深度下锥形齿切削破碎花岗岩岩屑

图 4-17　不同切削深度下 4 种 PDC 齿切削破碎花岗岩岩屑

图 4-17（a）为不同切削深度下圆柱齿切削破碎花岗岩岩屑，当切削深度较小时，圆柱齿切削花岗岩生成的岩屑为粉末状。随着切削深度的增大，岩屑中逐渐出现块状岩屑。当切削深度继续增大，生成的岩屑将以块状岩屑为主。岩石从切削深度较小时的塑性破碎转变为切削深度较大时的脆性破碎，并且在切削深度大于 1.2mm 后，岩屑还出现了侧向剥落的现象。

图 4-17（b）（c）分别为不同切削深度下斧形齿和三刃齿破碎花岗岩岩屑。通过观察实验现象和岩屑情况发现，斧形齿和三刃齿切削破岩过程和圆柱齿没有明显的差异。

图 4-17（d）为不同切削深度下锥形齿岩屑的生成情况。不同切削深度下岩屑的形态总体和其他三种齿形相似，都是随着切削深度的增加从粉末状的塑性破碎向块状的脆性破碎转变。不同的是，锥形齿切削破岩形成的岩屑基本都是以粉末状为主，即使切削深度增加到 0.8mm，岩屑还是呈现粉末状。而其他 2 种齿形，切削深度为 0.4mm 时就有块状岩屑生成。这也是锥形齿的破岩比功要远高于其他齿形的原因，也就是说锥形齿的破岩效率是四种齿形中最低的。

图 4-18 为不同切削深度下 4 种 PDC 齿切削花岗岩的破岩比功与切削深度的关系，当切削深度较大时，破岩比功与 $d^{4/3}$ 呈一次函数关系。圆柱齿、斧形齿、三刃齿和锥形齿破岩比功与 $d^{4/3}$ 的关系分别为 $y = 74.611x + 104.22$，$y = 90.152x + 84.496$，$y = 90.773x + 118.69$，$y = 500.04x + 139.33$。由式（4-16）中 $\mathrm{MSE_f} = K_b d^{4/3} + K_p$ 可知，$K_b d^{4/3}$ 为钻齿切削破岩过程中产生的脆性裂纹，或形成的自由面消耗的能量；K_p 为钻齿切削过程中岩石发生塑性变形所消耗的能量。由图 4-18 可知，在相同切削深度下，圆柱齿、斧形齿、三刃齿和锥形齿这 4 种齿形切削花岗岩形成的新的自由面消耗的能量依次增大（$K_b d^{4/3}$ 值），

圆柱齿最小，锥形齿最大。和图 4-17 中的岩屑保持对应，当切削深度较大时圆柱齿形成的岩屑中有较多块状；而锥形齿形成的岩屑中块状较少，粉末状较多，也就是说锥形齿切削破岩产生了相比其他齿形更多的脆性裂纹或新的自由面。同样地，圆柱齿、斧形齿、三刃齿和锥形齿这 4 种齿形在切削花岗岩过程中对岩石产生的塑性变形也依次增大。四种情况下，塑性耗能分别为 91MPa、102MPa、119MPa 和 180MPa。塑性耗能的大小和钻齿切削过程中齿的法向力呈正相关，即锥形齿切削过程中产生的法向力最大，圆柱齿最小。

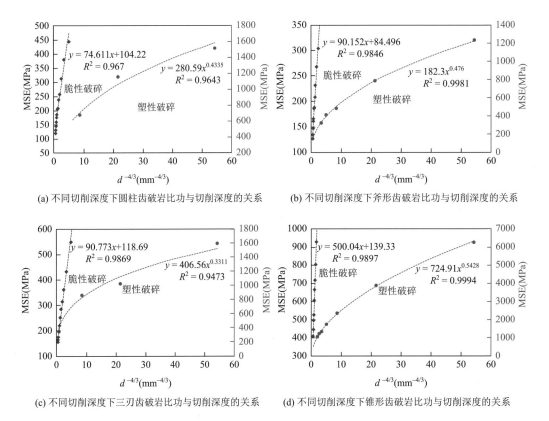

图 4-18　不同切削深度下 4 种 PDC 齿切削花岗岩的破岩比功与切削深度的关系（前倾角 15°）

当切削深度比较小时，岩石发生以塑性破碎为主的失效形式。如图 4-18 所示，当切削深度较小时，钻齿破岩比功与 $d^{4/3}$ 呈幂函数关系。由图可知，圆柱齿、斧形齿和三刃齿切削破岩时的塑-脆性破碎转变临界切削深度相差不大，都在 0.3mm 左右，但锥形齿切削破碎花岗岩的塑-脆性破碎转变临界切削深度要远大于其他 3 种齿形，大概为 0.7mm。当切削深度为 0.05mm 时，圆柱齿、斧形齿、三刃齿和锥形齿 4 种齿形的破岩比功分别为 1516MPa、1234MPa、1598MPa、6272MPa。造成这种现象的主要原因是，当切削深度较小时，钻齿的破岩能量绝大部分消耗在钻齿与岩石的摩擦上面，真正用于破碎岩石的能量较少。

4.4　浅红色花岗岩实验结果与分析

图 4-19 为圆柱齿、斧形齿和锥形齿在不同前倾角下切削力随切削深度的变化规律图。和切削灰白色花岗岩所得到的结果类似，切削力随着前倾角的增大而增大，特别是圆柱齿这种现象特别明显。但是斧形齿和锥形齿切削力随切削深度的变化规律与圆柱齿有一些差异，并不是完全随着前倾角的增大而增大。此外，圆柱齿的切削力对于前倾角的敏感性要明显高于斧形齿和锥形齿，特别是锥形齿，不同前倾角下切削力的变化幅度较小，如图 4-19（d）所示。由图 4-19（b）可知，切削力随切削深度增加同样展现出双线性直线变化规律。

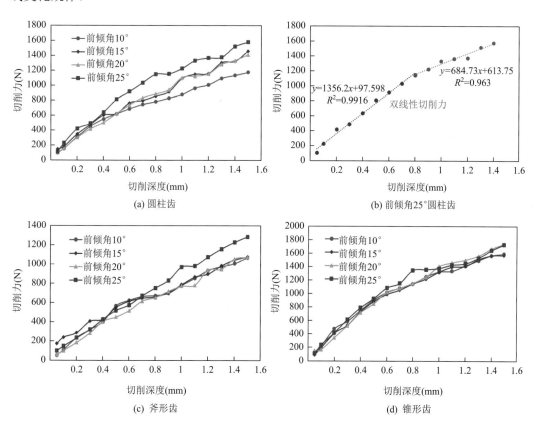

图 4-19　圆柱齿、斧形齿和锥形齿在不同前倾角下切削力随切削深度的变化规律

如图 4-20 所示，当切削深度较小时花岗岩发生塑性破碎，岩屑表现为细小粉末状颗粒。随着切削深度的增大，岩屑中部分细小颗粒变成尺寸较大的颗粒，花岗岩从塑性破碎向脆性破碎转变；并且随着切削深度的进一步增大，岩屑尺寸继续增大，此时切削力与切削深度的变化关系由切削深度较小时的线性关系转变为另一线性关系，花岗岩的破碎形式变为以脆性破碎为主。当切削深度较大时，钻齿切削会在切痕两侧产生明显的侧向裂纹从而导致侧向贯通，如图 4-21 所示。

(a) 不同切削深度下圆柱齿切削浅红色花岗岩的岩屑情况

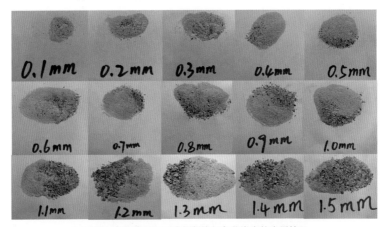

(b) 不同切削深度下三刃齿切削浅红色花岗岩的岩屑情况

图 4-20 浅红色花岗岩不同切削深度对应的岩屑情况

图 4-21 切削深度较大时产生侧向贯通

此外，通过对比圆柱齿和三刃齿在不同切削深度下得到的岩屑发现，圆柱齿切削浅红色花岗岩时得到的块状岩屑要明显多于三刃齿，且圆柱齿对应的塑-脆性破碎转变临界深度要小于三刃齿。浅红色花岗岩相比灰白色花岗岩对齿形的敏感性更强。

图 4-22 为相同倾角、相同切削深度下的不同形状 PDC 齿的切削实验结果。四种齿形中，当切削深度为 0.1mm 时，斧形齿的切削力最大；锥形齿的切削力从切削深度为 0.2mm 开始在整个切削过程中一直最大。其次是圆柱齿的切削力，它的变化情况与锥形齿类似：从切削深度为 0.2mm 开始，切削力一直大于斧形齿和三刃齿。斧形齿和三刃齿之间则存在一个切削深度的转折点：当切削深度小于 0.5mm 时，三刃齿的切削力小于斧形齿；当切削深度大于 0.5mm 时，斧形齿的切削力更小。

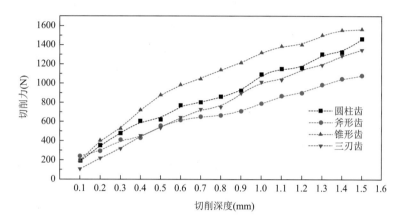

图 4-22　切削力随齿形的变化规律（前倾角为 15°）

浅红色花岗岩的切削力结果与灰白色花岗岩的结果有所不同：浅红色花岗岩的切削力相比于灰白色花岗岩更大。经过对比分析发现，浅红色花岗岩的晶粒尺寸更大，破碎时所需切削力更大。

图 4-23 中为相同倾角、相同切削深度下不同形状 PDC 齿的破岩比功实验结果。由图可知，与灰白色花岗岩的实验结果类似，在整个切削过程中，锥形齿的破岩比功均最大；

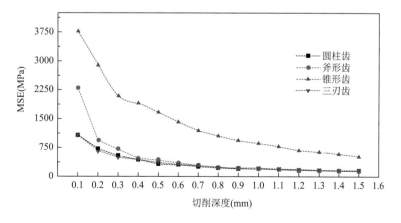

图 4-23　破岩比功随齿形的变化规律（前倾角为 15°）

破岩比功最小的齿形为斧形齿。圆柱齿、斧形齿以及三刃齿的破岩比功在切削深度较大时相差不大。更明显的是，圆柱齿和三刃齿的破岩比功变化情况几乎同步。破岩比功随着切削深度的增大而减小，且随着切削深度的增大而趋于平稳。齿形对破岩比功的影响与齿形对切削力的影响规律类似。由图 4-23 可知，与灰白色花岗岩相比，浅红色花岗岩的破岩比功更小。

图 4-24 为前倾角为 15°时四种不同齿形的塑-脆性破碎转变临界情况。当切削深度较小时，钻齿破岩比功与 $d^{-4/3}$ 呈幂函数关系。此外，圆柱齿、斧形齿、三刃齿和锥形齿切削破岩时的塑-脆性破碎转变临界切削深度都相差不大，都在 0.4mm 左右。

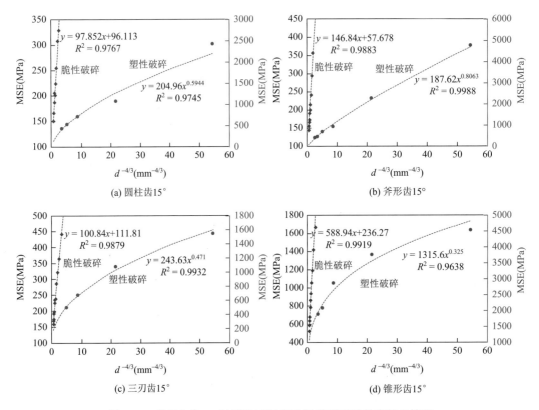

图 4-24 前倾角为 15°时四种不同齿形塑-脆性破碎转变临界情况

图 4-25 为锥形齿前倾角分别为 10°、15°、20°和 25°时破岩比功与 $d^{-4/3}$ 的关系曲线。由图可知，随着前倾角的增大，浅红色花岗岩塑-脆性破碎转变临界切削深度不断变大，这种规律和其他齿形相同。然而，这种塑-脆性破碎转变临界切削深度的变化规律和切削灰白色花岗岩得到的相关规律恰好相反：在锥形齿切削灰白色花岗岩时，塑-脆性破碎转变临界切削深度随着前倾角的增大而减小。产生这种现象的主要原因可能和花岗岩自身的物理力学特性密切相关，如花岗岩内部的裂隙、晶粒的强度等。这些影响因素通过实验的方法很难进行深入的分析。

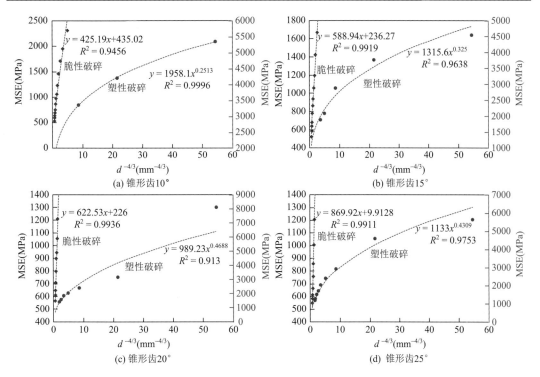

图 4-25　锥形齿前倾角分别为 10°、15°、20°和 25°时破岩比功与 $d^{-4/3}$ 的关系曲线

4.5　花岗岩地层不同齿形布齿间距破岩特性研究实验

为了探究花岗岩的破岩特性随不同形状 PDC 齿布齿间距的变化规律，对两种花岗岩（浅红色花岗岩和灰白色花岗岩）进行了 PDC 多齿破岩实验。

实验中可以调节的参数有齿的形状和前排齿布齿间距。布齿间距的设置分为 3 种不同的类型，每种类型的具体情况如图 4-26 所示。类型 1 如图 4-26（a）所示，前排齿 1 和齿 2 刮削后两齿之间的脊的高度为 $d/2$，其中 d 为切削深度（本实验中，切削深度 $d = 1$mm）；类型 2 如图 4-26（b）所示，前排齿 1 和齿 2 刮削后两齿之间的脊的高度为 d，脊顶的宽度 a 依次为 0、1mm、2mm、3mm、4mm、5mm；类型 3 如图 4-26（c）所示，前排齿 1 和齿 2 之间的距离 b 为 0、1mm、2mm，当 $b = 0$ 时，两齿相切。

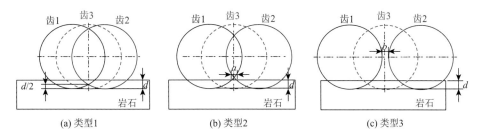

图 4-26　多齿切削类型示意图

齿形直接标出,布齿间距采用"类型代号＋参数值"的标号方式,不同参数类型(间距类型和间距值)之间用#连接,参数类型顺序依次为间距类型、间距值,其中间距值的单位为"mm"。但当间距类型为类型 1 时,间距值为 0,可不标出。两种参数的类型代号如表 4-1 所示。

表 4-1　两种参数的类型代号

参数	间距类型	间距值
类型代号	J	L

例如,当齿形为圆柱齿,间距类型 2,间距值 $a = 4mm$ 时,参数代号为"圆柱齿 J2#L4";当齿形为斧形齿,间距类型 3,间距值 $b = 2$ 时,参数代号为"斧形齿 J3#L2";当齿形为锥形齿,间距类型 1 时,参数代号为"锥形齿 J1"。

4.5.1　花岗岩不同齿形布齿间距破岩特性实验研究

1. 圆柱齿布齿间距的破岩特性实验研究

实验中控制 PDC 齿的前倾角和切削深度保持相同,将其分别设置为 15°、1.0mm。齿形设置为圆柱齿。实验中,依据图 4-26 中所示的布齿方式进行岩石切削实验。每个间距下测定岩石切削过程中齿上所受的切削力,并收集切削后的岩屑。共进行 10 组实验,实验中的各参数见表 4-2。

表 4-2　圆柱齿布齿间距的破岩特性研究实验参数

组别代号	前倾角(°)	切削深度(mm)	齿形	布齿间距
H-J	15	1.0	圆柱齿	1-0；2-0、2-1、…、2-5；3-0、3-1、3-2

注：组别代号中"H"表示实验材料为灰白色花岗岩；"J"表示变化因素为布齿间距；布齿间距采用"间距类型-间距值"表示,如"2-3"表示布齿间距类型 2,间距值为 3mm,下同。

2. 斧形齿布齿间距的破岩特性研究实验

实验中控制 PDC 齿的前倾角和切削深度保持相同,将其分别设置为 15°、1.0mm。齿形设置为斧形齿。实验中,依据图 4-26 中所示的布齿方式进行岩石切削实验。每个间距下测定岩石切削过程中齿上所受的切削力,并收集切削后的岩屑。共进行 10 组实验,实验中的各参数见表 4-3。

表 4-3　斧形齿布齿间距的破岩特性研究实验参数

组别代号	前倾角(°)	切削深度(mm)	齿形	布齿间距
H-J	15	1.0	斧形齿	1-0；2-0、2-1、…、2-5；3-0、3-1、3-2

3. 锥形齿布齿间距的破岩特性研究实验

实验中控制 PDC 齿的前倾角和切削深度保持相同，将其分别设置为 15°、1.0mm，齿形设置为锥形齿。实验中，依据图 4-26 中所示的布齿方式进行岩石切削实验。每个间距下测定岩石切削过程中齿上所受的切削力，并收集切削后的岩屑。共进行 10 组实验，实验中的各参数见表 4-4。

表 4-4　锥形齿布齿间距的破岩特性研究实验参数

组别代号	前倾角(°)	切削深度（mm）	齿形	布齿间距
H-J	15	1.0	锥形齿	1-0；2-0、2-1、…、2-5；3-0、3-1、3-2

4. 三刃齿布齿间距的破岩特性研究实验

实验中控制 PDC 齿的前倾角和切削深度保持相同，将其分别设置为 15°、1.0mm。齿形设置为三刃齿。实验中，依据图 4-26 中所示的布齿方式进行岩石切削实验。每个间距下测定岩石切削过程中齿上所受的切削力，并收集切削后的岩屑。共进行 10 组实验，实验中的各参数见表 4-5。

表 4-5　三刃齿布齿间距的破岩特性研究实验参数

组别代号	前倾角(°)	切削深度（mm）	齿形	布齿间距
H-J	15	1.0	三刃齿	1-0；2-0、2-1、…、2-5；3-0、3-1、3-2

实验中切削深度固定为 1.0mm，切削速度为 55mm/s，齿 1 切痕和齿 2 切痕分别为第一次和第二次切削形成的沟槽，如图 4-27 所示。图 4-27（a）为多齿组合切削花岗岩工作图，图 4-27（b）为多齿切削实验中用到的 PDC 齿。

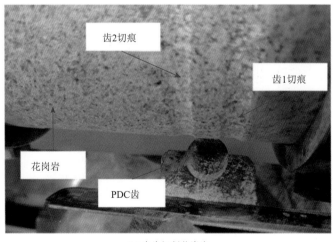

(a) 多齿切削花岗岩

圆柱齿15°   斧形齿15°   锥形齿15°   三刃齿15°

(b) 多齿切削实验所用的PDC齿

图 4-27 不同齿形布齿间距破岩特性实验研究

4.5.2 实验结果与结论

实验结果主要通过齿 3 上的破岩比功进行分析评价，当出现两个布齿间距的齿 3 结果接近时，结合齿 2 上的破岩比功进行评价。破岩比功最小的布齿间距即认为是各种齿形的最佳布齿间距。

4.5.2.1 圆柱齿

1. 灰白色花岗岩实验结果

图 4-28 为圆柱齿多齿切削灰白色花岗岩实验中各齿上的切削力随布齿间距的变化情况。由图可知，随着前排齿布齿间距的增大（即间距类型的变化），齿 3 上的切削力逐渐增大，而齿 2 上的切削力也由逐渐增大趋于稳定。因为齿 1 与齿 2 之间的间距逐渐增大，导致两个齿痕之间的脊越来越宽，齿 3 破碎这些脊所需的切削力也就越来越大；由于齿 1 与齿 2 间的间距越来越大，齿 1 切削岩石时产生的侧向裂纹对齿 2 切削过程的影响越来越小甚至消失，齿 2 上的切削力会呈现先增大然后趋于稳定的状态。

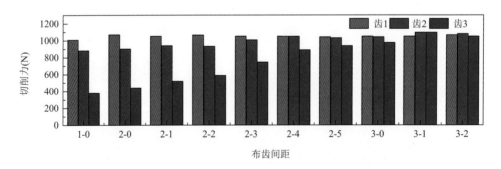

图 4-28 圆柱齿多齿切削灰白色花岗岩实验中各齿上的切削力随布齿间距的变化情况

圆柱齿齿 3 的破岩比功随前排齿布齿间距的变化情况如图 4-29（a）所示。由图可知，当齿 1 与齿 2 之间的间距为 2-2 和 3-0 时的破岩比功相差较小。因此引入齿 2 的破岩比功随前排齿布齿间距的变化趋势，如图 4-29（b）所示。比较齿 2 在 2-2 和 3-0 时的破岩比功可知，在 2-2 时齿 2 上的破岩比功更小。因此，综合齿 3 和齿 2 的分析结果，圆柱齿多齿切削破碎灰白色花岗岩时，前排齿最优的布齿间距为 2-2，即齿 1 与齿 2 破碎后，两齿之间剩余的脊顶尺寸为 2mm。

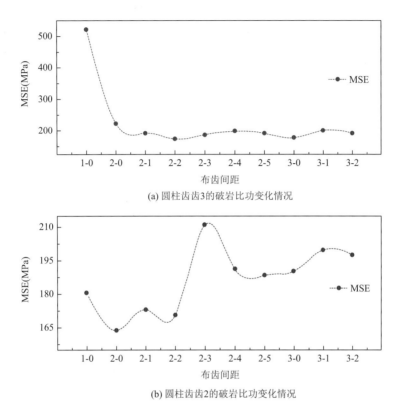

(a) 圆柱齿齿3的破岩比功变化情况

(b) 圆柱齿齿2的破岩比功变化情况

图 4-29　圆柱齿破岩比功随前排齿布齿间距的变化情况

图 4-30 为圆柱齿各齿切削破岩时的岩屑，齿 1 的岩屑多以细小粉末状为主，齿 2 的岩屑中出现了一些尺寸稍大的颗粒状岩屑，齿 3 的岩屑中则出现了尺寸更大的块状岩屑。

图 4-30　圆柱齿各齿切削破岩时的岩屑

2. 浅红色花岗岩实验结果

切削过程中，各齿上的切削力变化情况类似，因此不分析切削浅红色花岗岩时的切削力的变化情况。

圆柱齿切削破碎浅红色花岗岩时齿 3 的破岩比功随布齿间距的变化趋势如图 4-31 所示。由图可以看出，当前排齿布齿间距为 3-2 时的破岩比功值最小。因此，圆柱齿在切削破碎浅红色花岗岩时最优的前排齿布齿间距为 3-2，即齿 1 与齿 2 之间的间距 b 为 2mm。

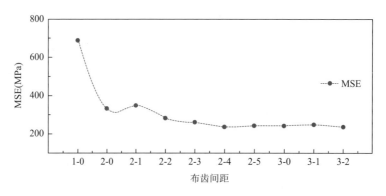

图 4-31　圆柱齿切削浅红色花岗岩齿 3 的破岩比功变化情况

4.5.2.2　斧形齿

1. 灰白色花岗岩实验结果

图 4-32 为斧形齿多齿切削灰白色花岗岩实验中切削力随布齿间距的变化情况。由图可知，随着前排齿间距的增大，齿 3 上的切削力逐渐增大，而齿 2 上的切削力也由逐渐增大趋于稳定。但从图中可以看出，当前排齿布齿间距为 3-2 时，齿 3 上的切削力反而比 3-0 和 3-1 时小。经过分析计算发现，3-2 中齿 3 上的切削力与前面两种布齿间距下的切削力之间的差值在 5% 以内，属于可以接受的测量误差范围。因此齿 3 上的切削力变化情况符合实验中的正常情况。

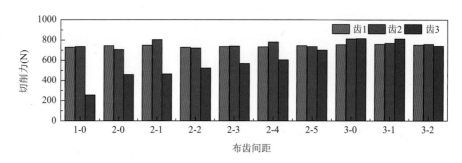

图 4-32　斧形齿多齿切削灰白色花岗岩实验中切削力随布齿间距的变化情况

图 4-33 为斧形齿多齿切削破碎灰白色花岗岩时，齿 3 上的破岩比功随前排齿布齿间距的变化情况。由图可以明显看出，当布齿间距为 2-4 时的破岩比功值最小。因此斧形齿多齿切削破碎灰白色花岗岩时，前排齿的最优布齿间距为齿 1 与齿 2 切削破碎后剩余脊顶的尺寸为 4mm 时的间距。此时，各齿切削后的岩屑如图 4-34 所示，岩屑形态总体上和前文类似。齿 1 的切削对于齿 2 有一定影响；齿 1 和齿 2 切削形成的切痕迹改变了岩脊处的应力状态，由无切痕的双向受压应力状态变为有切痕时的单向受压应力状态，这也是齿 3 切削破碎岩石时，形成了相比齿 1 和齿 2 有很多大块岩屑的原因。

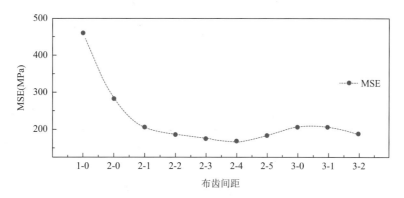

图 4-33　斧形齿齿 3 的破岩比功变化情况

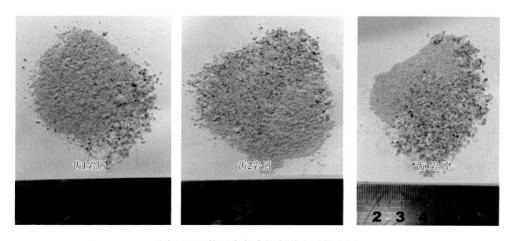

图 4-34　斧形齿各齿切削破岩时的岩屑

2. 浅红色花岗岩实验结果

图 4-35 为斧形齿切削破碎浅红色花岗岩时齿 3 的破岩比功随布齿间距的变化趋势，此时齿 3 上破岩比功最小的布齿间距为 2-2。因此，斧形齿在切削破碎浅红色花岗岩时，最优的前排齿布齿间距为 2-2，即齿 1 与齿 2 破碎后剩余脊顶的尺寸为 2mm 时的前排齿布齿间距。

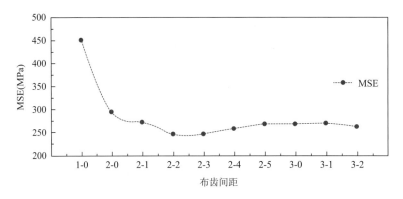

图 4-35　斧形齿切削浅红色花岗岩齿 3 的破岩比功变化情况

4.5.2.3　锥形齿

1. 灰白色花岗岩实验结果

图 4-36 为锥形齿多齿切削破碎灰白色花岗岩时切削齿上的切削力随布齿间距的变化情况。由图可知，切削力总体上还是与前面几种齿形的结果一样：齿 1 上的切削力基本变化不大，齿 2 和齿 3 上的切削力随布齿间距的增大而逐渐增大，直至趋于稳定。但锥形齿结果与其余几种齿形结果的差别在于，锥形齿中齿 2 和齿 3 上的切削力更早趋于稳定。其原因在于，锥形齿破岩时锥顶结构的切削宽度较小，切削后的切痕更窄。因此齿 1 对齿 2，齿 1 和齿 2 对齿 3 的切削影响更小，齿 2 和齿 3 上的切削力大小相较于其他齿形会在更小的布齿间距时就趋于稳定。

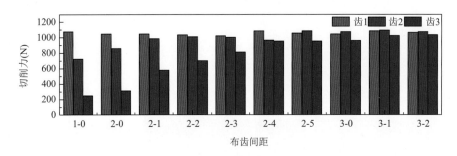

图 4-36　锥形齿多齿切削破碎灰白色花岗岩时切削齿上的切削力随布齿间距的变化情况

图 4-37（a）为锥形齿在多齿切削破碎灰白色花岗岩时齿 3 上的破岩比功随布齿间距的变化情况。由图可知在前排齿布齿间距为 2-0、2-1 以及 2-2 时，齿 3 上的破岩比功相差不大。因此，同样引入齿 2 上的破岩比功进行对比分析。齿 2 上的破岩比功结果如图 4-37（b）所示，由图可知，当前排齿布齿间距为 2-0 时，齿 2 上的破岩比功要明显低于其余两个布齿间距。因此，综合分析得出，锥形齿多齿切削破碎灰白色花岗岩时，前排齿的最优布齿间距为：齿 1 和齿 2 切削后的脊顶间距为 0mm，即剩余脊的截面形状刚好是高度为 d（切削深度，本实验中 $d = 1$mm）的三角形。

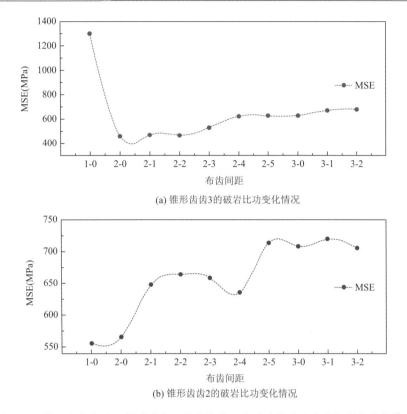

(a) 锥形齿齿3的破岩比功变化情况

(b) 锥形齿齿2的破岩比功变化情况

图 4-37　锥形齿在多齿切削破碎灰白色花岗岩时的破岩比功随布齿间距的变化情况

锥形齿各齿切削破岩时的岩屑如图 4-38 所示。由图可以看出，岩屑多为细小粉末状岩屑，夹杂有少量尺寸稍大的颗粒状岩屑，没有尺寸较大的块状颗粒。这与单齿切削实验中锥形齿主要为塑性破碎的破岩模式相符合。

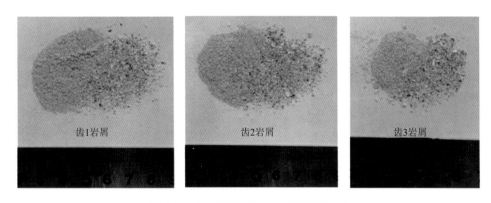

图 4-38　锥形齿各齿切削破岩时的岩屑

2. 浅红色花岗岩实验结果

图 4-39 为锥形齿切削破碎浅红色花岗岩时齿 3 的破岩比功随布齿间距的变化趋势。

由图可以看出，此时齿 3 上破岩比功最小的布齿间距为 2-1。因此，锥形齿在切削破碎浅红色花岗岩时最优的前排齿布齿间距为 2-1，即齿 1 与齿 2 破碎后剩余脊顶的尺寸为 1mm时的前排齿布齿间距。

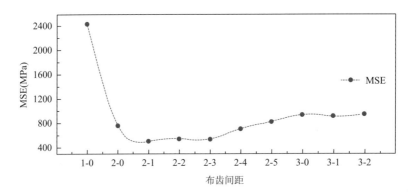

图 4-39　锥形齿切削浅红色花岗岩齿 3 的破岩比功随布齿间距的变化情况

4.5.2.4　三刃齿

1. 灰白色花岗岩实验结果

图 4-40 为三刃齿多齿切削破碎灰白色花岗岩时切削齿上的切削力随布齿间距的变化情况。其变化情况与其余几种齿形的变化情况类似：随着布齿间距的增大，齿 3 上的切削力逐渐增大。

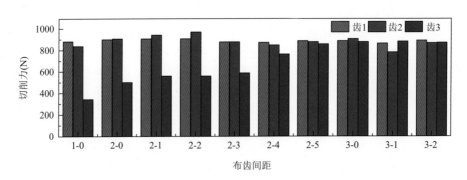

图 4-40　三刃齿多齿切削破碎灰白色花岗岩时切削齿上的切削力随布齿间距的变化情况

图 4-41 为三刃齿在多齿切削破碎灰白色花岗岩时齿 3 上的破岩比功随布齿间距的变化情况。由图可知在前排齿布齿间距为 2-3 时，齿 3 上的破岩比功最小。因此，此布齿间距即为三刃齿多齿切削灰白色花岗岩时最优的前排齿布齿间距，即剩余脊顶的尺寸为 3mm 时的布齿间距。

图 4-42 为三刃齿各齿切削破岩时的岩屑。由图可以看出，在齿 3 的岩屑中，出现了尺寸较大的颗粒状岩屑。

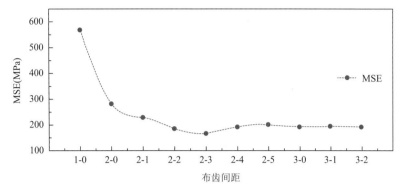

图 4-41　三刃齿在多齿切削破碎灰白色花岗岩时齿 3 的破岩比功随布齿间距的变化情况

图 4-42　三刃齿各齿切削破岩时的岩屑

2. 浅红色花岗岩实验结果

图 4-43 为三刃齿切削破碎浅红色花岗岩时齿 3 上的破岩比功随布齿间距的变化趋势。由图可以看出，此时齿 3 上破岩比功最小的布齿间距为 2-2。因此，三刃齿在切削破碎浅红色花岗岩时最优的前排齿布齿间距为 2-2，即齿 1 与齿 2 破碎后剩余脊顶尺寸为 2mm 时的前排齿布齿间距。

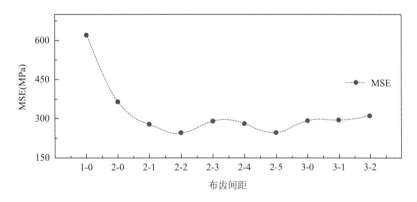

图 4-43　三刃齿切削破碎浅红色花岗岩时齿 3 上的破岩比功随布齿间距的变化情况

4.6　花岗岩切削微宏观破碎机制

4.6.1　单齿切削模型的建立

由于地层参数与钻头之间结构参数的多样性与复杂性，直接研究钻头与地层之间的相互作用是比较困难的。如图 4-44（a）所示，采用单齿切削能够大大地简化复杂性，并能得出较为准确的结论。

基于 3.6 节所获得的微观参数及建模方法，建立了二维岩石单齿切削模型。该模型由岩石与钻齿组成。岩石模型的长度和宽度分别为 50mm 和 25mm，包含了 11909 个半径为 0.07～0.25mm 的颗粒。为了在保证计算速度的同时尽可能地保证模拟精度，将岩石模型人为地分为了切削区和非切削区两个部分。在切削区，颗粒半径为 0.075～0.125mm，与单轴压缩实验和巴西劈裂实验的颗粒半径设置相同；在非切削区，颗粒半径为 0.15～0.25mm，以此尽可能小地减小由颗粒尺寸增加导致的模拟岩样单轴抗压强度和杨氏模量降低的情况。岩石模型的左、右和下表面被墙无摩擦地约束，钻齿以恒定的速度水平切削花岗岩模型。在本研究中，速度恒定为 1m/s，切削深度为 d，前倾角 $\gamma = 15°$，如图 4-44（b）所示。为了能够模拟液柱压力和围压对岩石的影响，利用 Fish 语言写入代码，在岩石上表面生成一条柔性边界，通过在柔性边界上施加力的方式实现对液柱压力的模拟，通过在左右墙上施加力的方式模拟围压，如图 4-44（b）所示[130]。

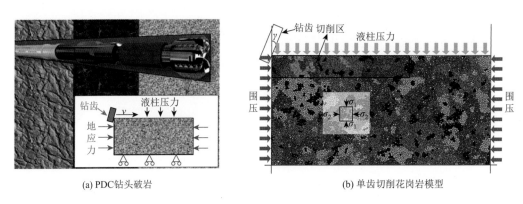

(a) PDC钻头破岩　　　　　　　　　　　　　(b) 单齿切削花岗岩模型

图 4-44　非均质花岗岩切削破碎模型建立

4.6.2　结果分析与讨论

4.6.2.1　切削深度的影响

在无液柱压力作用下，进行了切削深度分别为 0.4mm、0.8mm、1.2mm 和 1.6mm 的切削模拟，切削行程为 10mm。图 4-45 对应无液柱压力下不同切削深度的切削模拟。由

图 4-45（a）可知，钻齿切过岩石后，在岩石上留下了损伤区。损伤区并不光滑，这与花岗岩的非均质性有一定关系。在岩石切削的初始阶段，岩石发生强烈的挤压，产生剪切裂纹，在距损伤区一定深度处的影响区产生了晶间拉伸裂纹。当切削深度较浅时，如0.4mm，裂纹的影响区不大，大部分岩屑为粉末状；随着切削深度的增加，如 1.6mm，裂纹沿着晶界向着更深、更远处扩展，由此形成块状岩屑。

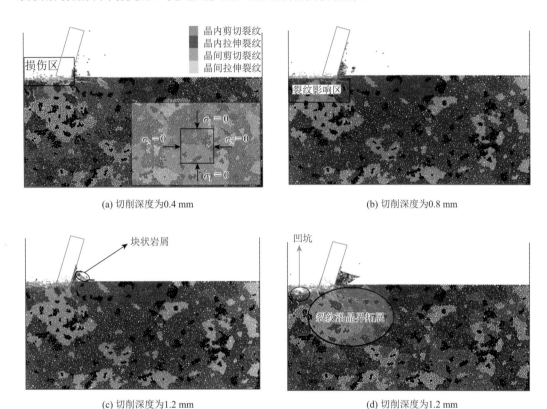

图 4-45　无液柱压力下不同切削深度的切削模拟

图 4-46 为无液柱压力下不同切削深度时切削力、裂纹数以及钻齿所耗能量随切削行程动态响应。由图可知，随着切削深度的增大，切削力明显增大，切削力在较低值波动的行程也呈增加趋势。这是因为块状切屑的形成会让钻齿存在周期性的"空切"状态，即钻齿没有与岩石接触，且大块状切屑从岩样材料上剥落后，会在岩石损伤区留下较大的凹坑，如图 4-45（d）所示。当碎屑从钻齿上剥落时，钻齿不会到达下一个接触点，而是移动到凹坑上方，不参与切削，导致切削力在较低值波动；且切削深度的加大会使凹坑变大，"空切"时间加长。此外，还观察到裂纹数和钻齿所耗能量都随着切削力变化而变化，裂纹数和钻齿所耗能量的变化趋势大致相似：当切削力出现剧烈波动时，裂纹数和钻齿所耗能量才会上升，对应岩石破碎阶段；当切削力波动较小时，裂纹和钻齿所耗能量不再增长，趋于水平，对应岩屑形成阶段。

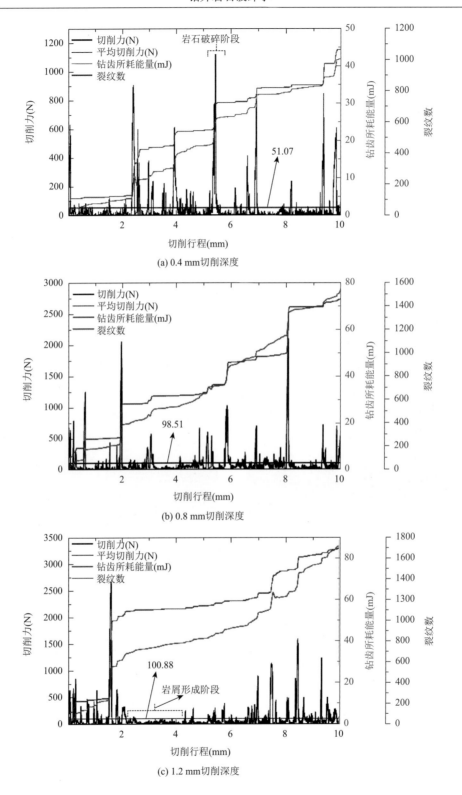

(a) 0.4 mm切削深度

(b) 0.8 mm切削深度

(c) 1.2 mm切削深度

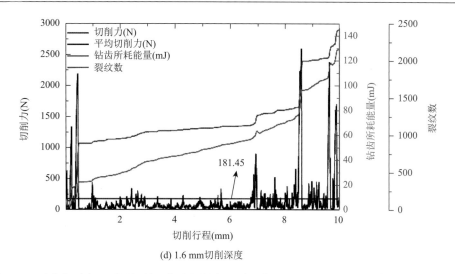

(d) 1.6 mm切削深度

图 4-46　无液柱压力下不同切削深度时切削力、裂纹数以及钻齿所耗能量随切削行程动态响应

图 4-47 为无液柱压力下不同切削深度裂纹数及分布情况。其中图 4-47（a）为不同切削深度下各种裂纹数情况，图 4-47（b）为不同切削深度下晶间裂纹数、拉伸裂纹数与总裂纹数比值。可以看到，随着切削深度的增大，各种裂纹数增加，晶间拉伸裂纹和晶内剪切裂纹是切削过程中产生的主要裂纹。其中，晶间拉伸裂纹在任何切削深度下都占主导，晶间剪切裂纹数最少，晶间裂纹数与拉伸裂纹数占总裂纹数比随着切削深度的增大变化不大。

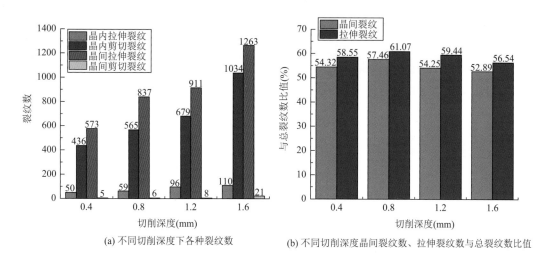

(a) 不同切削深度下各种裂纹数　　　　(b) 不同切削深度晶间裂纹数、拉伸裂纹数与总裂纹数比值

图 4-47　无液柱压力下不同切削深度裂纹数及分布情况

4.6.2.2　液柱压力的影响

图 4-48 展示了不同液柱压力下（0MPa、5MPa、10MPa 和 25MPa），切削深度为 1mm 时花岗岩的破碎情况。从图中可以看到，在液柱压力下，岩屑体积明显减小，也没有观

察到块状岩屑。这是因为在钻齿和液柱压力的作用下，产生的块状岩屑很快被剪断。与无液柱压力相比，在液柱压力下切削后钻齿上的岩屑明显减少，大部分岩屑沿损伤区排出。随着液柱压力的增大，裂纹扩展被抑制。在裂纹影响区较远位置产生离散的晶间拉伸裂纹，在大液柱压力（25MPa）下更明显。

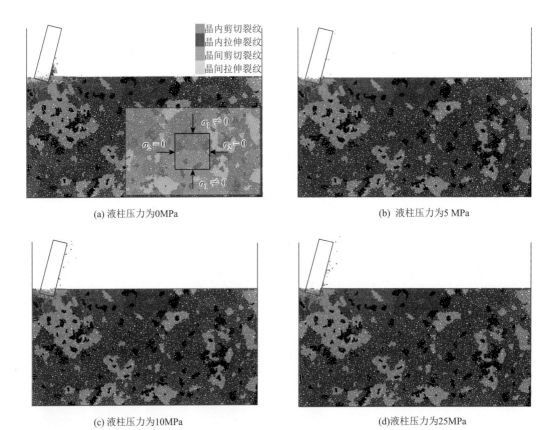

(a) 液柱压力为0MPa　　　　　　　　　　　　(b) 液柱压力为5 MPa

(c) 液柱压力为10MPa　　　　　　　　　　　　(d)液柱压力为25MPa

图 4-48　　不同液柱压力下的切削模拟

图 4-49 是不同液压下切削力、裂纹数、钻齿所耗能量随切削行程动态响应。图 4-49（a）～（d）分别对应液柱压力为 0MPa、5MPa、10MPa 和 25MPa 的情况。随着液柱压力的增大，峰值切削力呈增大趋势，但平均切削力呈现出波动性增加的情况。这种现象产生的原因主要如下：一方面，液柱压力增加，产生的小尺寸晶间拉伸裂纹会导致切削力减小，增加"空切"行程，如图 4-49（c）所示；另一方面，液柱压力的增加会增大钻齿与花岗岩之间的摩擦。裂纹数随着液柱压力的增加呈现出先减小后增加的趋势。这是因为较小的液柱压力（5MPa）会使岩石压实，抑制裂纹的产生；而较大的液柱压力（25MPa）会在晶间产生微裂纹，如图 4-48（d）所示。钻齿所耗能量随着液柱压力的增大也呈增加趋势，但当液柱压力较大时，继续增加液柱压力，趋势有所减缓。

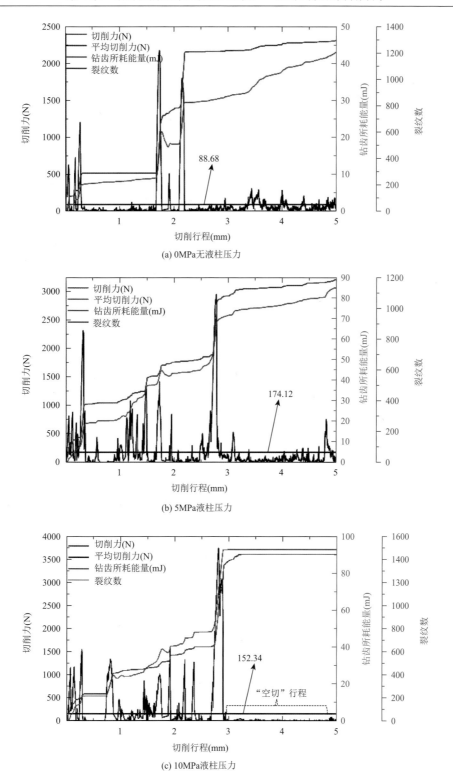

(a) 0MPa无液柱压力

(b) 5MPa液柱压力

(c) 10MPa液柱压力

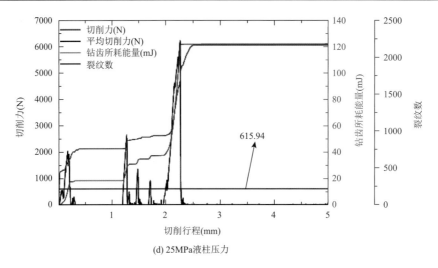

(d) 25MPa液柱压力

图 4-49　不同液柱压力下切削力、裂纹数、钻齿所耗能量随切削行程动态响应

图 4-50 为不同液柱压力下裂纹数及分布情况。其中图 4-50（a）为不同液柱压力下各种裂纹数情况，图 4-50（b）为晶间裂纹数、拉伸裂纹数与总裂纹数的比值。同样地，裂纹以晶间拉伸裂纹和晶内剪切裂纹为主，晶间剪切裂纹数量最少。但与无液柱压力下的情况不同，晶间拉伸裂纹并非一直占主导。随着液柱压力的增加，晶间拉伸裂纹和晶内剪切裂纹呈现出先减少后增加的趋势，且转折点均在 5MPa。在 5MPa 下，拉伸裂纹数与晶间裂纹数占总裂纹数比值都明显下降，随后两者比例上升。这说明岩石的压实对晶间裂纹以及拉伸裂纹都有较大的影响。

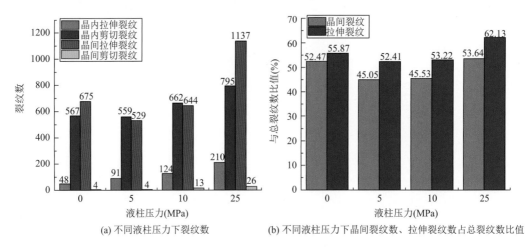

(a) 不同液柱压力下裂纹数　　　　(b) 不同液柱压力下晶间裂纹数、拉伸裂纹数占总裂纹数比值

图 4-50　不同液柱压力下裂纹数量情况

4.6.2.3　围压的影响

图 4-51 展示了不同围压下（0MPa、5MPa、10MPa 和 25MPa）的花岗岩在切削深度

为 1mm 时破碎情况。可以看到随着围压的增大，岩屑体积有增大的趋势，在 25MPa 下尤为突出。这说明围压对花岗岩的破碎是有益的。在裂纹扩展方面，与液压下一样，围压的增大抑制了裂纹的扩展，在离损伤区较远位置小尺寸的晶间拉伸裂纹明显增加。

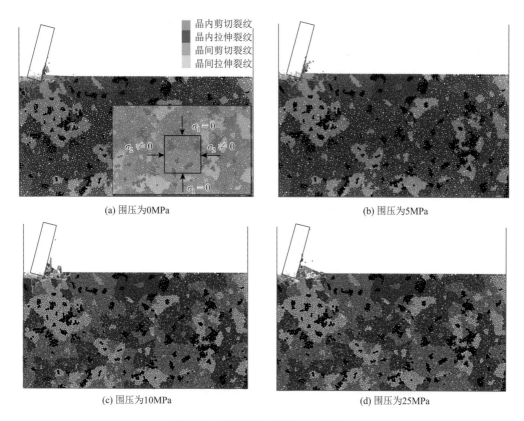

图 4-51　不同围压下花岗岩切削模拟

图 4-52（a）～（d）分别为 0MPa、5MPa、10MPa 和 25MPa 围压时破碎花岗岩的切

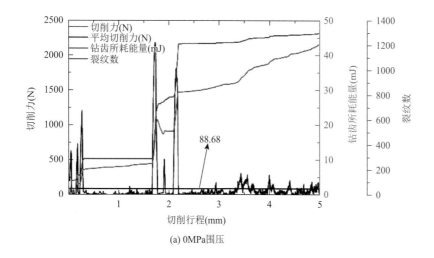

(a) 0MPa围压

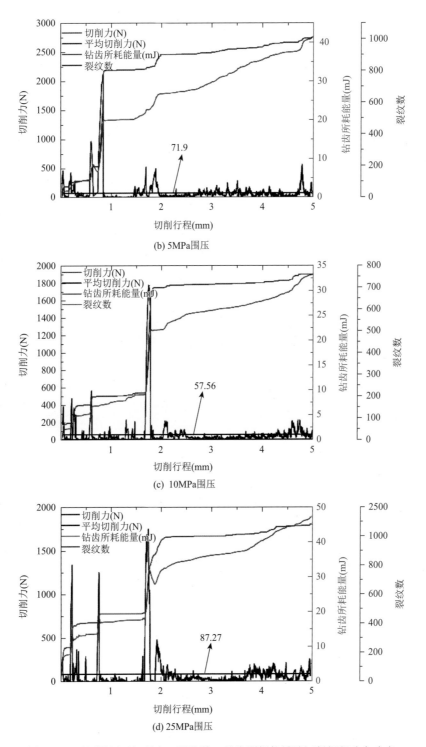

图 4-52　不同围压下切削力、裂纹数、钻齿所耗能量随切削行程动态响应

削力、裂纹数及钻齿所耗能量随切削行程动态响应。可以看出，随着围压的增大，经过岩石的压实，平均切削力先减小后增加，峰值切削力逐渐减小，但变化趋势远小于液柱压力。裂纹数整体呈减少的趋势，在 10MPa 下裂纹数最少，这是由岩石压实引起的。继续增大围压，裂纹数量回升。钻齿耗能呈先减小后增加的趋势，与切削力的变化相同。

　　图 4-53 为不同围压下裂纹数及分布情况。其中图 4-53（a）为不同围压下各种裂纹数，图 4-53（b）为不同围压下晶间裂纹数、拉伸裂纹数与总裂纹数比值。四种裂纹的变化趋势与无液柱压力下的情况是一致的：当围压较小时，拉伸裂纹与晶间裂纹的比例大致不变；但在大围压下（25MPa），经过压实阶段，两者比例都明显上升，如图 4-53（b）所示。

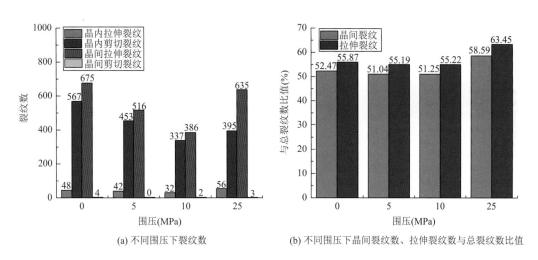

(a) 不同围压下裂纹数　　　　　　　(b) 不同围压下晶间裂纹数、拉伸裂纹数与总裂纹数比值

图 4-53　不同围压下裂纹数及分布情况

4.6.2.4　同时考虑围压和液柱压力的影响

　　同时考虑围压和液柱压力，进行了数组切削深度为 1mm 的岩石切削模拟，如图 4-54 所示。为方便表示，以下用数字比表示该切削模式下围压与液柱压力的数值，如图 4-54（a）表示围压为 5MPa、液柱压力为 25MPa 时的切削模拟。从图中可以看出，当施加的液柱压力超过 1MPa 时，钻齿上的积屑很少，也没有出现块状岩屑，绝大部分岩屑都在液柱压力作用下沿损伤区流出。

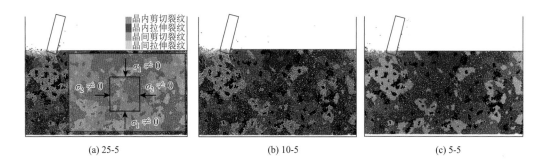

(a) 25-5　　　　　　　　　　(b) 10-5　　　　　　　　　　(c) 5-5

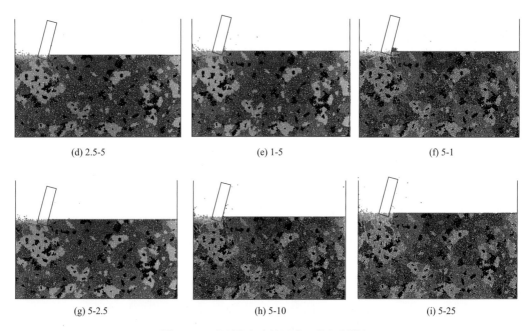

(d) 2.5-5　　　　　　　　　(e) 1-5　　　　　　　　　(f) 5-1

(g) 5-2.5　　　　　　　　　(h) 5-10　　　　　　　　　(i) 5-25

图 4-54　不同围压-液柱压力下的切削模拟

　　将围压固定为 5MPa，对液柱压力分别为 1MPa、2.5MPa、5MPa、10MPa 和 25MPa 时的模拟结果进行分析。图 4-55 给出了 5 种条件下切削力与裂纹占比情况。当围压大于液柱压力时，围压的影响在切削中占主导因素，如 5-1 和 5-2.5，液柱压力的增大没有使平均切削力增大。随着液柱压力的继续增大（如 5-10），液柱压力在切削中占主导，平均切削力显著增大，如图 4-55（a）所示。由此可见，围压与液柱压力的相对大小会影响花岗岩的破碎情况。图 4-55（b）为 5 种条件下裂纹分布。从图中可知，在固定围压下随着

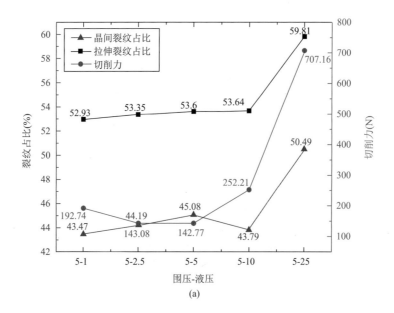

(a)

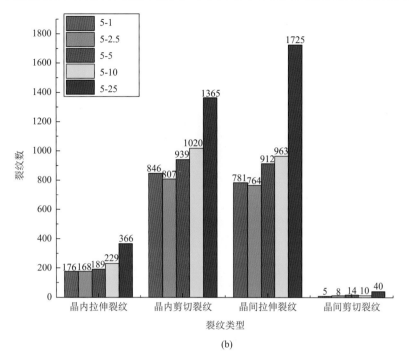

(b)

图 4-55　围压为 5MPa 时不同液柱压力对切削力及裂纹占比的模拟结果

液柱压力的增大，经过岩石压实阶段，四类裂纹数量的变化趋势相近，呈现出先减少后增加的趋势。在裂纹扩展方面，与单向液柱压力不同的是，随着液柱压力的增大，裂纹有向更深更远处扩展的趋势，且以晶间拉伸裂纹为主。

图 4-56 给出了 5MPa 液柱压力下，围压分别为 1MPa、2.5MPa、5MPa、10MPa 和 25MPa 条件下破碎花岗岩的切削力与裂纹情况。从图中可以看出，在液柱压力大于围压的情况

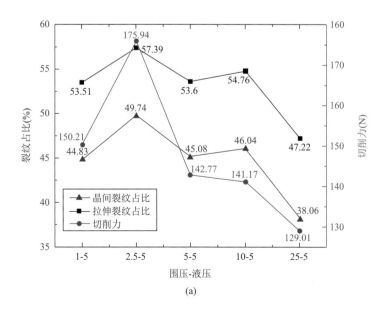

(a)

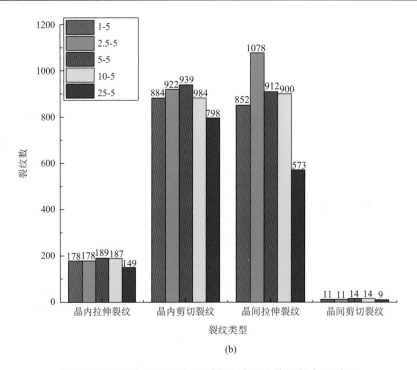

图 4-56　液压为 5MPa 时不同围压-液压比值切削力及裂纹

下，如 1-5、2.5-5，切削力没有因围压的增大而减小，裂纹也没有出现减少的趋势；当液柱压力大于围压后，继续增大围压（如 5-5、10-5），平均切削力开始减小，如图 4-56（a）所示。这再次说明围压与液柱压力的相对大小会影响花岗岩最终破碎情况。图 4-56（b）为 5 种条件下的裂纹分布。从图中可以看到，晶间剪切裂纹依然最少，晶间拉伸裂纹与晶内剪切裂纹占主导。在液柱压力下，大围压会抑制晶间裂纹、拉伸裂纹的产生。这是晶间拉伸裂纹减少引起的，并使得拉伸裂纹占比与晶间裂纹变化趋势相近。在裂纹扩展方面，在液柱压力下随着围压的增大，裂纹的分布更加密集，有逐渐集中于损伤区附近的趋势。

4.7　本 章 小 结

　　本章主要通过理论推导和室内实验相结合的方法研究了钻齿切削作用下岩石的裂纹扩展、岩屑形成、破岩比功、塑-脆性破碎转变以及塑性耗能比等问题。研究得出如下结论：

　　（1）提出了以破岩比功作为参量研究岩石塑-脆性破碎转变的方法，并通过理论分析建立了切削破岩塑-脆性破碎转变临界深度和塑性耗能比的计算模型。研究发现，当切削深度较小时岩石发生塑性破碎，破岩比功为一恒定值，随着切削深度的增大，岩石会发生塑性向脆性的转变，破岩比功随着切削深度的增大而减小；临界切削深度对应的塑性耗能比最小，岩石破碎效率最高。因此，临界切削深度为最佳钻齿切削深度。在实际钻井过程中可通过调节钻压大小来实现，理论推导的结果和室内实验结果相符。

（2）岩石强度越大其发生塑性破碎时的破岩比功越大，岩性对临界切削深度具有重要影响，根据有限的实验数据推测岩石脆性越大临界切削深度越小。

（3）当切削深度较小时，切削力的变化幅值较小，切削力表现得较为稳定，与切削深度呈线性关系，岩石呈粉末状破碎，随着切削深度的增大，切削力的波动幅值越来越大，表现为波峰和波谷交替出现的情况，与切削深度呈非线性关系，岩石呈块状破碎。较小的岩屑尺寸对应较大的破岩比功，反之，较大的岩屑尺寸对应较小的破岩比功。

（4）本章实验研究发现，切削速度对切削力和岩石塑-脆性破碎转变无明显影响；前倾角越大切削力越大，随着前倾角的增大，塑-脆性破碎转变的临界切削深度变大，且前倾角大的钻齿发生塑性破碎时破岩比功也较大。

（5）钻齿倒角引起的钻齿与岩石的摩擦损耗对于破岩比功有较大影响，特别是当切削深度较小时，齿岩摩擦损耗占比较大，真实用于破岩的能量较小。

（6）在无围压状态下，随着切削深度的增大，钻齿切削力、岩体裂纹数都增大，且由钻齿切削造成的微裂纹影响区也增大，主要表现为纵向裂纹向岩体内部扩展；切削产生四种类型的裂纹，分别为晶内剪切裂纹、晶内拉伸裂纹、晶间剪切裂纹和晶间拉伸裂纹，其中晶间拉伸裂纹和晶内剪切裂纹占裂纹总数的主体，又以晶间拉伸裂纹更为明显；晶内剪切裂纹主要出现在钻齿切削区域，由钻齿挤压岩石造成，晶间拉伸裂纹主要出现在切削影响区域。

（7）当切削力出现剧烈波动时，裂纹数和钻齿所耗能量消耗上升，对应钻齿切削破岩阶段；当切削力波动较小时，裂纹数和钻齿所耗能量消耗不再增长，趋于水平，对应岩屑形成阶段；增加的裂纹基本都为晶内剪切裂纹和晶间拉伸裂纹，晶间剪切裂纹数量最少。

（8）单向应力作用下，较低的围压或液柱压力都会使得岩体压实，从而使切削过程总裂纹数降低，切削能耗增加；而大围压或液柱压力会使晶间拉伸裂纹数增多，并且液柱压力对花岗岩破碎的影响远远高于同值下的侧向压力。

（9）双向应力下，围压和液柱压力的相对大小是影响花岗岩破碎的重要因素，当围压大于液柱压力时，随着液柱压力的增大，花岗岩的破碎反而表现为单向应力下围压增大的特点（切削力随围压增大而减小）；当液柱压力大于围压后，随着液柱压力的增大，花岗岩的破碎才表现为单向应力下液柱压力增大的特点（切削力随着液柱压力增大而增大）；反之亦然。

第5章　异形齿破岩机理及综合选齿理论

异形齿技术是近两年发展起来的钻头个性化设计新技术，它的使用对于深部硬地层钻井提速有较好效果。本章利用有限-离散元方法建立了花岗岩的非均质模型，分析了异形齿的破岩机理；建立了异形齿的综合选齿模型，对 13 种异形 PDC 齿的破岩性能进行了评价，并优选了针对花岗岩的最佳齿形。

5.1　非均质花岗岩有限-离散元模型

Voronoi 图是计算几何的重要几何结构之一，也是计算几何的重要研究内容之一。它按照对象集合中元素的最近属性将空间划分成许多单元区域。Voronoi 图具有最近性、邻接性等众多性质和较完善的理论体系，如今已在图形学、机械工程、虚拟现实、地理信息系统、机器人、图像处理、CAD 等领域得到广泛应用，也是解决距离计算、碰撞监测、路径规划、骨架计算等计算机几何其他问题的有效工具。Voronoi 图细分在自然科学、工程、几何学等领域有着广泛的应用。在岩土工程中，Voronoi 图细分常用于生成块体几何体。为了表述花岗岩的非均质性，基于 Voronoi 图细分和有限元建立了非均质花岗岩模型，其建模流程如图 5-1 所示[131]。具体的过程如下：

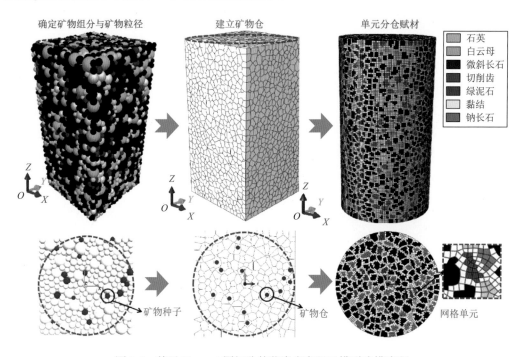

图 5-1　基于 Voronoi 图细分的花岗岩有限元模型建模流程

1. 由矿物组分与矿物粒径生成矿物种子

根据花岗岩的 X 射线衍射实验和 CT 扫描实验大致确定出花岗岩内部的矿物组分以及矿物的粒径范围。在特定空间（一般为花岗岩计算区域的大小）生成随机分布的球体（简称矿物种子），每一个球体代表一种矿物颗粒，赋予其矿物属性；依据矿物种子的直径大小控制矿物颗粒的粒径；通过计算每种矿物种子空间体积之和占该特定空间的比值确定每种矿物的组分：

$$\omega^{A} = \frac{\rho^{A} \sum_{i=1}^{k} V_i^{A}}{\rho_t V_t (1-n)} \times 100\% \qquad (5\text{-}1)$$

$$V_i^{A} = \frac{4\pi r_i^{A^3}}{3} \qquad (5\text{-}2)$$

式中，ω^{A} 为 A 类矿物的质量分数（%）；ρ^{A} 为 A 类矿物的密度（kg/m³）；V_i^{A} 为 A 类矿物的第 i 个矿物种子的体积（m³）；r_i^{A} 为 A 类矿物的第 i 个矿物种子的半径；ρ_t 为花岗岩密度（kg/m³）；V_t 为花岗岩体积（m³）；n 为孔隙率。

2. 建立矿物仓

三维 Voronoi 图细分是将三维空间，即 $D \in R^3$ 的一个区域划分成一组多面体。在 D 内存在由多个矿物种子的球心坐标组成的种子点 $\{S_i, x_i\}$，每个种子点根据如下方法被分配一个 Voronoi 多面体（称为矿物仓）：

$$C_i = \left\{ P(x) \in D \,\middle|\, d(P, S_i) \leqslant d(P, S_j), \forall i \neq j \right\} \qquad (5\text{-}3)$$

式中，$d(P, S_i)$ 和 $d(P, S_j)$ 为欧几里得距离。

所有的 Voronoi 多面体组成三维 Voronoi 图细分，每个矿物仓具有特定的矿物属性。

3. 模型单元分仓赋材

创建花岗岩数值仿真模型，并将该模型划分成网格。判断每个网格单元的空间位置与矿物仓的空间位置关系；根据单元与矿物仓之间的位置关系对单元分仓赋予材料属性。单元与矿物仓之间的关系大致分为两类，如图 5-2 所示。对图 5-2（a）中所示的情形，

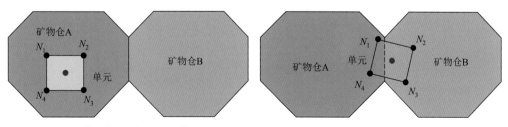

(a) 单元的节点位于同一矿物仓　　　　　　　　　(b) 单元的节点位于不同的矿物仓

图 5-2　单元与矿物仓之间的位置关系

该单元的所有节点都位于矿物仓 A 中，因此该单元被识别并继承 A 类矿物属性；而在图 5-2（b）中，该单元的节点分别被包含在 2 个矿物仓（即矿物仓 A 和 B），此时将该单元视为矿物边界（黏结），赋予其边界材料属性。

5.2　岩石本构模型

5.2.1　应力状态的描述

连续体中一点的应力状态可由应力分量来表示：

$$\sigma = \sigma_{ij} = \begin{bmatrix} \sigma_{11} & \sigma_{12} & \sigma_{13} \\ \sigma_{21} & \sigma_{22} & \sigma_{23} \\ \sigma_{31} & \sigma_{32} & \sigma_{33} \end{bmatrix} = \begin{bmatrix} \sigma_x & \sigma_{xy} & \sigma_{xz} \\ \sigma_{yx} & \sigma_y & \sigma_{yz} \\ \sigma_{zx} & \sigma_{zy} & \sigma_z \end{bmatrix} \tag{5-4}$$

可将应力张量分解为偏应力 s 和平均应力 p：

$$s = \sigma + pI \tag{5-5}$$

式中，$p = -\dfrac{1}{3}\text{trac}(\sigma)$ 为平均应力，也称为等效压应力；I 为单位矩阵。

应力张量的三个不变量：

$$I_1 = \sigma_x + \sigma_y + \sigma_z \tag{5-6}$$

$$I_2 = -\sigma_x\sigma_y - \sigma_y\sigma_z - \sigma_z\sigma_x + \tau_{xy}^2 + \tau_{yz}^2 + \tau_{zx}^2 = -(\sigma_1\sigma_2 - \sigma_2\sigma_3 - \sigma_3\sigma_1) \tag{5-7}$$

$$I_3 = \sigma_x\sigma_y\sigma_z + 2\tau_{xy}\tau_{yz}\tau_{zx} - \sigma_x\tau_{yz}^2 - \sigma_y\tau_{zx}^2 - \sigma_z\tau_{xy}^2 = \sigma_1\sigma_2\sigma_3 \tag{5-8}$$

偏应力张量实质上是一种特殊的应力张量，相应的三个不变量：

$$J_1 = S_x + S_y + S_z = 0 \tag{5-9}$$

$$J_2 = \frac{1}{2}\left(S_x^2 + S_y^2 + S_z^2\right) + S_{xy}^2 + S_{yz}^2 + S_{zx}^2 = -S_1S_2 - S_2S_3 - S_3S_1 \tag{5-10}$$

$$J_3 = S_xS_yS_z + 2S_{xy}S_{yz}S_{zx} - S_xS_{yz}^2 - S_yS_{zx}^2 - S_zS_{xy}^2 = S_1S_2S_3 \tag{5-11}$$

在这些不变量中，最常用到的有两个，一个是 I_1，即前面提到的平均应力 p，另一个是 J_2，该量即岩土工程中常用的偏应力，也就是等效 Mises 偏应力。

应力空间是一种物理空间，它是以 σ_1、σ_2、σ_3 作为坐标轴而形成的三维空间。空间中的每一个点表达了一种应力状态，因而屈服面可以使用应力空间中的曲面图形来表达。通常将三维空间转到两个特殊平面中进行分析。

（1）等斜面：又称为 π 平面，该平面通过原点，其法线的三个方向的余弦都是 $\dfrac{1}{\sqrt{3}}$，即与三个坐标轴交角相等。

（2）子午线平面：通过原点与 π 平面垂直的面称为子午线平面。

5.2.2　岩石材料本构

油气钻井过程中岩土层的应力应变关系非常复杂，通常具有非线性、弹塑性、剪胀性和各向异性等。迄今为止，学者提出的土体本构模型都只能模拟某种加载条件下某类岩土的主要特性，尚无一种本构模型能够全面表示任何加载条件下各类土体的本构特性。另外，经验表明有些模型在理论上很严密，但通常由于参数取值不当，计算结果会出现一些不合理的情况；相反，有些模型尽管形式简单，但常由于参数物理意义明确，易于确定，计算结果通常比较合理。故在有限元计算选择材料本构模型时，通常需要在精度与可靠性之间寻求平衡点，即本构关系模型既要反映所关心的岩土某方面特征，也要便于测定参数。

1. Mohr-Coulomb 模型

修正 Mohr-Coulomb 准则是目前岩土工程领域应用最广的强度准则之一，主要用于描述岩土介质的抗剪破坏行为。该准则能反映抗压强度和抗拉强度的不同以及对静水压力的敏感性。但是 Mohr-Coulomb 准则过高地估计了岩土介质的抗拉强度，不能准确描述岩土的抗拉性能，于是将最大拉应力准则与 Mohr-Coulomb 准则结合起来，对常规 Mohr-Coulomb 准则进行改进，称为修正 Mohr-Coulomb 模型。

以拉应力为正，以主应力表示的剪切型 Mohr-Coulomb 屈服准则可以表示为

$$F = (\sigma_1 - \sigma_3) + (\sigma_1 + \sigma_3)\sin\phi - 2c\sin\phi \tag{5-12}$$

式中，$\sigma_1 > \sigma_2 > \sigma_3$ 为主应力；c、ϕ 分别为黏聚力和内摩擦角。

此外，拉伸型 Mohr-Coulomb 屈服准则为 $-\sigma_3 > f_t$，其中 f_t 为岩土介质的抗拉强度。

在 π 平面的拉伸型 Mohr-Coulomb 屈服准则是一个等边三角形，在主应力空间屈服面由三个分别垂直于主应力轴的平面组成；在 π 平面的剪切型 Mohr-Coulomb 屈服准则是一个不等角的六边形，在主应力空间为一个棱锥面，其中心轴与等倾线重合。

在描述岩土材料的本构模型时，为了便于表达，通常采用应力不变量的形式进行表述，给出如下定义：

$$\sigma_m = \frac{\sigma_1 + \sigma_2 + \sigma_3}{3} \tag{5-13}$$

$$\bar{\sigma} = \sqrt{\frac{1}{2}(S_x^2 + S_y^2 + S_z^2) + \tau_{xy}^2 + \tau_{xz}^2 + \tau_{yz}^2} = \sqrt{J_2} \tag{5-14}$$

$$J_3 = S_x S_y S_z + 2\tau_{xy}\tau_{xz}\tau_{yz} - S_x\tau_{yz}^2 - S_y\tau_{xz}^2 - S_z\tau_{xy}^2 \tag{5-15}$$

式中，σ_m 为平均应力；$\bar{\sigma}$ 为等效应力；J_2、J_3 分别为应力偏量的第二不变量和第三不变量；$S_x = \sigma_x - \sigma_m$；$S_y = \sigma_y - \sigma_m$；$S_z = \sigma_z - \sigma_m$。

Lode 角的表达式为

$$\theta = \frac{1}{3}\sin^{-1}\left(-\frac{2\sqrt{3}}{2}\frac{J_3}{\sigma}\right), -30° \leqslant \theta \leqslant 30° \tag{5-16}$$

以应变不变量表述的主应力计算公式为

$$\begin{cases} \sigma_1 = \dfrac{2}{\sqrt{3}}\bar{\sigma}\sin(\theta + 120°) + \sigma_{\mathrm{m}} \\[2mm] \sigma_2 = \dfrac{2}{\sqrt{3}}\bar{\sigma}\sin(\theta) + \sigma_{\mathrm{m}} \\[2mm] \sigma_3 = \dfrac{2}{\sqrt{3}}\bar{\sigma}\sin(\theta - 120°) + \sigma_{\mathrm{m}} \end{cases} \tag{5-17}$$

于是，以应力不变量形式表示的剪切型 Mohr-Coulomb 屈服准则为

$$F = \sigma_{\mathrm{m}}\sin\phi + \bar{\sigma}K(\theta) - c\cos\phi = 0 \tag{5-18}$$

式中，$K(\theta) = \cos(\theta) - \dfrac{1}{\sqrt{3}}\sin\phi\cos\phi$。

以应力不变量表示的拉伸型 Mohr-Coulomb 屈服准则为

$$F = -\frac{2}{\sqrt{3}}\bar{\sigma}\sin(\theta - 120°) - \sigma_{\mathrm{m}} - f_{\mathrm{t}} = 0 \tag{5-19}$$

式中，f_{t} 为岩土介质的抗拉强度。

Zienkiewicz 和 Pande 曾建议将子午面上的屈服曲线写成双曲线：

$$\frac{(\sigma_{\mathrm{m}} - d)^2}{a^2} - \frac{\bar{\sigma}^2}{b^2} = 1 \tag{5-20}$$

式中，$b/a = \sin\phi/K(\theta)$；$d = c\cot\phi$；$K(\theta)$ 为 π 平面上屈服曲线随 Lode 角的变化规律，Willam 和 Warnke 建议取一个椭圆表达式来描述 $K(\theta)$。

将拉伸型 Mohr-Coulomb 屈服准则和剪切型 Mohr-Coulomb 屈服准则进行拟合，如图 5-3 所示。通过调整参数 m 的大小来反映岩土介质抗拉强度的大小。同时还可以看出，参数 m 可以修正屈服面上的尖顶，使尖角变得光滑，避免了数值计算的发散和收敛的缓慢。

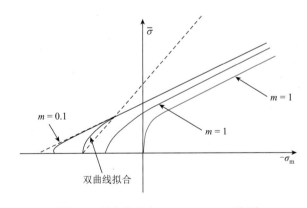

图 5-3　拟合的复合 Mohr-Coulomb 准则

由于 Mohr-Coulomb 屈服面存在六个棱角，数值计算烦琐和收敛缓慢。采取分段函数

的形式进行描述 $K(\theta)$，使得改进后的屈服面尽量接近 Mohr-Coulomb 屈服面，并且在棱角处得到光滑连续的处理，如图 5-4 所示。

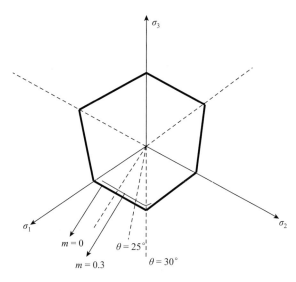

图 5-4　改进后的屈服面

修正的 Mohr-Coulomb 屈服准则的表达式为

$$F = \sigma_{\mathrm{m}} \sin\phi + \sqrt{\overline{\sigma}^2 K(\theta)^2 + m^2 c^2 \cos^2\phi} - c\cos\phi = 0 \tag{5-21}$$

采用分段函数来描述 $K(\theta)$，具体表达式为

$$K(\theta) = \begin{cases} A - B\sin 3\theta, & |\theta| > \theta_{\mathrm{T}} \\ \left(\cos\theta - \dfrac{1}{\sqrt{3}}\sin\phi\cos\theta\right), & |\theta| \leqslant \theta_{\mathrm{T}} \end{cases} \tag{5-22}$$

式中，$A = \dfrac{1}{3}\cos\theta_{\mathrm{T}}\left[3 + \tan\theta_{\mathrm{T}}\tan 3\theta_{\mathrm{T}} + \dfrac{1}{\sqrt{3}}\mathrm{sign}(\theta)(\tan 3\theta_{\mathrm{T}}\text{-}3\tan\theta_{\mathrm{T}})\sin\phi\right]$；

$$B = \dfrac{1}{3\cos 3\theta_{\mathrm{T}}}\left[\mathrm{sign}(\theta) + \dfrac{1}{\sqrt{3}}\sin\phi\cos\theta_{\mathrm{T}}\right]; \quad \mathrm{sign}(\theta) = \begin{cases} 1, & \theta \geqslant 0° \\ -1, & \theta < 0° \end{cases}$$

取 $\theta_{\mathrm{T}} = 25°$，$|\theta| \leqslant \theta_{\mathrm{T}}$ 时，在 π 平面屈服函数迹线不做处理，与经典的 Mohr-Coulomb 屈服准则一致；而当 $|\theta| > \theta_{\mathrm{T}}$ 时，对屈服函数的迹线进行光滑处理。

有限元软件内嵌的 Mohr-Coulomb 模型，屈服函数与常规的土塑性力学中给出的公式一致。但是它采用了双曲线型的塑性势函数，屈服函数与势函数的表达式是不一致的。也就是说，不管参数中的内摩擦角和剪胀角是否相同，这个模型始终是非相关联性流动法则，不能真正体现岩土材料的关联性流动特性。

取塑性势函数与屈服函数的表达式一致，即

$$G = \sigma_{\mathrm{m}} \sin\psi + \sqrt{\overline{\sigma}^2 K(\theta)^2 + m^2 c^2 \cos^2\psi} \tag{5-23}$$

式中，Ψ 为膨胀角，$K(\theta)$ 也与 Ψ 有关，表达式与屈服函数中的 $K(\theta)$ 类似。若 $\Psi = \theta$，则为

关联流动；若 $\Psi \neq \theta$，则为非关联流动；若 $\Psi = 0$，则塑性变形时材料的体积不发生变化。

2. 扩展 Drucker-Prager 模型

有限元软件对经典的 Drucker-Prager（D-P）模型进行了扩展。屈服面在子午面的形状可以通过线性函数、双曲线函数或指数函数进行模拟，其在 π 面上的形状也有所区别。上述三种模型中，本章研究采用了线性 Druker-Prager 模型。下面分别介绍其屈服面、塑性势面及硬化规律。

1）屈服面

线性 Druker-Prager 模型的屈服面如图 5-5 所示，函数为

$$F = t - p \tan \beta - d = 0 \tag{5-24}$$

式中，$t = \left[1 + \dfrac{1}{k} - \left(1 - \dfrac{1}{k} \right) \left(\dfrac{r}{q} \right)^3 \right] \dfrac{q}{2}$，这里不采用 q 作为偏应力是为了反映中间主应力的影响；β 为屈服面在 $p \sim t$ 应力空间上的倾角，与摩擦角 ϕ 有关；k 是三轴拉伸强度与三轴压缩强度之比，反映了中间主应力对屈服的影响，为了保证凸面，要求 $0.778 \leqslant k \leqslant 1$，不同的 k 的屈服面在 π 面上的形状是不一样的，当 $k = 1$ 时，有 $t = q$，此时屈服面为 Mises 屈服面的圆形；d 是屈服面在 $p \sim t$ 应力空间 t 轴上的截距，可按如下方式确定：

（1）$d = (1 - 1/3 \tan \beta) \sigma_c$，根据单轴抗压强度 σ_c 定义。

（2）$d = (1/k + 1/3 \tan \beta) \sigma_t$，根据单轴抗拉强度 σ_t 定义。

（3）$d = \dfrac{\sqrt{3}}{2} \tau \left(1 + \dfrac{1}{k} \right)$，根据剪切强度 τ 定义。

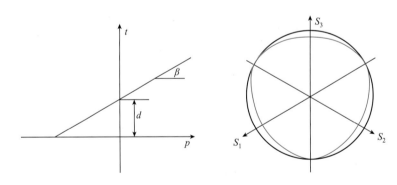

图 5-5　线性 D-P 模型的屈服面

2）塑性势面

线性 Druker-Prager 模型的塑性势面如图 5-6 所示，函数为

$$G = t - p \tan \psi \tag{5-25}$$

由于塑性势面与屈服面不相同，流动法则是非关联的。

需要指出当 $\Psi = \beta$、$k = 1$ 时线性 Drucker-Prager 模型即退化为经典的 Druker-Prager 模型。

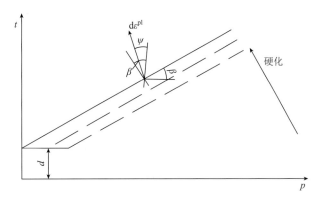

图 5-6　线性 Druker-Prager 模型的塑性等势面

3）硬化规律

硬化规律的实质是控制屈服面大小的变化。有限元软件中的扩展 Druker-Prager 模型允许屈服面放大（硬化）或缩小（软化）。屈服面大小的变化是由某一个等效应力 $\bar{\sigma}$ 控制的。用户通过给出 $\bar{\sigma}$ 与等效塑性应变 $\bar{\varepsilon}^{pl}$ 的关系来控制，其中等效塑性应变为 $\bar{\varepsilon}^{pl} = \int \Delta \bar{\varepsilon}^{pl} \, \mathrm{d}t$。针对线性 Druker-Prager 模型，有限元软件提供了以下三种形式：

（1）$\bar{\sigma}$ 取为单轴抗压强度 σ_c，$\mathrm{d}\bar{\varepsilon}^{pl} = |\mathrm{d}\bar{\varepsilon}_{11}^{pl}|$。

（2）$\bar{\sigma}$ 取为单轴抗拉强度 σ_t，$\mathrm{d}\bar{\varepsilon}^{pl} = \mathrm{d}\varepsilon^{pl}$。

（3）$\bar{\sigma}$ 取为凝聚力 d，$\mathrm{d}\bar{\varepsilon}^{pl} = \dfrac{\mathrm{d}v^{pl}}{\sqrt{3}}$。

3. 损伤准则

在数值计算中，假设岩石在初始破坏状态下的等效塑性应变为剪应力比 θ_s 与剪应变率 $\dot{\varepsilon}^{pl}$ 的函数：

$$\bar{\varepsilon}_0^{pl} = f(\theta_s, \dot{\bar{\varepsilon}}^{pl}), \quad \theta_s = \frac{q + k_s p}{\tau} \tag{5-26}$$

式中，k_s 为材料参数。

当满足下式时，损伤准则开始生效：

$$\omega_D = \int \frac{\mathrm{d}\bar{\varepsilon}^{pl}}{\bar{\varepsilon}_0^{pl}(\eta, \dot{\bar{\varepsilon}}^{pl})} = 1 \tag{5-27}$$

即当岩石的等效塑性应变 $\bar{\varepsilon}^{pl} = \bar{\varepsilon}_0^{pl}$ 时，岩石单元进入损伤阶段，在这个阶段，岩石硬度随 $\bar{\varepsilon}^{pl}$ 的增大而降低。当 $\bar{\varepsilon}^{pl} = \bar{\varepsilon}_f^{pl}$ 时，岩石单元硬度降为 0，并从岩体中脱落，$\bar{\varepsilon}_f^{pl}$ 为岩石完全失效时的等效塑性应变。在数值计算中，由于涉及失效单元的尺寸问题，通常通过等效塑性位移 $\bar{u}^{pl}$（等效塑性位移率 $\dot{\bar{u}}^{pl}$）来定义岩石材料的损伤失效过程。且有

$$\dot{\bar{u}}^{pl} = L\dot{\bar{\varepsilon}}^{pl} \tag{5-28}$$

式中，L 为岩石单元的特征尺寸，与单元形状和几何尺寸相关。

用等效塑性位移设定一个线性破坏演化变量,指定在完全破坏点的等效塑性位移 $\overline{u}^{\mathrm{pl}}$,损伤值 D 表示如下:

$$D = \frac{L\dot{\overline{\varepsilon}}^{\mathrm{pl}}}{\overline{u}_{\mathrm{f}}^{\mathrm{pl}}} = \frac{\dot{\overline{u}}^{\mathrm{pl}}}{\overline{u}_{\mathrm{f}}^{\mathrm{pl}}} \qquad (5\text{-}29)$$

当等效塑性位移 $\overline{u}^{\mathrm{pl}} = \overline{u}_{\mathrm{f}}^{\mathrm{pl}}$ 时,材料刚度完全退化,损伤值 $D = 1$。

5.2.3　花岗岩材料参数标定结果

材料参数的标定是用数值仿真方法探究破岩规律的重要环节。在岩土工程中,单轴压缩实验和巴西劈裂实验分别是获得岩石单轴压缩强度及抗拉强度的常用方法。因此,分别建立花岗岩的单轴压缩实验和巴西劈裂实验数值模型。其中,单轴压缩实验数值模型可以标定岩石的单轴压缩强度和杨氏模量,巴西劈裂实验数值模型可以确定花岗岩的抗拉强度。通过多次"试错""穷举",以实验测定的目标物理量(单轴压缩强度、抗拉强度和杨氏模量)为基准,不断调整花岗岩的各种矿物力学参数,最终得到了两种花岗岩的微观力学参数。

首先,通过 Voronoi 图细分的方法建立花岗岩的有限元模型。这里使用以第 2 章中的两种花岗岩(灰白色花岗岩和浅红色花岗岩)为对象建立有限元模型。两种花岗岩的组分见表 5-1。单轴压缩实验中花岗岩试样的大小为 Ø25mm×50mm,巴西劈裂实验中花岗岩试样为 Ø25mm×25mm 的圆柱体。

表 5-1　花岗岩的矿物组分　　　　　　　　　(单位:%)

岩石种类	白云母	石英	钠长石	微斜长石	绿泥石
灰白色花岗岩	7.8	12.2	34.5	41.1	4.4
浅红色花岗岩	9.3	19.3	47.5	21.9	2.1

除了实验用的花岗岩,标定仿真实验中还存在两个部件,分别为顶部的加载板和底部固定板。将它们设置为刚体。两种仿真实验中的边界及加载参数均为:固定板固定,加载板给定向下的恒定速度 $v = 1.0$mm/s。此外,顶部、底部加载板与花岗岩通用接触,花岗岩内部单元之间自接触;所有接触之间的摩擦系数均为 0.25,花岗岩材料参数标定模型如图 5-7 所示。

1. 灰白色花岗岩

灰白色花岗岩材料标定实验损伤结果如图 5-8 所示。其单轴压缩实验和巴西劈裂实验得到的花岗岩破碎形态与标定实验中花岗岩破碎形态基本一致。这就定性说明仿真参数标定在一定程度上有效。

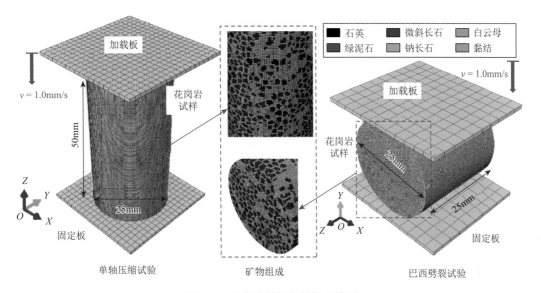

图 5-7　花岗岩材料参数标定模型

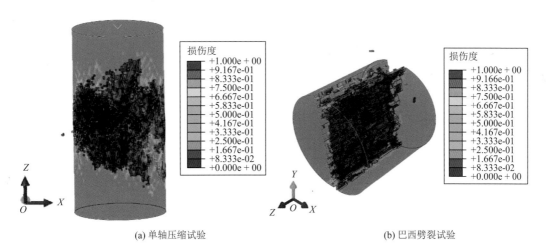

(a) 单轴压缩试验　　　　　　　　　　　　　　(b) 巴西劈裂试验

图 5-8　灰白色花岗岩材料标定实验损伤结果

单轴压缩实验中，其应力的计算表达式为

$$\sigma = \frac{F}{A} \tag{5-30}$$

式中，σ 为应力（Pa）；F 为岩石受压过程中对端部加载板的反力大小（N）；A 为与加载板接触的岩石端部面积（m^2），$A = \pi D^2/4$，D 为岩石试样的直径（m），此处 $D = 0.025m$。

　　这样通过监测岩石单轴压缩实验中的应力-应变曲线，即可得到待标定岩石的单轴抗压强度和杨氏模量。

　　同理，在巴西劈裂实验中也可得到待标定岩石的抗拉强度，实验中的抗拉强度计算见式（2-1）。试样的直径 d 和厚度 t 均取 0.025m。

灰白色花岗岩材料标定实验曲线如图 5-9 所示。由单轴压缩实验曲线可知，由于实际的花岗岩内部存在天然的孔隙和裂隙，在实验的初始阶段灰白色花岗岩经历了压实，花岗岩存在压实效应，且由压实效应导致的岩石等效塑性应变约为 0.05%。对比图 5-9（a）中的单轴压缩实验不能体现岩石的这种特性，因此这种基于 Voronoi 图细分的花岗岩有限元模型还存在优化和改进的空间。

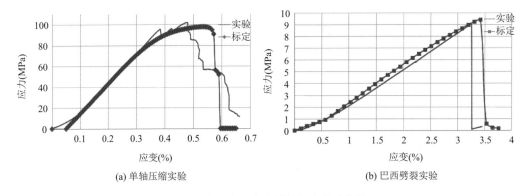

(a) 单轴压缩实验　　　　　　　　　　　　　(b) 巴西劈裂实验

图 5-9　灰白色花岗岩材料标定实验曲线

通过计算上述实验可以得到标定的目标物理量的相对百分误差，即可验证标定参数的有效性。其中待标定的三个目标物理量分别为单轴压缩强度、抗拉强度和杨氏模量。这些目标物理量的相对百分误差的计算方法为

$$\varepsilon_r = \frac{|M_e - M_s|}{M_e} \times 100\% \tag{5-31}$$

式中，ε_r 为目标物理量的相对百分误差（%）；M_e 为目标物理量的实验值；M_s 为目标物理量的仿真值。目标物理量为单轴压缩强度、抗拉强度和杨氏模量中的一个。

单轴压缩实验中，其中一组岩石的单轴压缩强度和杨氏模量分别为 101.96MPa 和 30.69GPa；标定实验得到的单轴压缩强度和杨氏模量分别为 97.83MPa 和 28.80GPa，相对百分误差分别为 4.05% 和 6.16%。同样，在巴西劈裂实验中，其中一组岩石的抗拉强度为 9.00MPa，标定实验得到的结果为 9.41MPa，相对百分误差为 4.56%。各个目标物理量的相对百分误差均小于 7%，标定有效。最终标定得到的灰白色花岗岩矿物组分力学属性见表 5-2 所示。

表 5-2　灰白色花岗岩矿物组分力学属性

矿物	杨氏模量（GPa）	泊松比	抗压强度（MPa）	粒径（mm）
白云母	32	0.16	167	1~1.8
石英	75	0.08	187	2~3
钠长石	55	0.12	137	3~4
微斜长石	53	0.13	147	1.2~2

矿物	杨氏模量（GPa）	泊松比	抗压强度（MPa）	粒径（mm）
绿泥石	48	0.14	137	1～2
黏结	22.2	0.168	67	

2. 浅红色花岗岩

浅红色花岗岩材料标定实验损伤结果如图 5-10 所示。其单轴压缩实验和巴西劈裂实验得到的花岗岩破碎形态与实验中花岗岩破碎形态基本一致。因此，定性来说，浅红色花岗岩标定参数具有一定的有效性。

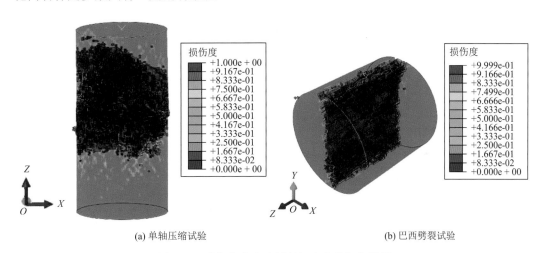

(a) 单轴压缩试验　　　　　　　　　　　　　(b) 巴西劈裂试验

图 5-10　浅红色花岗岩材料标定实验损伤结果

做出浅红色花岗岩材料标定实验曲线，如图 5-11 所示。由图 5-11（a）中的单轴压缩实验曲线可知，同灰白色花岗岩一样，浅红色花岗岩也存在压实效应，且由压实效应导致的花岗岩等效塑性应变约为 0.2%，远大于灰白色花岗岩的 0.05%。由此可知，浅红色花岗岩岩石内部孔隙及天然裂隙大于灰白色花岗岩。

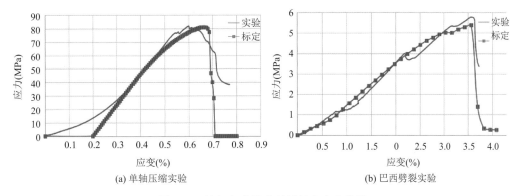

(a) 单轴压缩实验　　　　　　　　　　　　　(b) 巴西劈裂实验

图 5-11　浅红色花岗岩材料标定实验曲线

浅红色花岗单轴压缩实验中，岩石的单轴压缩强度和杨氏模量分别为 81.80MPa 和 22.49GPa；标定实验得到的单轴压缩强度和杨氏模量分别为 81.02MPa 和 23.32GPa，代入式（5-31）得到相应物理量的相对百分误差分别为 0.95%和 3.69%。同样，在巴西劈裂实验中，其中一组岩石的抗拉强度为 5.76MPa，标定实验得到的结果为 5.39MPa，相对百分误差为 6.42%。各个目标物理量的相对百分误差均小于 7%，标定有效。最终标定得到的浅红色花岗岩矿物组分力学属性见表 5-3。

表 5-3　浅红色花岗岩矿物组分力学属性

矿物	杨氏模量（GPa）	泊松比	抗压强度（MPa）	粒径（mm）
白云母	32	0.065	167	1～1.8
石英	75	0.04	187	2～3
钠长石	55	0.05	137	3～4
微斜长石	53	0.05	147	1.2～2
绿泥石	48	0.07	137	1～2
黏结	14	0.08	40	

值得注意的是：表 5-2 和表 5-3 中组成花岗岩矿物颗粒的抗压强度和杨氏模量以及粒径均相同，其不同之处在于泊松比、塑性屈服参数。

5.3　异形 PDC 齿切削破碎花岗岩数值仿真

随着石油钻探向深部推进，高压难钻硬质地层的岩石破碎问题成为提升钻进速度、制约钻井成本的难点问题。PDC 钻头凭借其高钻速、长寿命和低成本等特点成为目前主流的破岩钻进工具，但常规齿形的 PDC 钻头钻遇高压硬质难钻地层的破岩效率有限。

已有研究认为，PDC 钻头的破岩效率不仅受钻井参数、地层岩性及 PDC 钻头结构的影响，还与 PDC 钻齿的齿形密切相关。异形 PDC 齿在硬质磨料地层中表现出了一定的潜力，但相关的设计和研究仍处于起步阶段。针对 XX-1-2 井的高围压难钻地层中各类非常规 PDC 齿的破岩效率和适用性问题，利用前面标定后的两种花岗岩模型（灰白色花岗岩和浅红色花岗岩）建立围压条件下不同齿形的 PDC 齿切削破岩模型；分析、对比多种齿形在特定切削参数下的破岩效率，以期为该区块高围压难钻地层对 PDC 钻头的钻齿选型与设计提供指导和参考。

5.3.1　异形 PDC 齿切削破碎花岗岩建模

异形 PDC 齿切削破碎花岗岩的数值仿真模型与单齿切削破碎花岗岩模型类似，模型中均包括 PDC 切削齿和花岗岩两个部件。其中，花岗岩的模型大小为 42mm×25mm×11mm；PDC 齿的齿形包括圆柱齿（常规齿或平面齿）、椭圆齿、尖形齿、斧形齿、奔驰齿、椭圆斧形齿、双曲面齿、三刃齿、鞍形齿、锥形齿、凸面齿、凹面齿及菱形齿等 13 种。各种齿形的相关几何信息如表 5-4 所示，为了方便后面的叙述，还将各个齿形进行了编号。在建模时，为了提高模型的计算速度，将 PDC 齿与岩石接触的区域网格细分，细分区域大小为 26mm×25mm×5.5mm，网格尺寸为 0.2mm，共 455000 个单元。在细分区域通过 Voronoi 图细分的方法建立花岗岩的有限元模型，其中各种矿物的组分、各个矿物颗粒及黏结的力学属性见花岗岩材料标定部分；岩石非切削区域（即网格细化区域之外的区域）的材料设置为"石英"的力学属性。异形 PDC 齿切削破碎灰白色花岗岩的数值模型中共在细分区域建立 904 个矿物种子数（仓）；异形 PDC 齿切削破碎浅红色花岗岩的数值模型中共在细分区域建立 644 个矿物种子数（仓）。模型中的矿物种子数明细如表 5-5 所示。

表 5-4　仿真用的 PDC 齿几何信息

齿形	代号	几何信息	形状
圆柱齿	Y	直径 13mm，厚度 3mm	
椭圆齿	T	长轴 13mm，短轴 9mm，厚度 3mm	
尖形齿	J	底部直径 13mm，厚度 5mm	
斧形齿	F	底部直径 13mm，厚度 5mm	
奔驰齿	B	底部直径 13mm，底部厚度 3mm	
椭圆斧形齿	TF	长轴 13mm，短轴 9mm	
双曲面齿	S	底部直径 13mm	

齿形	代号	几何信息	形状
三刃齿	SA	底部直径 13mm，刃间角 120°	
鞍形齿	A	底部直径 13mm	
锥形齿	Z	锥底直径 13mm，锥顶角 90°，锥顶圆角半径 2mm	
凸面齿	TO	底部直径 13mm，厚度 3mm	
凹面齿	AO	底部直径 13mm，厚度 5mm	
菱形齿	L	底部直径 13mm，厚度 5mm	

表 5-5　单齿切削破碎花岗岩数值仿真中的矿物种子数明细

花岗岩种类	白云母	石英	钠长石	微斜长石	绿泥石
灰白色	169	43	49	567	76
浅红色	196	43	68	303	34

为便于计算与分析，对切削齿与岩石相互作用进行基本假设：切削齿的强度和硬度远高于岩石的强度和硬度，因此将切削齿假设为刚体，且给定其密度为 7080kg/m³。忽略钻进过程中的切削齿磨损，当岩石单元失效后即从岩石中删除，忽略其失效后对后续切削的影响。两种花岗岩的单齿切削破碎模型中的边界及加载参数均为：岩石非切削区域（即网格细化区域外的区域）的侧边和底部固定；接触属性为 PDC 齿与花岗岩通用接触，花岗岩网格细化区域内部单元之间自接触，所有接触之间的摩擦系数均为 0.25；控制 PDC 齿切削速度 $v = 1.0$m/s，切削深度 $d = 1.0$mm，切削行程为 26mm。

通过改变 PDC 齿的齿形、调整切削角度、改变岩石周围的压力（围压）来研究不同形状 PDC 齿的破岩规律。模型中每种切削齿的切削倾角 α 的范围为 $0\sim15°$，增量为 $5°$；

围压 p 的范围为 0～40MPa，增量为 10MPa。常规 PDC 齿切削破碎灰白色花岗岩的数值仿真模型如图 5-12 所示。

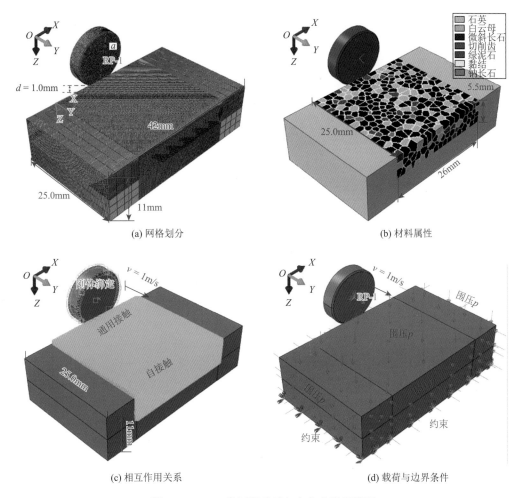

(a) 网格划分

(b) 材料属性

(c) 相互作用关系

(d) 载荷与边界条件

图 5-12　PDC 齿切削破碎灰白色花岗岩模型

5.3.2　异形 PDC 齿切削破碎花岗岩机理分析

单齿切削仿真结果如表 5-6 所示，表中的投影面积由切削齿的三维几何模型经 CAD 软件投影而来。由表 5-6 可知，12 种异形 PDC 齿中，锥形齿的切削力最小，凸面齿和三刃齿上的切削力最大。结合图 5-13 的单齿破岩云图可知，锥形齿破碎岩石以塑性为主，锥形齿与岩石之间的作用力以摩擦力为主。相比于脆性破碎，塑性破碎少了切削力的“加载”和“释放”过程，力的变化过程更稳定。同时，由于少了“加载”过程，塑性破碎的切削力也会更小。锥形结构更易压入岩石，因此锥形齿上的法向力更小。由图 5-13 可知，奔驰齿的破岩方式也是以塑性破碎为主，但由于其齿面的脊形结构，PDC 齿与岩石最先接触的面积相比于其他形状的齿更小，其切削力比同为塑性破碎的锥形齿更大。

表 5-6　单齿切削仿真结果

齿形	平均切削力（N）	法向力（N）	投影面积 S（mm^2）	破碎体积（mm^3）	MSE（MPa）	MSE/S（MPa·mm^{-2}）
锥形齿	892.64	941.31	1.52×10^{-2}	54.57	458.02	3.01×10^4
奔驰齿	991.01	776.95	3.07×10^{-2}	103.94	266.96	8.70×10^3
尖形齿	1254.45	1110.48	3.61×10^{-2}	117.90	297.92	8.25×10^3
斧形齿	1478.37	1378.56	3.91×10^{-2}	129.80	318.91	8.16×10^3
菱形齿	1055.72	706.68	3.98×10^{-2}	130.27	226.91	5.70×10^3
鞍形齿	1039.43	614.61	3.92×10^{-2}	133.02	218.79	5.58×10^3
椭圆齿	1075.35	769.97	4.26×10^{-2}	137.86	218.41	5.13×10^3
三刃齿	1508.17	1453.24	4.49×10^{-2}	148.17	285.00	6.35×10^3
凹面齿	1493.81	1110.97	5.31×10^{-2}	167.53	249.67	4.70×10^3
凸面齿	1518.46	1146.11	5.31×10^{-2}	168.97	251.62	4.74×10^3
圆柱齿	1489.71	1102.65	5.32×10^{-2}	169.09	246.68	4.64×10^3
双曲面齿	1242.77	720.88	4.91×10^{-2}	169.87	204.85	4.17×10^3

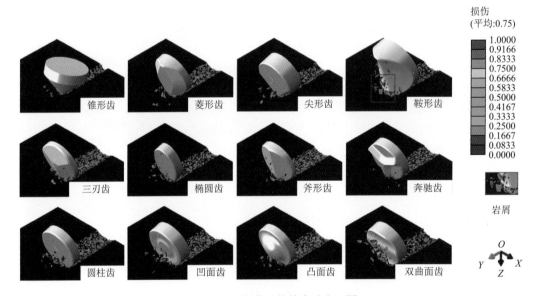

图 5-13　不同齿形的单齿破岩云图

　　其中圆柱齿、凹面齿和凸面齿的切削力较大，但三者间差距较小。由表 5-4 可知，圆柱齿、凹面齿和凸面齿几何结构的不同点主要在于齿面的中心部分，齿面的边缘部分都相当于圆柱齿。当切削深度较小时，齿面与岩石接触面的形状都是平面，齿面结构对切削力的影响较小，此时不同结构的作用主要在于方便排出岩屑。

　　同时，由切削齿法向力可知，三刃齿和斧形齿与常规的圆柱齿相比，其法向力均更大，即三刃齿与斧形齿上的尖脊形结构在压入岩石时所需的力更大。

如图 5-14 所示，由不同形状 PDC 齿对应的破岩比功可知，双曲面齿、鞍形齿和椭圆齿的破岩比功最小，锥形齿最大。锥形齿的切削力最小，且由于锥形齿投影在切削面上的面积最小，即破碎岩石的体积在所有齿形中最小，所以锥形齿的破岩比功反而最大。双曲面齿的齿下边缘有类似于犁形的结构，更易"吃"入岩石，破岩时的切削力更小；双曲面齿内凹的齿面结构使岩石破碎时更易产生体积较大的块状岩屑，破碎的岩石体积在所有齿形中最大。因此，双曲面齿的破岩比功最小。

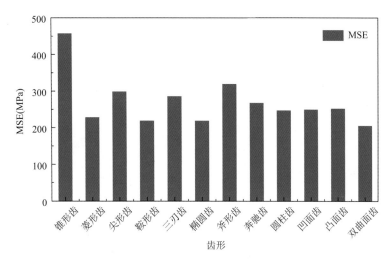

图 5-14　不同形状 PDC 齿的破岩比功

三刃齿相对于圆柱齿，由于其在破碎面上具有脊型结构，虽然更易吃入岩石，但切削力也比圆柱齿稍大。三刃齿比圆柱齿的切削力大 1.24%；但是，三刃齿上尖脊的顶角比较大，使三刃齿比圆柱齿在破碎面上的投影面积小 15.60%，因此三刃齿的破岩比功更大。斧形齿虽然也有类似的脊型结构，但由于它们的脊顶角比三刃齿小，破碎面上的投影面积更小。更小的脊顶角导致齿与岩石的接触面积减小，使得齿上所受的切削力虽然更小，但其破岩比功却更大。所以斧形齿的破岩比功比三刃齿更大。奔驰齿则由于其脊顶角已经减小到锐角，脊形结构对岩石的劈剪作用更强烈，其破岩所需的切削力更小，因此奔驰齿的破岩比功比三刃齿和斧形齿更小。

综合切削力、法向力以及破岩比功分析双曲面齿、鞍形齿和椭圆齿可得，双曲面齿虽然其破岩比功在所有齿形中最小，但其切削力和法向力都比鞍形齿和椭圆齿更大。鞍形齿和椭圆齿的破岩比功几乎相同，但鞍形齿上的切削力和法向力都比椭圆齿小。同时，由图 5-13 可以看出，在切削过程中，鞍形齿产生的块状岩屑更多，尺寸更大，更易发生脆性破碎。因此综合分析，鞍形齿的破岩效果更好。

为了探究切削深度对切削破岩过程中的切削力和破岩比功的影响，建立了不同切削深度下的圆柱齿切削破碎岩石的数值模型。切削深度分别设置为 0.2mm、0.4mm、0.6mm、0.8mm、1.0mm、1.2mm、1.4mm、1.6mm、1.8mm、2.0mm。数值模拟实验结果如图 5-15所示，不同切削深度的破岩云图如图 5-16 所示。

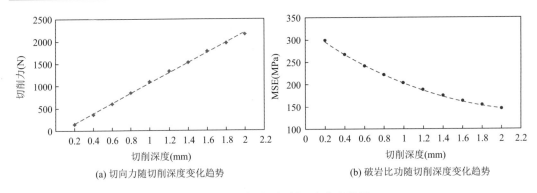

(a) 切向力随切削深度变化趋势　　　　　　　　(b) 破岩比功随切削深度变化趋势

图 5-15　圆柱齿不同切削深度仿真结果

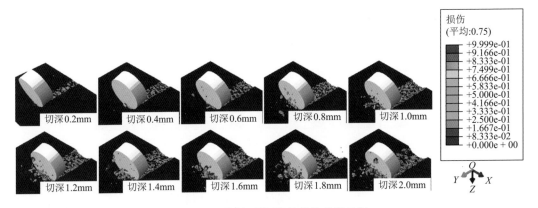

图 5-16　不同切削深度的单齿破岩云图

　　由图 5-15（a）可知，切削力随切削深度的增大而增大，在本组模拟中，切削力随切削深度的增大几乎呈线性增大。但由实际的实验研究可知，切削力随切削深度的变化并不是呈线性关系，而是呈双线性的关系。考虑到实际花岗岩岩石晶粒间会存在一些裂隙，而数值模型中的岩样为致密岩石，所以结果存在一些差异。同时，实验中的 PDC 齿存在一定尺寸的倒角，当切削深度较小时，切削齿与岩石之间的相互作用以摩擦为主，而不是数值模拟中的相互剪切，因此结果会存在一些差异。由图 5-15（b）可知，随着切削深度增大，破岩比功逐渐减小，且随着切削深度的增大，破岩比功的减小趋势逐渐趋于平缓。

　　由图 5-16 中的破岩云图可知，当切削深度较小时，破碎模式以塑性破碎为主，几乎没有产生尺寸较大的块状岩屑。当切削深度进一步增大时，块状岩屑的数量逐渐增多，岩石的破碎模式逐渐转变为以脆性破碎为主，也就对应了其破岩比功逐渐减小。

5.3.2.1　切削力与边界效应

　　根据 Evans 的密实核理论，压头侵入岩石后会在正下方形成紧密的密实核，而后在密实核的下端形成塑性破碎区。根据相关研究，刀具在做切削的过程中也满足密实核理论的相关规律。由此得到 PDC 齿对岩石的破碎由两部分组成：PDC 齿切削深度以上强制移除岩屑（上端剪切移除部分）和 PDC 齿边沿对岩石压实（即密实核）及密实核下端部分的塑性破碎，前者称为破碎区，后者称为影响区。影响区中岩石的劣化程度会影响后续切削齿的破碎效率。

如图 5-17 所示，PDC 单齿以一定的线速度 v 向左切削岩石，切削深度为 d，刀具的半径为 R，前倾角为 α。在整个切削过程中，由于 PDC 齿对岩石的作用，在靠近 PDC 齿两侧和下方的岩石内部会形成塑性挤压区，即图 5-17 中 ABC 围成的区域。沿着 PDC 齿的切削方向，就相当于一个局部的侵入过程，在齿的运动方向上形成相应的密实核区（即图中的破碎区）、影响区和弹性区。由于塑性区的范围总是包着密实核区域，在空间上形成半球壳状的区域分层，因此，PDC 齿前端的塑性区域及 PDC 齿的两侧形成影响区，如图中淡蓝色区域所示。

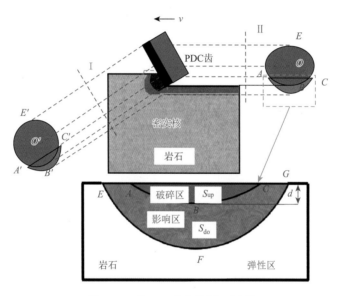

图 5-17　单 PDC 齿切削岩石过程

为了研究破岩过程中的塑-脆性破碎转变规律，将 PDC 齿与岩石接触的公共接触区域投影到与前切削平面平行的平面 I 上，即图 5-17 中的弓形曲面 ABC，将其称为破碎区投影面积，记为 S_{up}；同样，将塑性影响区外的包络面与刀具外轮廓围成的区域投影到平面 I 上，即图中的镰刀形曲面 $AEFGC$，将其称为影响区投影面积，记为 S_{do}。

切削面的投影面积 S 则由破碎区投影面积和影响区投影面积两部分组成：

$$S = S_{up} + S_{do} \tag{5-32}$$

式中，S_{up} 为破碎区投影面积（mm^2）；S_{do} 为影响区投影面积（mm^2）。

相应地，岩石的破碎体积也包括破碎区体积和影响区体积：

$$V = V_{up} + V_{do} \tag{5-33}$$

式中，V_{up} 为破碎区体积（mm^3）；V_{do} 为影响区体积（mm^3）。

为进一步研究破岩模式与破岩能耗之间存在的内在联系，本书以破岩比功来衡量，即式（4-18）。但值得注意的是，我们将式（5-33）中岩石的影响区体积 V_{do} 考虑进去。因此，岩石损伤影响的破岩比功为

$$\text{MSE} = \frac{W}{V_{up} + V_{do}} \tag{5-34}$$

其中，破碎区体积 V_{up} 利用几何关系（或利用 SOLIDWORKS 等 CAD 软件）就可计算，这里不再赘述。影响区体积 V_{do} 主要体现了刀具对岩石塑性纵向压缩、脆断作用，属于附加影响效果。此时利用几何关系就不合适，必须将岩石内部损伤联系起来，建立损伤与移除体积的关系。

另外，岩石刚度损伤值的大小可反映岩石的损伤程度，也可以反映岩石破碎体积的积累程度。当损伤值 $D = 1$ 时，该单元完全失效，岩石破碎的体积增加了一个该单元的体积。因此，在计算破碎体积时，损伤分布可看成破碎体积的积累函数，由此得出由损伤分布 $D(x, y, z)$ 表示的等效破碎体积为

$$V_e = \int_{\Psi} D(x, y, z)\big|_{(x,y,z)\in\Psi}\, \mathrm{d}V = \int_{\Psi} D(x, y, z)\big|_{(x,y,z)\in\Psi}\, \mathrm{d}x\mathrm{d}y\mathrm{d}z \tag{5-35}$$

式中，V_e 为岩石的等效破碎体积（mm^3）；$D(x, y, z)$ 为岩石内部的损伤分布；Ψ 为岩石所在的三维空间。

假设范围 Ψ_{do} 为空间 Ψ 上的影响区，则影响区体积为

$$V_{do} = \int_{\Psi_{do}} D(x, y, z)\big|_{(x,y,z)\in\Psi_{do}}\, \mathrm{d}V = \int_{\Psi_{do}} D(x, y, z)\big|_{(x,y,z)\in\Psi_{do}}\, \mathrm{d}x\mathrm{d}y\mathrm{d}z \tag{5-36}$$

由此类推，某一切面 Γ 上的等效破碎面积为

$$S_e = \int_{\Gamma} D\mathrm{d}S \tag{5-37}$$

式中，S_e 为切面 Γ 上的等效破碎面积（mm^2）；D 为切面 Γ 上的损伤分布。

通过上述过程，就在单齿切削破岩的过程中考虑了岩石影响区对岩石破岩比功的影响，为深层次理解切削破岩过程中的塑-脆性转化特性奠定了一定的理论基础。

PDC 齿在破岩过程中受到来自岩石的反作用力，其受力状态直接影响 PDC 齿的使用寿命。因此，图 5-18（a）给出了齿形为圆柱齿，切削倾角为 15°、切削深度为 2mm 时的切削力。由图可知，在切削过程中 PDC 齿所受切向力、法向力与合力同步变化。同时，求得该算例下合力平均值 F_r 为 2541N，切向力平均值 F_t 为 2358N，法向力平均值 F_n 为 943N。由此可知，PDC 齿破岩时切向力占其主导作用，其以剪切作用为主要的破岩方式。图 5-18（b）～（c）分别给出了仿真和实验条件下切削倾角为 15°时各切削深度下的切向力随时间（行程）的变化情况。从图 5-18（b）～（c）可以看出，随着切削深度的增加，各切向力的大小依次增大。同时注意到，在图 5-18（b）中加载即将结束的一段时间内，存在力的释放过程，且随着切削深度的增加，这种力的释放现象出现的时间也相应提前了。

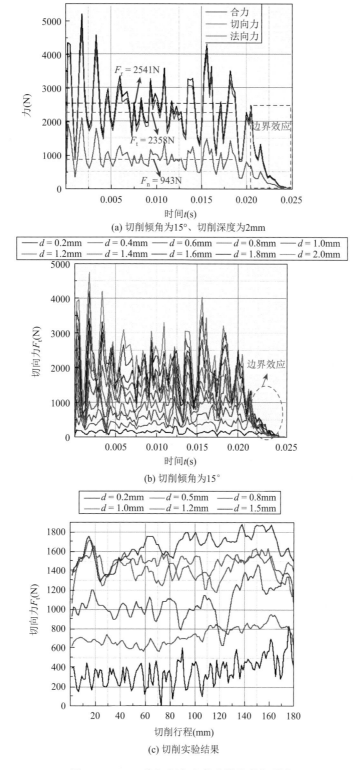

(a) 切削倾角为15°、切削深度为2mm

(b) 切削倾角为15°

(c) 切削实验结果

图 5-18　PDC 齿切削灰白色花岗岩的切削力

　　为了探究这种力的释放现象产生的原因，图 5-19 给出了实验和仿真中在切削即将结束时岩石的破碎形态。其中图 5-19（a）（b）的切削深度为 1.5mm；图 5-19（c）（d）的切削深度为 2.0mm。从图 5-19（a）（b）中可以看出，当 PDC 齿切削至岩石的端面时，首先在岩石的自由端面产生了裂纹扩展，紧接着在端面产生了大块的岩屑的脱落。在图 5-19（c）（d）中的数值仿真中也发现了类似现象。这种大块岩屑的脱落导致了图 5-19 中的切削力的释放。将这种当 PDC 齿切削至岩石端面而引起的大块岩屑脱落的现象称为边界效应。

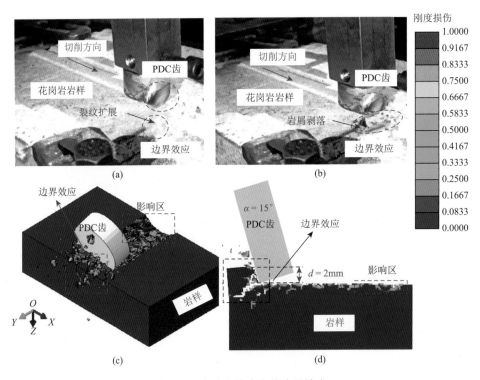

图 5-19　实验和仿真中的边界效应

　　另外注意到，仿真中 PDC 齿经过之后，在切削深度的下方存在明显的岩石损伤。这部分岩石损伤即前文提到的影响区。为了通过实验验证影响区的存在，对单齿切削实验后的切削槽进行显微观察。图 5-20 给出了切削槽的显微观察结果，当放大 100 倍时，只能观察到岩石表面的孔隙；当放大 1000 倍时，除能观察到岩石内部的微观孔隙外，还能观察到岩石的晶粒和一些细微的损伤；当放大 10000 倍时，就能明显观察到切削槽下方的损伤和缺陷。这表明，实验中切削深度下方的切削槽也产生了损伤。由此说明，单齿切削时影响区是存在的，这为理论分析和后续的研究提供了依据。

　　图 5-21 给出了实验和仿真中 PDC 齿所受的切向力平均值 F_t。从图 5-21（a）可以看出，随着切削深度的增加，PDC 齿的切向力也随之增加。实验中，切向力随切削深度的增加表现出两段线性增加。图 5-21（a）中，第一段线性增加（阶段Ⅰ）时，其切向力随切削深度的增加速度（即斜率）较大。相应地，第二段增加（阶段Ⅱ）时，切向力的线

性增加速度则相对较小。这说明在阶段Ⅰ中，随着切削深度的增加，切削齿的受力线性加剧，此时岩石的失效以塑性破碎占主导。相应地，在阶段Ⅱ中，随着切削深度的增加，切削齿的受力加剧速度有所缓解。此时岩石的失效则以脆性破碎占主导。从图 5-21（a）中的仿真中也大致可以看出这样的趋势。图 5-21（b）给出了仿真中切向力随切削倾角的变化情况，从图 5-21（b）可以看出，PDC 齿的切向力大致随着切削倾角的增加而增加。

图 5-20　切削槽的显微观察

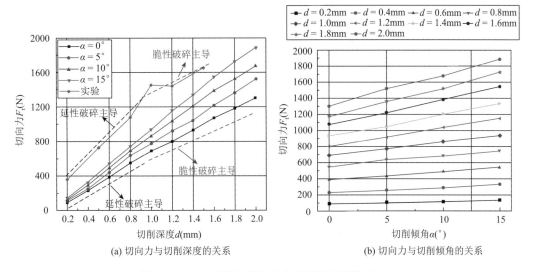

(a) 切向力与切削深度的关系　　　　　　(b) 切向力与切削倾角的关系

图 5-21　PDC 单齿切削灰白色花岗岩的平均切向力

5.3.2.2　岩屑形态

实验中采集了各切削深度下切削后的岩屑，如图 5-22 所示。由图可知，在切削深度较小（0.1～0.2mm）时，产生的岩屑为粉末状，此时的破碎为塑性破碎。当切削深度在 0.3～0.6mm 时，在粉末状岩屑中就开始夹杂着一些细小的块状岩屑。这表明破岩模式开始朝着脆性转化，但破岩模式还是以塑性为主导。当切削深度从 0.7mm 增加到 1.0mm 时，岩屑中包含一些大块的岩屑剥落和一些小的块状岩屑，同时伴随着一些侧向剥落岩屑。这时的破岩模式已经由塑性破碎转化为脆性破碎占主导。当切削深度继续增加（1.1～1.5mm），此时的岩屑即为较大的块状和侧向剥落岩屑，表明此时的脆性破碎模式占据的比例更大。

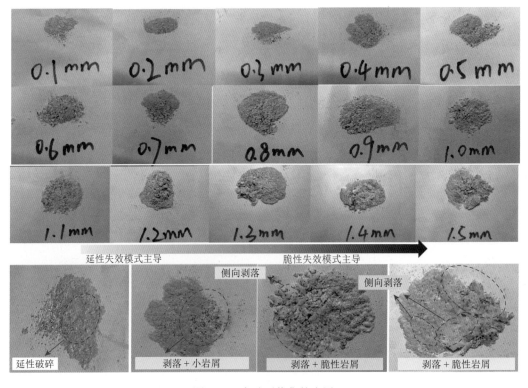

图 5-22　实验后收集的岩屑

上述分析表明，从岩屑的形态角度能很明显地观察到单齿切削过程中的塑-脆性转化模式。但也存在一些限制：①切削过程中岩屑不可能做到 100%的收集；②收集到的岩屑容易造成人为损毁；③更关键的是难以从实验角度找到定量描述岩屑形态和破碎模式之间的关系量。

因此，为了能更加精准地区分出塑-脆性转化，下面从数值仿真的角度可视化和定量分析单齿切削过程。数值仿真的可视化岩屑形态的基本思路是将切削过程中岩石的损伤按照切削方向进行投影，即前文的投影面积 S_e。图 5-23 给出了切削面的等效投影面积 S_e 计算示意图，将切削后的岩石按照未变形状态沿 PDC 齿的切削方向将岩石刚度损伤均匀切片 n 份，这 n 个切面位于 $A_1, A_2, \cdots, A_{n-1}, A_n$ 面上，然后将这 n 个切片平面上的局部等效失效面积 $S^{(i)}$ 投影到 Ω 面上。以这些局部等效失效面积 $S^{(i)}$ 的均值作为整体的等效投影面积 S_e，即

从图 5-26（a）可以看出：切削深度 d 相同时，切削倾角 α 越大，破岩比功也越大。当切削倾角 α 为 0°~5°时，随着切削深度 d 增大，破岩比功先大致不变，当切削深度 $d>0.6$mm 时，破岩比功随切削深度 d 的增大而下降。当切削倾角 α 为 10°~15°时，随着切削深度 d 的增大，破岩比功先缓慢增大，当切削深度 d 为 0.6~0.8mm 时，破岩比功达到最大值，而后破岩比功的值迅速下降。由此可知，当切削倾角 α 为 0°~15°时，PDC 齿破碎花岗岩的塑-脆性破碎转变临界深度 d_c 受切削倾角 α 的影响：d_c 大致随切削深度增大而缓慢增大，d_c 范围为 0.6~0.8mm。当切削深度 $d<d_c$ 时，破岩模式为塑性失效，塑-脆性破碎转变临界深度 d_c 与切削倾角 α 存在某种内在关联。切削倾角 α 越大，切削力越容易向纵向分配，从而更容易造成额外破碎区岩石的粉碎和影响区的损伤扩展。

另外，由式（4-16）可知，当以破碎区岩屑体积 V_{up} 计算破岩比功，且脆性失效时，破岩比功 MSE 与 $d^{4/3}$ 满足 $\mathrm{MSE}=K_b d^{4/3}+K_p$，$K_b$ 为与切削几何参数和材料性能有关的影响因素（MPa·mm$^{4/3}$）；K_p 为岩石塑性变形区耗散的能量（MPa）。

同样地，图 5-26（b）给出了以 $d^{4/3}$ 为横坐标时，考虑影响区体积 V_{do} 而计算得到的破岩比功。从图 5-26（b）可以看出，在脆性失效时，破岩比功大致满足式（4-16）的规律。这从数值仿真的角度佐证了理论推导的正确性。随着切削倾角 α 从 0°增大到 15°，K_p 也随之增大，依次为 86.39MPa、100.59MPa、113.86MPa 和 129.71MPa。由此看出，切削倾角 α 的增大会增加破岩过程的塑性能耗，从而使得当切削深度 $d<d_c$ 时，破岩比功随切削深度 d 的变化呈现出不同的规律。

5.3.2.4　影响塑-脆性破碎转变的关键因素——破碎区的自锁

图 5-27 给出了切削深度为 2mm，切削倾角分别为 0°和 15°两种情况下的岩石刚度损伤云图。

从图 5-27 中发现了一个有趣的现象——破碎区的自锁。图中，岩石损伤程度达到 0.8333 以上的区域将滑移出岩体而成为独立的岩屑。选取这部分区域（即图中 $\angle AOB$ 范围内的区域）作为研究对象。当 PDC 齿以一定的速度切削时，其前端面会对 $\angle AOB$ 区域中形成的岩屑造成损伤。当这些岩屑无法排出时就会产生二次破碎，造成额外的能量消耗。将这种由 PDC 齿与岩石之间相互作用造成的影响区前端和岩石滑移面之间岩屑的二次破碎称为破碎区的自锁。

破碎区的自锁在大切削倾角和小切削深度下表现得更加明显。图 5-27 中，当切削倾角在 15°时，切削齿前端面与岩屑滑移面形成的 $\angle AOC$ 大于切削倾角为 0°时的角，即 $(15°+\beta_{15})>(0°+\beta_0)$。切削倾角为 15°时的 PDC 齿在 AOC 区域产生的应力会更容易产生沿竖直向下的应力分量。这种应力分量在 AOC 区与其周围的岩石和 PDC 齿的摩擦、挤压作用下更不容易脱离岩体。另外，当切削深度较小时，AOB 区域中会形成粉末状岩屑。这些粉末状岩屑的强度相比于其他区域岩石和 PDC 齿的强度很小。因而在 PDC 齿的持续进给中，AOB 区域中的岩屑被压缩，造成岩屑的二次破碎。当切削深度较大时，AOB 区域的空间更大，岩屑的活动空间也更大。因而，PDC 齿持续进给时，岩屑会更容易沿着岩屑滑移面滑移出去，产生粒径较大的块状岩屑。虽然此时 PDC 齿和主岩体也会对 AOB 区域产生应力挤压，但这种应力挤压所产生的二次破碎岩屑占切削过程中总岩屑的比例相对较小。塑脆性破碎转变临界深度 d_c 的出现从侧面表明了二次破碎产生的岩屑已经相当有限。

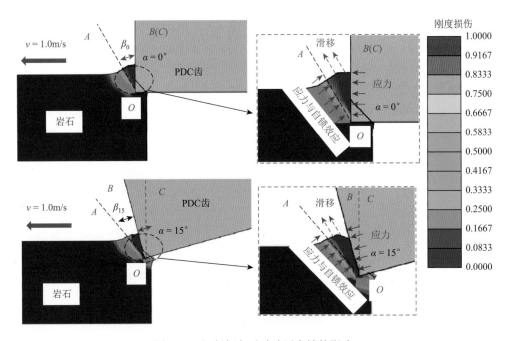

图 5-27　切削倾角对破碎区自锁的影响

为了从宏观上定量分析破碎区自锁的影响因素，对 PDC 齿进行受力分析，其受力分析图如图 5-28 所示。

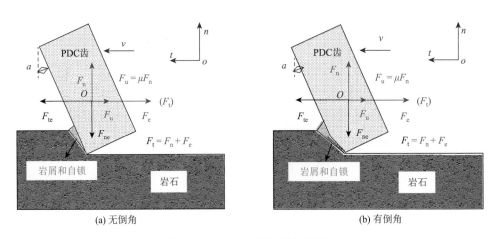

图 5-28　PDC 齿受力分析示意图

在切削过程中，将其受到的力分解为平行切削方向的切向力 F_t 和垂直于切削方向的法向力 F_n，而侧向力 F_c 则由于其几何对称关系，几乎为零，可以不考虑。由受力分析可知，PDC 齿受到外界的作用力大致分为两部分：①克服摩擦力 F_u，可认为是由自锁导致；②用于破碎岩石，将其称为有效切向力 F_e。图中的切向力 F_t 和法向力 F_n 用其平均值表征。对切向和法向进行受力分析可得

$$\begin{cases} F_{te} = F_t = F_e + F_u \\ F_{ne} = F_n \\ F_u = \mu F_n \end{cases} \tag{5-44}$$

式中，F_e 为有效切向力（N）；F_n 为法向力（N）；F_{ne} 为外力对 PDC 齿的法向作用力（N）；F_t 为切向力（N）；F_{te} 为外力对 PDC 齿的切向作用力（N）；μ 为摩擦系数，本书仿真中均为 0.25。

进一步，由式（4-18）可知破岩比功约为

$$\text{MSE} = \frac{W}{V} \approx \frac{F_t L}{V} \tag{5-45}$$

式中，L 为切削行程（m）。

而与克服摩擦力对应的破岩比功为

$$\text{MSE}_u \approx \frac{F_u L}{V} = \frac{\mu F_n L}{V} \tag{5-46}$$

式中，MSE_u 为与克服摩擦力对应的破岩比功（MPa）。

那么在切削过程中，克服摩擦力做功对应的破岩比功 MSE_u 与破岩比功 MSE 的比值就能从宏观上反映出由破碎区自锁导致的能量耗散，将这个比值定义为自锁因子 ξ_1，即

$$\xi_1 = \frac{\text{MSE}_u}{\text{MSE}} = \frac{\mu F_n}{F_t} \tag{5-47}$$

式中，ξ_1 为自锁因子，无量纲。

图 5-29 给出了仿真中各切削深度和切削倾角下的自锁因子。从图中可以看出，当切削倾角相同时，随着切削深度的增加，自锁因子逐渐下降。这表明随着切削深度的增加，破碎区自锁造成的额外能量耗散的程度得到缓解。另外，从图中也可看出切削倾角对破碎区自锁的影响。总体而言，切削倾角越大，自锁效应的表现越明显。这和前面的分析相吻合。

值得注意的是，图 5-29 给出的自锁因子取值偏小。其一，仿真中设定的是固定的摩擦系数，这和实际情况有偏差。事实上，切削岩石时，PDC 齿和岩石（或产生的岩屑）之间的摩擦系数是一个时变的量。尤其是当产生岩屑的粗糙程度很大时，摩擦系数将远大于仿真中给定的值。其二，没有考虑 PDC 齿的几何形状对自锁的影响。实际上，PDC 齿由于生产加工或在切削时磨损，其切削刃有一定的倒角，PDC 端面也不一定能保持较好的光滑性能。例如，图 5-28（b）中带有倒角的 PDC 齿比图 5-28（a）中无倒角的 PDC

齿对岩屑的自锁程度更大。这些因素会使破碎区的自锁加剧，并在切削深度较小时成为影响破岩能耗的主导因素之一。

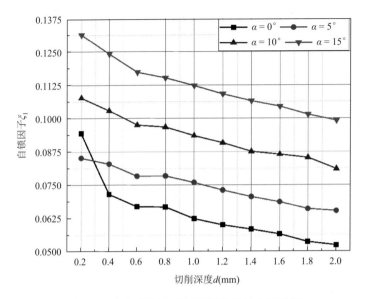

图 5-29　各切削深度和切削倾角下的自锁因子

　　由上面的分析可知，破碎区自锁能解释前文中切削倾角和切削深度造成的 D_{up} 的差异与破岩比功的差异。对前文中的边界效应，此处做一个极限条件下的推演。假设在岩石自由端面周围的空气也是一种密度极低的"岩石"，即"空气岩石"，那么从岩石主体产生的岩屑将分别受到 PDC 齿和"空气岩石"对其产生的趋近 0 的应力。此时岩屑的二次破碎程度近乎为 0，产生岩屑的粒径极大。理所当然，此时 PDC 齿所需要的外界能量也近乎为 0，PDC 齿的切削力得到释放。

　　综上所述，破碎区的自锁造成了破岩过程中的塑-脆性转化。因此，欲提高 PDC 齿的破岩效率，可从降低破碎区的自锁，增加脆性破碎占比着手。大体可行的方法为：①提高破碎区中岩屑的排出效率，可增加额外的排屑手段；②降低 PDC 齿和岩石之间的摩擦，可增强 PDC 齿和岩石（屑）之间的润滑；③优化 PDC 齿形或提高 PDC 的自锐性能，缓解自锁效应。

5.3.3　异形 PDC 齿综合选齿理论模型

　　钻头钻速快与寿命长是深部复杂地层钻井工程中一对天然的矛盾。深部钻井工程中不仅要考虑钻头的破岩速度，还要考虑钻头的使用寿命对钻井效率的制约。为了避免钻头起下钻带来的资源浪费，钻头的一次下钻工作寿命也是实际工程中考虑的因素。因此，如何合理地选择 PDC 钻头齿形并设计其切削破岩参数、正确地衡量各异形 PDC 齿在破岩过程中的效率与寿命状况，以达到深井钻进工程中平衡 PDC 钻头的寿命与钻速的目的，是异形 PDC 齿钻头的应用关键。

5.3.3.1　破岩效率

基于钻井参数、钻头类型和岩石参数来预测钻井效率的模型有很多，但使用最多的是破岩比功，即式（4-18）。经过研究，我们推导出了考虑影响区破碎体积的破岩比功计算公式［式（5-34）］。因此，采用式（5-34）来计算各种切削齿的破岩比功，进而衡量各异形 PDC 齿的破岩效率。

5.3.3.2　异形 PDC 齿综合攻击性能

PDC 齿的寿命与钻头的寿命直接挂钩，PDC 齿的寿命受其几何形状和受力状况的影响。一般而言，PDC 齿受力越大磨损越严重，钻齿应力分布越集中，其寿命越短。因此，研究异形齿的受力状况能够间接衡量异形 PDC 齿的寿命。这里将异形 PDC 齿的几何形状、攻击性和应力分布等因素对钻齿破岩过程的综合影响程度称为长效攻击指数，其表征钻齿综合攻击性能的优劣，长效攻击指数越大，钻齿综合攻击性能越好；反之，则越差。下面从异形 PDC 齿的几何形状、破岩过程中的受力大小和应力分布等方面分析异形 PDC 齿的综合攻击性能。

1. 几何因素

钻齿的受力状态和破岩效率受其锋利程度的影响。理论上，刀具锋利度是指刀具切割物体时所受阻力大小：阻力小，则锋利度高。钻齿的锋利度与其几何形状和切削参数（如切削深度、切削倾角等）有关。图 5-30 给出了沿切削方向的三种 PDC 齿与岩石的相对位置关系。图中 S_p 为岩石自由表面切得的 PDC 齿的投影面积，称为 PDC 齿投影面积；S_e 为 PDC 齿和岩石自由表面接触长度与 PDC 齿切入深度所构成矩形的面积，称为钝化面积，其中 E 为 BC 的中点，$\angle AED$（$\angle\beta$）称为锐化角。

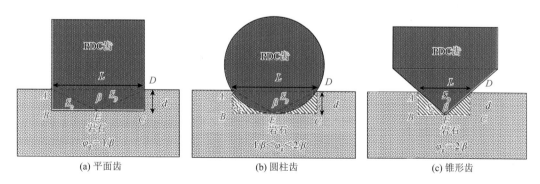

(a) 平面齿　　　　　　　　(b) 圆柱齿　　　　　　　　(c) 锥形齿

图 5-30　PDC 齿与岩石的相对位置关系及 PDC 齿的几何锋利度

由图 5-30 可知，当切削深度相同且受相同外载荷作用时，其切（侵）入岩石的难度从左到右依次降低，这表明这三种形状的 PDC 齿的锋利度依次增大。为了衡量这种

PDC 齿几何形状及其破岩参数对刀具锋利度的影响，引入一个反映 PDC 齿的锐钝程度的量——几何锋利度 φ_g。φ_g 定义为

$$\varphi_g = \frac{S_e}{S_p}\frac{1}{\beta} = \frac{Ld}{S_p\left[2\arctan(\frac{L}{2d})\right]} \qquad (5\text{-}48)$$

式中，φ_g 为 PDC 齿的几何锋利度，无量纲；S_e 为钝化面积（mm^2）；S_p 为 PDC 齿的投影面积（mm^2）；L 为 PDC 齿与岩石自由表面接触长度（mm）；d 为切削深度（mm）；β 为锐化角（rad）。

几何锋利度 φ_g 综合了 PDC 齿的切削深度、切削面积以及切削弧长三个量，与 PDC 齿的几何形状和切削参数（如切削深度、切削倾角等）息息相关，可动态表征不同齿形的 PDC 齿在不同切削参数下的相对锋利程度，φ_g 越大，切削齿越"锋利"。

由图 5-30 中三种典型的 PDC 齿可知，几何锋利度 φ_g 为 $1/\beta$~$2/\beta$ 间的常数。当 $\varphi_g = 1/\beta$ 时，PDC 齿的投影面积与钝化面积相重合，此时切削破碎相同体积的岩石其受力也越大；当 $\varphi_g = 2/\beta$ 时，PDC 齿的投影面积为一个顶点朝下的三角形，此时 PDC 齿破碎相同体积岩石的受力相对较小。

2. 受力大小

PDC 齿切削破岩时，为了在提高 PDC 齿寿命的同时尽可能提高破岩效率，理想的情况是：相同切削参数下 PDC 齿上受最小的力，而在岩石上产生最大的应力。这样，PDC 齿损伤的概率也就越小，因而寿命就相对较长。为了表征这种工程师对 PDC 齿在破岩过程中希望表现出的特性，定义 PDC 齿的切削锋利度 φ_c，其计算公式为

$$\varphi_c = \frac{\left\langle\sigma_{max}^R\right\rangle}{F} \qquad (5\text{-}49)$$

式中，φ_c 为 PDC 齿切削锋利度（mm^{-2}）；F 为切削过程中 PDC 齿所受合力的平均值（N）；$\left\langle\sigma_{max}^R\right\rangle$ 为切削过程中岩石内部最大 Mises 等效应力值的平均值（MPa）。

事实上，切削锋利度 φ_c 的大小表明了某种齿形 PDC 齿在某一切削参数下对于特定岩石的攻击性。φ_c 越大，则该异形 PDC 齿在这种切削参数下对特定岩石的攻击性越强，反之亦然。为了比较不同齿形在多种切削参数下对于多种岩石的攻击性，需要综合考虑 PDC 齿的几何因素、切削参数以及受载大小。因此定义 PDC 齿的综合锋利度 φ，其为切削锋利度 φ_c 和几何锋利度 φ_g 的乘积，即

$$\varphi = \varphi_c\varphi_g = \frac{\left\langle\sigma_{max}^R\right\rangle S_e}{FS_p\beta} \qquad (5\text{-}50)$$

式中，φ 为 PDC 齿的综合锋利度（mm^{-2}）。

3. 应力分布

由上面的分析可知，PDC 齿的寿命不仅与其受力的大小有关，还与作用在 PDC 齿端面的应力分布有关。PDC 齿一般先从其应力集中的地方开始产生损伤。同样地，为了表

征 PDC 齿切削破岩过程中作用在 PDC 齿端面的应力分布情况，引入应力集中系数 ξ，其表达式为

$$\xi = \frac{S^*}{S_\text{p}} \tag{5-51}$$

式中，ξ 为应力集中系数，无量纲；S^* 为切削过程中岩石最大应力峰值出现的位置在 PDC 齿上的等效投影面积（mm^2）；S_p 为 PDC 齿的投影面积（mm^2）。

由上述定义可知：应力集中系数 ξ 是一个小于 1 的常数，其表征了 PDC 齿切削面的受力状态。ξ 越大表示某种齿形 PDC 齿在某一切削参数下时，其切削齿面受力越均匀，相应地，其受载荷时越不容易损伤；反之，ξ 越小则表示该异形 PDC 齿在该切削参数下其切削齿越容易受集中应力，越容易损伤。

4. 综合攻击性能

为了间接评价异形 PDC 齿的寿命，从受力方面提出 PDC 齿的长效攻击指数。在特定破岩参数下，异形 PDC 齿具有在保证自身攻击性能的同时优化自身受力的能力，这种能力称为综合攻击性能。综合攻击性能的衡量参数为异形齿长效攻击指数 η，其为异形 PDC 齿的综合锋利度和应力集中系数的乘积，即

$$\eta = \varphi\xi = \varphi_\text{c}\varphi_\text{g}\xi = \frac{\langle\sigma_{\max}^R\rangle}{F} \cdot \frac{S_\text{e}}{S_\text{p}\beta} \cdot \frac{S^*}{S_\text{p}} = \frac{\langle\sigma_{\max}^R\rangle S_\text{e}S^*}{\beta F S_\text{p}^2} \tag{5-52}$$

式中，η 为异形齿长效攻击指数（mm^{-2}）。

异形齿长效攻击指数 η 综合考虑了异形齿的攻击性和受力分布状况。η 越大表明该异形 PDC 齿在该切削参数时的攻击性越强，且寿命越长。此时，采用该种齿形能够在达到自身破岩攻击性的同时，改善自身受力，长期采用这种齿形在该参数下破岩，其工作的时长（寿命）也越大。

5.3.3.3　异形 PDC 齿破岩性能

综上所述，钻头破岩效率与其寿命在钻井工程中很难平衡，在设计 PDC 钻头、选用 PDC 齿形及其参数时不能只考虑钻头的破岩效率，还应该考虑钻头的寿命，而 PDC 齿的寿命受其几何形状和受力状况的影响。因此，这里将异形 PDC 齿的破岩效率和长效攻击指数统称为破岩性能，破岩性能的大小由破岩性能系数 λ 决定，其定义为

$$\lambda = \frac{\eta}{\text{MSE}} \tag{5-53}$$

式中，η 为异形齿长效攻击指数（mm^{-2}）；MSE 为破岩比功（MPa）；λ 为异形齿破岩性能系数（N^{-1}）。

由上面的分析可知，破岩性能系数 λ 综合了考虑破岩效率、异形齿几何形状及其受力状态，能充分体现各个异形齿的能耗经济性、寿命经济性及其切削参数的攻击特性差异。通过比较各异形齿在特定切削参数下的破岩性能系数 λ 的大小，就能为 PDC 钻头设计和 PDC 齿形及其参数选择提供指导。

5.3.4　异形 PDC 齿切削破岩性能分析

5.3.4.1　异形 PDC 齿切削破碎灰白色花岗岩数值仿真结果

1. 异形 PDC 齿无围压时破岩效率及其破岩机理分析

由前面的分析可知，异形 PDC 齿的破岩效率由破岩比功（MSE）来评价，破岩比功越小，破岩效率越高。图 5-31 给出了无围压时各异形 PDC 齿切削灰白色花岗岩的破岩比功。由图可知，圆柱齿（常规齿）的破岩比功为 107～119MPa。锥形齿的破岩比功随着切削倾角的增大而减小；除锥形齿和尖形齿外，其他异形齿的破岩比功均大致随切削倾角的增大而增大。相同切削倾角下，鞍形齿和双曲面齿的破岩比功均比圆柱齿小；椭圆齿和圆柱齿的破岩比功相差不大。除鞍形齿、双曲面齿和椭圆齿外的其他齿形的破岩比功均比圆柱齿大。所有齿形中，锥形齿的破岩比功最大，鞍形齿的破岩比功最小，锥形齿的破岩比功是鞍形齿破岩比功的 2.56～3.42 倍。相同切削参数下，斧形齿、椭圆斧形齿均较相同规格的圆柱齿和椭圆齿的破岩比功大；除切削倾角为 0°时，椭圆斧形齿的破岩比功介于椭圆齿和斧形齿的破岩比功之间。在不考虑切削齿的受力状况，只考虑破岩效率时，使用鞍形齿和双曲面齿代替圆柱齿其破岩效率更高。

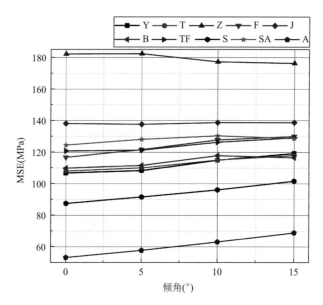

图 5-31　无围压时各异形 PDC 齿切削灰白色花岗岩的破岩比功

A-鞍形齿；B-奔驰齿；F-斧形齿；J-尖形齿；S-三刃齿；SA-双曲面齿；
T-椭圆齿；TF-椭圆斧形齿；Y-圆柱齿（常规齿）；Z-锥形齿

为了比较各异形 PDC 齿在破岩过程中的差异，分析导致各异形 PDC 齿破岩效率差异的原因，图 5-32 分别按照破岩比功从高到低给出了无围压且切削倾角为 10°时各异形 PDC 齿切削灰白色花岗岩时岩石的刚度损伤分布和破岩结果。

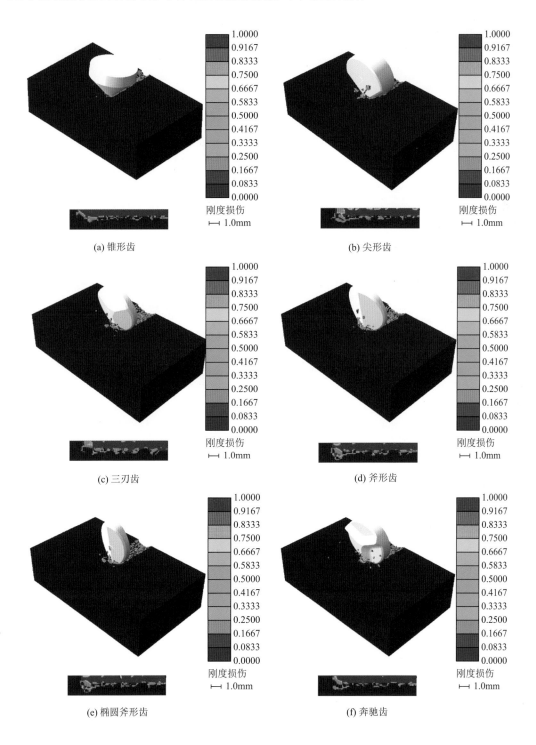

(a) 锥形齿

(b) 尖形齿

(c) 三刃齿

(d) 斧形齿

(e) 椭圆斧形齿

(f) 奔驰齿

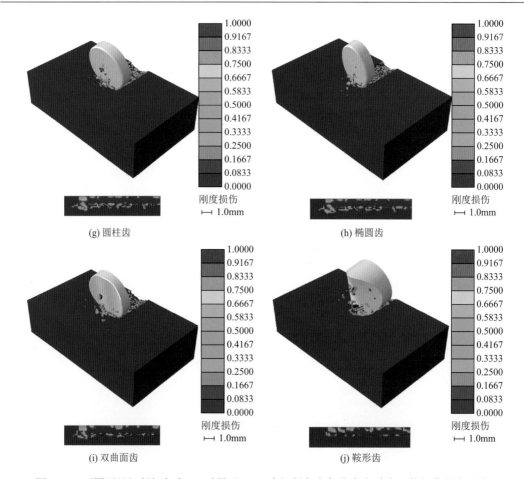

图 5-32　无围压且切削倾角为 10°时异形 PDC 齿切削灰白色花岗岩时岩石的损伤状态分布

图 5-32 中破碎效果包括两部分：切削深度以浅的区域和切削深度以深的区域，即破碎区和影响区，这从仿真结果上佐证了前面对 PDC 齿破岩机理的分析。为了区分异形齿的破岩模式差异，通过岩石的损伤状态分布和破岩结果的差异，将图 5-32 中的齿分为三类。图 5-32（a）～（f）中的锥形齿、尖形齿、三刃齿、斧形齿、椭圆斧形齿和奔驰齿为第Ⅰ类；图 5-32（g）（h）中的圆柱齿和椭圆齿为第Ⅱ类；图 5-32（i）（j）中的双曲面齿和鞍形齿为第Ⅲ类。

这 3 类异形 PDC 齿的破岩模式受其自身齿形的影响而存在差异。其中，第Ⅰ类齿中破碎区岩石损伤程度较高。这表明采用这类 PDC 齿破岩时破碎区的岩石破碎很充分。充分破碎的破碎区存在大量的塑性破碎，产生了较少的块状岩屑，如图 5-32（a）～（f）所示。由此可见，第Ⅰ类齿破岩时产生相对较大的破岩比功（破岩效率相对较低）的原因是：①破碎区的塑性破碎；②异形 PDC 齿对影响区较大的劣化影响。第Ⅱ类 PDC 齿的破岩模式是第Ⅰ类齿和第Ⅲ类齿的过渡。第Ⅱ类齿保留了第Ⅰ类齿破岩时对影响区的深度破碎。与第Ⅰ类齿不同的是，第Ⅱ类齿在对破碎区的破碎没有第Ⅰ类齿对破碎区的破碎充分，其对于破碎区岩石的破碎采用岩石自身的裂纹扩展，因而产生的是塑性和脆性破碎相结合的破碎模式，其破岩效率高于第 I 类齿。第 II 类齿破岩时产生了一些块状岩屑，如图 5-32（g）（h）所示。第III类齿在破碎区继承了第 II 类齿的脆性破碎模式，与第 I 类和第 II 类齿不同之处在于：其影响区岩石的损伤程度较小，因而需要的额外能量就少，破岩效率最高。第III类 PDC 齿（双曲面齿和鞍形齿）能在实现破碎区的脆性破碎的同时抑制了影响区的破碎深度，因而破岩效率最高。第III类齿破岩时产生了较多的块状岩屑，如图 5-32（i）（j）所示。

由此可见，各种异形 PDC 齿的破岩模式存在差异，破碎区中岩石破碎模式（塑性破碎和脆性破碎）和 PDC 齿对影响区的作用程度共同影响异形齿的破岩效率。如何通过对异形齿几何形状优化以实现破碎区岩石的脆性破碎、改善其对岩石影响区的劣化是提高其破岩效率的关键。

2. 异形 PDC 齿无围压时攻击性评价

图 5-33 给出了无围压时各 PDC 齿切削灰白色花岗岩时所受的合力。从图 5-33 可以看出，尖形齿和奔驰齿所受的合力随着切削倾角的增大而减小，其切削齿的受力得到改善；除尖形齿、奔驰齿和锥形齿外的其他异形齿的受力随倾角的增大而增大。在相同切削参数（切削倾角、切削深度）下，椭圆斧形齿、锥形齿、双曲面齿、椭圆齿和鞍形齿的受力均比常规齿小，其中鞍形齿的受力最小；三刃齿和斧形齿的受力均比常规齿（圆柱齿）大，其中三刃齿的受力最大；三刃齿的受力大小约为鞍形齿受力大小的 3.3 倍。在相同切削参数下，斧形齿、椭圆斧形齿均比相同规格的圆柱齿和椭圆齿的受力大；椭圆斧形齿所受合力介于椭圆齿和斧形齿所受合力之间。无围压时，相比只考虑破岩切削齿的受力，不考虑切削齿破岩效率的情况下，可用椭圆斧形齿、锥形齿、双曲面齿、椭圆齿和鞍形齿代替圆柱齿。

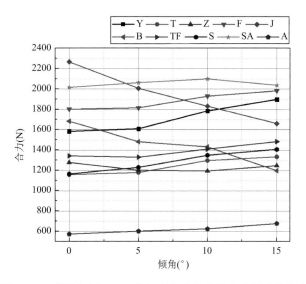

图 5-33　无围压时各 PDC 齿切削灰白色花岗岩时所受的合力

A-鞍形齿；B-奔驰齿；F-斧形齿；J-尖形齿；S-三刃齿；SA-双曲面齿；
T-椭圆齿；TF-椭圆斧形齿；Y-圆柱齿（常规齿）；Z-锥形齿

由理论分析可知，异形 PDC 齿的攻击性与其几何形状有关。图 5-34 给出了切削深度为 1mm 时各切削倾角下 PDC 齿的几何锋利度。由图 5-34 中可知，切削深度为 1mm 时，切削倾角对除奔驰齿外的各异形 PDC 齿的几何锋利度影响不大；除奔驰齿和锥形齿外的其他异形齿的几何锋利度为 0.56～0.66；锥形 PDC 齿的几何锋利度大于除奔驰齿外的其他异形齿，其平均几何锋利度约为 0.84；奔驰齿的几何锋利度受切削倾角影响较大；当切削倾角为 0°～15°时，奔驰齿的几何锋利度随着切削倾角的增加大致呈线性增加，从 0.57 增加到 0.77。

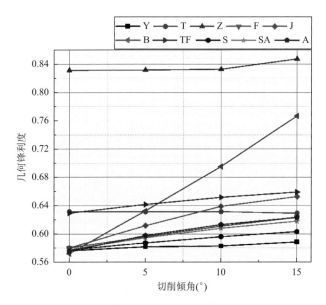

图 5-34　切削深度为 1mm 时各切削倾角下 PDC 齿的几何锋利度

A-鞍形齿；B-奔驰齿；F-斧形齿；J-尖形齿；S-三刃齿；SA-双曲面齿；
T-椭圆齿；TF-椭圆斧形齿；Y-圆柱齿（常规齿）；Z-锥形齿

图 5-35 分别给出了无围压时异形 PDC 齿切削灰白色花岗岩的切削锋利度和综合锋利度随切削倾角的变化情况。由图 5-35（a）可知，无围压时，各切削倾角下，锥形齿的切削锋利度最大，其值为 1.32～1.63mm^{-2}，尖形齿的切削锋利度最小，为 0.66～0.85mm^{-2}。圆柱齿的切削锋利度为 0.88～1.00mm^{-2}，锥形齿、鞍形齿、奔驰齿、椭圆齿和椭圆斧形齿在各切削倾角下的切削锋利度始终大于圆柱齿的切削锋利度；始终小于圆柱齿的切削锋利度的只有尖形齿。圆柱齿和三刃齿的切削锋利度随切削倾角的增大而缓慢减小；椭圆斧形齿的切削锋利度随切削倾角的增大而缓慢增大；鞍形齿和尖形齿的切削锋利度随切削倾角的增加而波动增加；其他齿形的切削锋利度随切削倾角的增大呈先增大后减小的趋势。

综合锋利度结合了异形 PDC 齿的受力情况和自身的几何形状两个因素。由图 5-35（b）中的综合锋利度随切削倾角的变化情况可以得到：无围压时，各切削倾角下，尖形齿的综合锋利度最小，为 0.39～0.55mm^{-2}；圆柱齿的综合锋利度为 0.53～0.57mm^{-2}。综合锋利度随切削倾角的变化规律与切削锋利度随切削倾角的变化规律一致。各异形齿的综合锋利度值的相对大小关系也和切削锋利度值的相对大小关系相似：锥形齿、鞍形齿、奔驰齿、椭圆齿和椭圆斧形齿在各切削倾角下的攻击性始终强于圆柱齿；尖形齿的攻击性弱于圆柱齿。奔驰齿由于其几何锋利度在 0°～10° 之间急剧增大，其综合锋利度也急剧增大，并在 10° 时达到 0.98mm^{-2}。

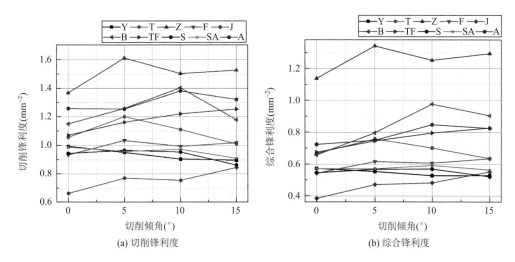

(a) 切削锋利度　　　　　　　(b) 综合锋利度

图 5-35　无围压时异形 PDC 齿切削灰白色花岗岩的切削锋利度和综合锋利度随切削倾角的变化

A-鞍形齿；B-奔驰齿；F-斧形齿；J-尖形齿；S-三刃齿；SA-双曲面齿；
T-椭圆齿；TF-椭圆斧形齿；Y-圆柱齿（常规齿）；Z-锥形齿

　　图 5-36 分别给出了无围压时异形 PDC 齿切削灰白色花岗岩的应力集中系数和长效攻击指数随切削倾角的变化情况。由图 5-36（a）可知，应力集中系数的取值为 0～1，这与其定义相符合。同时由应力集中系数的定义可知：其值越大表明 PDC 齿的受力状态越均匀。从图 5-36（a）可以看出：锥形齿、尖形齿、三刃齿、椭圆齿、双曲面齿和

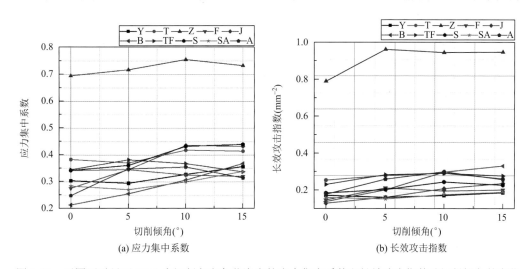

(a) 应力集中系数　　　　　　　(b) 长效攻击指数

图 5-36　无围压时异形 PDC 齿切削灰白色花岗岩的应力集中系数和长效攻击指数随切削倾角的变化

A-鞍形齿；B-奔驰齿；F-斧形齿；J-尖形齿；S-三刃齿；SA-双曲面齿；
T-椭圆齿；TF-椭圆斧形齿；Y-圆柱齿（常规齿）；Z-锥形齿

奔驰齿的应力状态在切削倾角从0°增加到15°的过程中均得到了改善。锥形齿的应力集中系数在各个倾角时均为最大，且其随切削倾角的增加先增加后减小，其值为0.69～0.76，约为常规PDC齿的应力集中系数（0.25～0.36）的2.05～2.43倍。椭圆斧形齿、斧形齿以及鞍形齿的应力集中系数随切削倾角的增加先增后减。当切削倾角为0°～5°时，奔驰齿的应力分布状态最差。

在图5-36（b）的长效攻击指数随切削倾角的变化情况中，锥形齿、椭圆斧形齿、椭圆齿、双曲面齿和鞍形齿在相同的切削参数下，能够在保证自身破岩攻击性的同时，改善自身受力，最终达到比圆柱齿更长的寿命。锥形齿的长效攻击指数远大于0.75mm^{-2}，远高于其他异形PDC齿（0.13～0.33mm^{-2}）；奔驰齿、尖形齿和斧形齿在大倾角时能够保证其长效攻击指数大于圆柱齿；三刃齿的综合攻击性能不优于圆柱齿。

为了分析各异形PDC齿的受力分布状态，图5-37给出了无围压且切削倾角为10°时异形PDC齿切削灰白色花岗岩的应力集中点分布状态。为了区分异形齿的受力分布差异，将本书中的10类异形PDC齿根据其几何形状分为3类。图5-37（a）～（f）中的尖形齿、斧形齿、椭圆斧形齿、奔驰齿、三刃齿、鞍形齿为第一类，称为凸刃齿；图5-37（g）（h）中椭圆齿和圆柱齿为第二类，称为平面齿；图5-37（i）（j）中的双曲面齿和锥形齿为第三类，称为曲面齿。

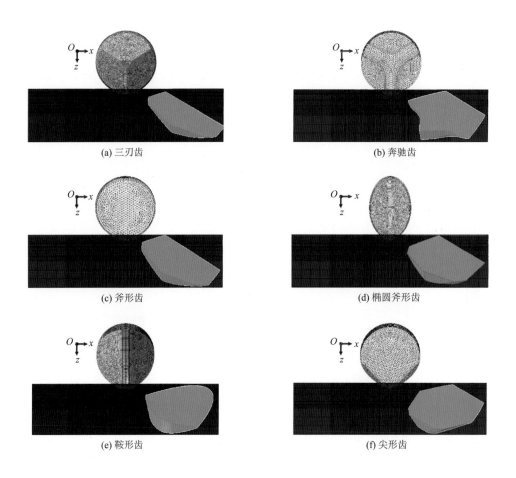

(a) 三刃齿

(b) 奔驰齿

(c) 斧形齿

(d) 椭圆斧形齿

(e) 鞍形齿

(f) 尖形齿

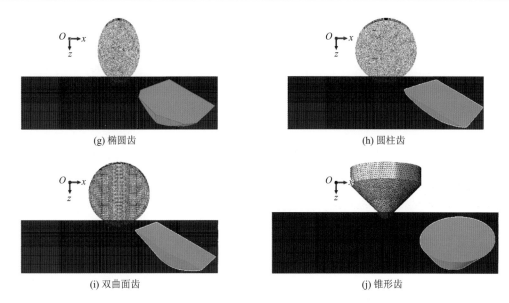

图 5-37　无围压且切削倾角为 10°时异形 PDC 齿切削灰白色花岗岩的应力集中点分布状态

这三类异形 PDC 齿在切削过程中的最大应力分布点存在差异。观察凸刃齿的应力集中点分布状态可知，这类齿形在破岩过程中的最大应力点集中在切削齿的边沿切削刃和凸出的棱角处，如图 5-37（a）～（f）所示。类似地，平面齿（如圆柱齿）在破岩过程中的最大应力点集中在切削齿的边沿切削刃处，如图 5-37（g）（h）所示。曲面齿（尤其是锥形齿）在破岩过程中的最大应力点集中在其与岩石接触的投影面积内，其受力状态较为均匀，如图 5-37（i）（j）所示。

应力集中系数可以大致反映这三类异形 PDC 齿应力集中的大小程度。将图 5-37（a）中的三类齿形在所有倾角下的应力集中系数进行平均，即

$$\xi_a = \frac{1}{N} \sum_{i=1, j=0}^{i=N, j=15} \xi_i^j \tag{5-54}$$

式中，ξ_a 为某一类齿形的平均应力集中系数，其为曲面齿、平面齿和凸刃齿中的一类，无量纲；N 为某一类齿形的种数，如平面齿包含圆柱齿（常规齿）和椭圆齿 2 种；ξ_i^j 为某一类齿形的第 i 种异形齿在切削倾角为 $j°$时的应力集中系数。

通过式（5-54），求得曲面齿（2 种）、平面齿（2 种）和凸刃齿（6 种）的平均应力集中系数分别为 0.56、0.36 和 0.33。由应力集中系数的定义可知，曲面齿、平面齿和凸刃齿在切削灰白色花岗岩时大致应力集中由小到大依次为：曲面齿、平面齿和凸刃齿。由此可见，用曲面齿替代圆柱齿能够极大地改善 PDC 齿的受力分布状态；相应地，欲改善异形 PDC 齿的受力分布状态，可将异形 PDC 齿设计为曲面齿。

3. 异形 PDC 齿无围压时破岩性能评价及其切削齿优选

图 5-38 给出了无围压时的异形 PDC 齿切削灰白色花岗岩的破岩性能系数随切削倾角变化规律。从图 5-38 可以看出，无围压时，各切削倾角下，锥形齿、鞍形齿、椭圆斧形

齿、双曲面齿和椭圆齿的破岩性能系数均高于圆柱齿，其中锥形齿和鞍形齿的破岩性能（分别在 $4.3\times10^{-3}\sim5.4\times10^{-3}N^{-1}$ 和 $3.4\times10^{-3}\sim4.8\times10^{-3}N^{-1}$）远高于圆柱齿（$1.5\times10^{-3}\sim1.6\times10^{-3}N^{-1}$）。相反地，各切削倾角下，三刃齿（$1.2\times10^{-3}\sim1.5\times10^{-3}N^{-1}$）的破岩性能系数均小于圆柱齿。切削倾角从 0° 增加到 15° 的过程中，锥形齿、鞍形齿和奔驰齿的破岩性能受切削倾角的影响较大，其中锥形齿和奔驰齿的破岩性能系数随切削倾角的增大而逐渐增大；鞍形齿的破岩性能系数随切削倾角的增大先增后减。因此，当无围压且切削深度为 1mm 时，综合平衡钻齿的破岩性能和工作寿命，可考虑用锥形齿、鞍形齿、椭圆斧形齿、双曲面齿和椭圆齿替换圆柱齿。

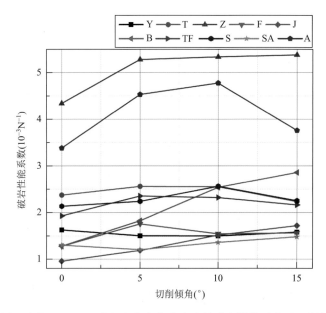

图 5-38　无围压时的异形 PDC 齿切削灰白色花岗岩的破岩性能系数随切削倾角变化规律

A-鞍形齿；B-奔驰齿；F-斧形齿；J-尖形齿；S-三刃齿；SA-双曲面齿；
T-椭圆齿；TF-椭圆斧形齿；Y-圆柱齿（常规齿）；Z-锥形齿

图 5-39 给出了无围压时异形 PDC 齿破碎灰白色花岗岩的破岩性能及其选齿优先级。图 5-39 中，其优先级是由破岩性能系数决定的：同一切削参数（切削深度和切削倾角）时，破岩性能系数越大，优先级越高。同时，相同切削参数（切削深度、切削倾角等）下，破岩性能系数大于圆柱齿（图 5-39 中的红色背景所注）的齿形则为该参数下的推荐齿；破岩性能系数小于圆柱齿的齿形则为该切削参数下的非推荐齿形。图 5-39 中，将圆柱齿标注为红色，推荐齿形位于黄色区域，非推荐齿显示为绿色。同一切削参数下（即同一列），各异形 PDC 齿的推荐优先级依次降低。由图 5-39 知，无围压时，各切削倾角下，锥形齿、鞍形齿、椭圆斧形齿、双曲面齿和椭圆齿均为推荐齿形。当切削倾角为 0°且切削深度为 1mm 时，推荐异形齿优先级排序由高到低依次为：锥形齿、鞍形齿、椭圆齿、双曲面齿和椭圆斧形齿；当切削倾角为 5°时，推荐异形齿优先级排序由高到低依次为：锥形齿、鞍形齿、椭圆齿、椭圆斧形齿、双曲面齿、奔驰齿和斧形齿；当切削倾角

为 10°时，推荐异形齿优先级排序由高到低依次为：锥形齿、鞍形齿、双曲面齿、椭圆齿、奔驰齿、椭圆斧形齿、斧形齿和尖形齿；当切削倾角为 15°时，推荐异形齿优先级排序由高到低依次为：锥形齿、鞍形齿、奔驰齿、双曲面齿、椭圆齿、椭圆斧形齿和尖形齿。

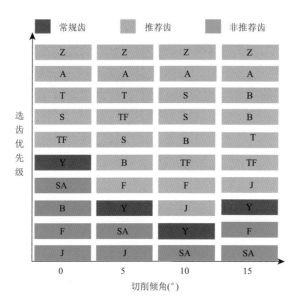

图 5-39　无围压时异形 PDC 齿破碎灰白色花岗岩的破岩性能及其选齿优先级

A-鞍形齿；B-奔驰齿；F-斧形齿；J-尖形齿；S-三刃齿；SA-双曲面齿；
T-椭圆齿；TF-椭圆斧形齿；Y-圆柱齿（常规齿）；Z-锥形齿（负倾角）

4. 围压和切削倾角对异形 PDC 齿破岩效率的影响

图 5-40 给出了各异形 PDC 齿的破岩比功随围压变化规律。由图可知，无论切削倾角为多少，各异形 PDC 齿的破岩比功均随围压的增加而大致呈线性增加。这表明围压对于各异形 PDC 齿的破岩效率具有阻碍作用，这与实际钻井过程中围压越大（即井越深）钻机的输入扭矩越大（即输入能量）的事实相符合。

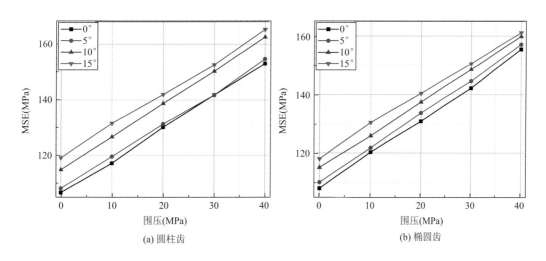

(a) 圆柱齿　　　　　　　　　　　　　　　　　(b) 椭圆齿

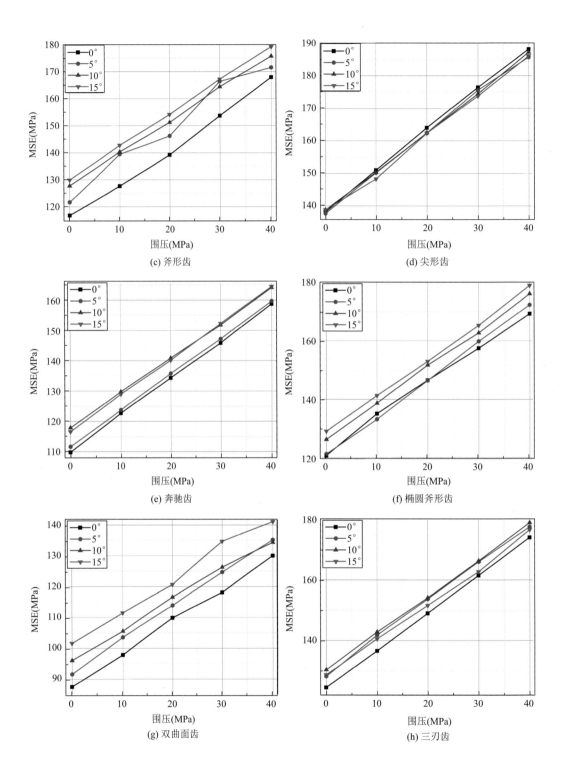

(c) 斧形齿

(d) 尖形齿

(e) 奔驰齿

(f) 椭圆斧形齿

(g) 双曲面齿

(h) 三刃齿

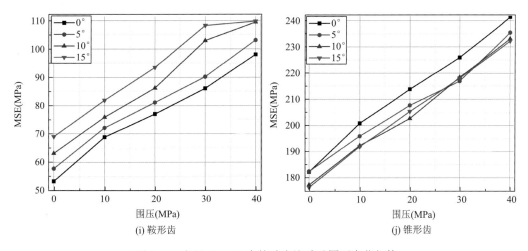

图 5-40　各异形 PDC 齿的破岩比功随围压变化规律

同样地，为了探究各个异形 PDC 齿的破岩效率与其自身切削倾角的关系，图 5-41 给出了各异形 PDC 齿的破岩比功随切削倾角变化规律。由破岩比功和破碎效率的对应关系（破岩比功越大，破岩效率越低）可知：除去三刃齿、尖形齿和锥形齿的其他齿形的破岩效率随切削倾角的增加而缓慢降低；尖形齿和锥形齿的破岩效率随切削倾角的增加而增加；三刃齿的破岩效率随切削倾角的增加先减小后增大，在切削倾角为 5°～10°的破岩效率最低（破岩比功最大）。因此不考虑切削齿的受力状况，只考虑破岩效率时，除去三刃齿、尖形齿和锥形齿的其他齿形推荐切削倾角为 0°；尖形齿和锥形齿的推荐切削倾角为 15°；三刃齿的推荐切削倾角为 0°或 15°。

5. 围压和切削倾角对异形 PDC 齿攻击性能的影响

由前面理论部分的分析可知，异形 PDC 齿的综合攻击性能受其自身攻击能力和受力分布的影响。下面首先探究围压和切削倾角对各异形 PDC 齿的综合锋利度和受力分布的影响，然后再得出各异形 PDC 齿的综合攻击性能受围压和切削倾角的影响规律。

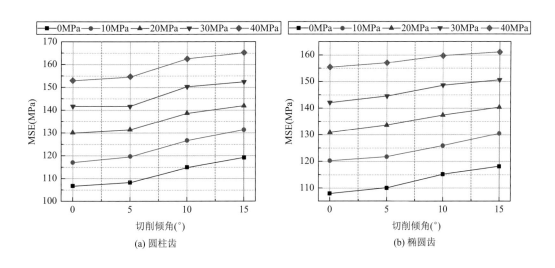

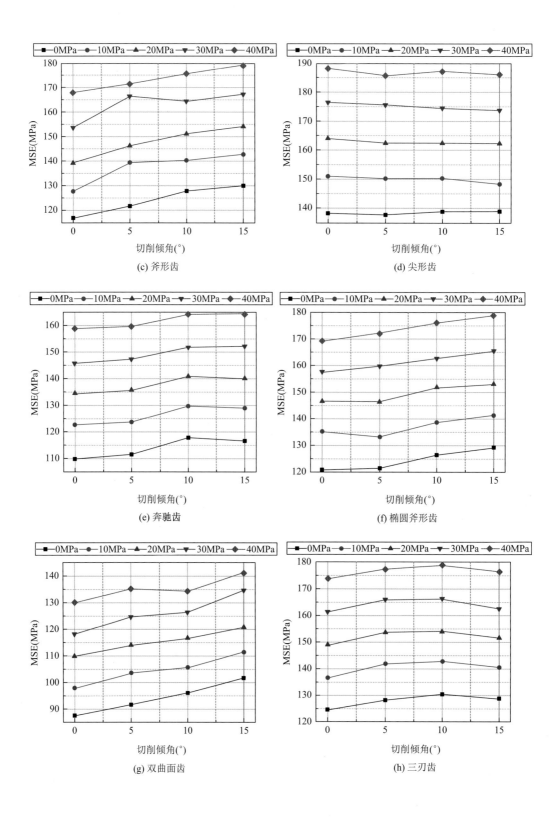

(c) 斧形齿

(d) 尖形齿

(e) 奔驰齿

(f) 椭圆斧形齿

(g) 双曲面齿

(h) 三刃齿

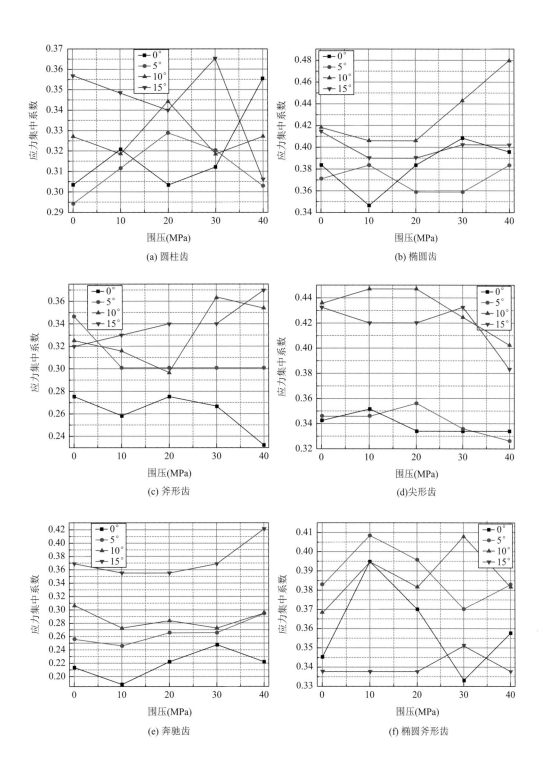

(a) 圆柱齿

(b) 椭圆齿

(c) 斧形齿

(d) 尖形齿

(e) 奔驰齿

(f) 椭圆斧形齿

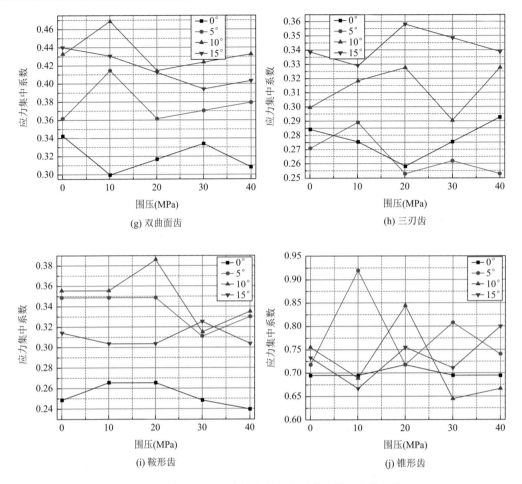

图 5-43　各异形 PDC 齿的应力集中系数随围压变化规律

　　为了探究产生这种现象的原因，图 5-44 给出了各围压下当切削倾角为 10°时三类典型 PDC 齿切削花岗岩时岩石的损伤状态分布。随着围压的增大，鞍形齿和圆柱齿的破岩模式逐渐向锥形齿的破岩模式转化，即破碎区的岩石破碎由脆性破碎转变为塑性破碎，且在其影响区中产生纵向的额外破碎作用。这表明围压对破岩效率具有阻碍作用。上述结果表明围压不仅对破岩效率具有阻碍作用，还从受力角度降低了各个异形 PDC 齿的攻击性。造成这种现象的原因可能是随着围压的增加，岩石的塑性增强。当切削深度相同时，异形 PDC 齿侵入岩石时容易在岩石表面产生"塑性黏滑切削"效应，就是这种类似于钻柱黏滑效应的现象造成了各异形 PDC 齿的攻击性下降。

　　综合图 5-42 和图 5-43 的数据，得到了各异形 PDC 齿的长效攻击指数随围压变化规律，如图 5-45 所示。由图 5-42～图 5-45 可知，各异形 PDC 齿的长效攻击指数随围压的增加而大致降低，且长效攻击指数低的主要原因是围压对异形 PDC 齿破岩时的"塑性黏滑切削"效应，与异形 PDC 齿的受力分布无关。

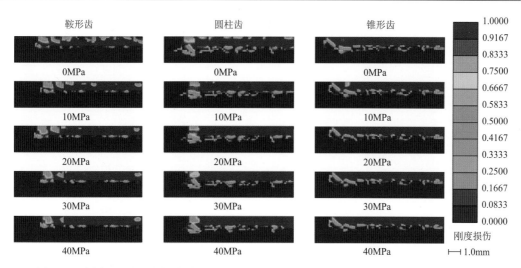

图 5-44 各围压下当切削倾角为 10°时三类典型 PDC 齿切削花岗岩时岩石的损伤状态分布

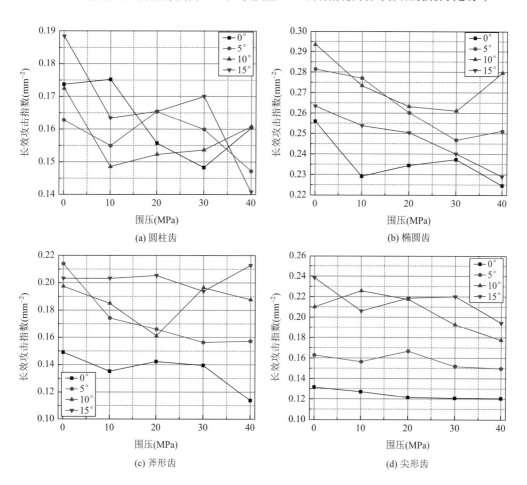

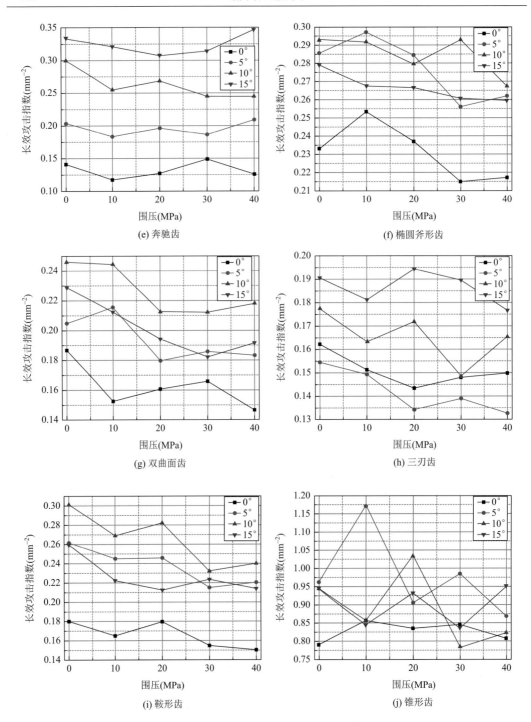

图 5-45　各异形 PDC 齿的长效攻击指数随围压变化规律

同样地，先总结出切削倾角对各异形 PDC 齿的综合锋利度和受力分布的影响，再得到各异形 PDC 齿的长效攻击指数受切削倾角的影响规律。图 5-46 给出了各异形 PDC 齿的综合锋利度随切削倾角变化情况。由图可知，切削倾角对异形 PDC 齿的综合锋利度的影响显示出各异形 PDC 齿的差异性。圆柱齿(常规齿)的综合锋利度在小围压(0～20MPa)时随切削倾角的增大而先减小后增大；在大围压（30～40MPa）时则随切削倾角的增大先增大后减小。椭圆齿、奔驰齿和鞍形齿的综合锋利度随切削倾角的增大而先增加后降低。斧形齿、椭圆斧形齿和尖形齿的综合锋利度随切削倾角的增大而大致增加。双曲面齿的综合锋利度随切削倾角的增大先不变后降低。三刃齿的综合锋利度在无围压时随切削倾角的增加而大致降低；在有围压（10～40MPa）时，随切削倾角的增大先降低后增加。锥形齿的综合锋利度随切削倾角的增大而动态波动，大致不变。

图 5-47 给出了各异形 PDC 齿的应力集中系数随切削倾角变化情况。由图 5-47 可知，与围压对异形 PDC 齿的受力分布的影响不同，切削倾角对异形 PDC 齿的受力分布也显示出各异形 PDC 齿的差异性。随切削倾角的增大，圆柱齿（常规齿）的应力集中系数大致增大；椭圆齿和尖形齿的应力集中系数双段（波动）增大；斧形齿、奔驰齿和三刃齿的应力集中系数增大；鞍形齿、双曲面齿和椭圆斧形齿的应力集中系数先增大后减小；锥形齿的应力集中系数动态波动，大致不变。

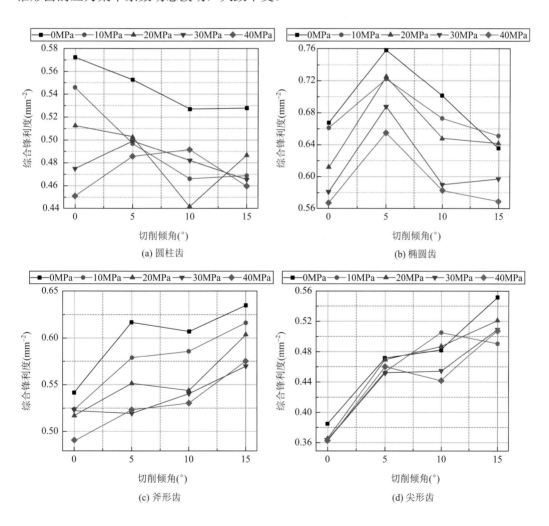

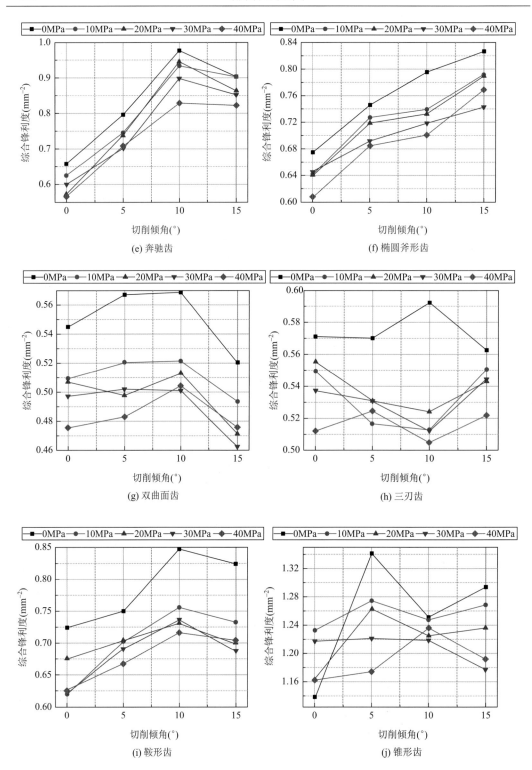

图 5-46　各异形 PDC 齿的综合锋利度随切削倾角变化规律

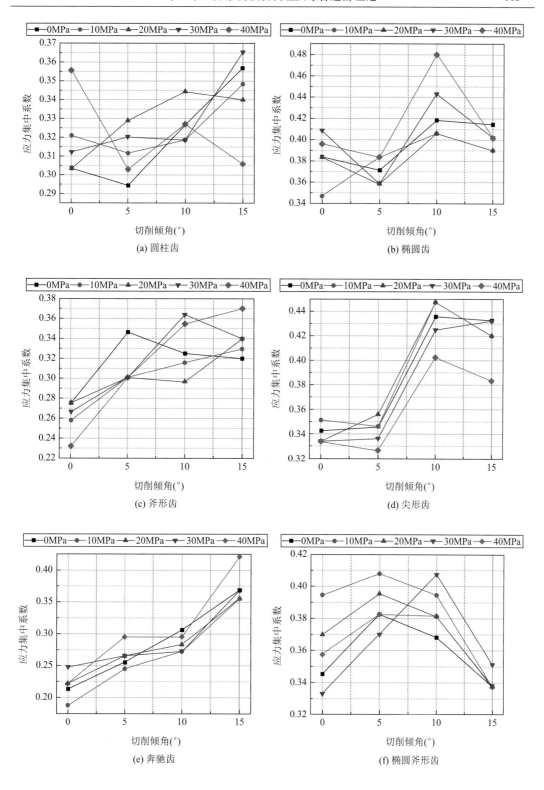

(a) 圆柱齿

(b) 椭圆齿

(c) 斧形齿

(d) 尖形齿

(e) 奔驰齿

(f) 椭圆斧形齿

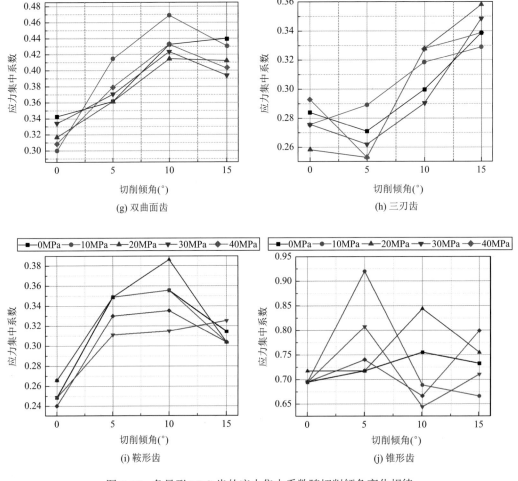

图 5-47　各异形 PDC 齿的应力集中系数随切削倾角变化规律

综合图 5-46 和图 5-47 的规律，得到了各异形 PDC 齿长效攻击指数随切削倾角变化规律，如图 5-48 所示。从图 5-46～图 5-48 可知，同切削倾角对异形 PDC 齿的攻击性和受力分布一样，切削倾角对异形 PDC 齿长效攻击指数变化的影响也因异形齿的不同而显示出差异。由图 5-48 可知，随切削倾角的增大，各异形 PDC 齿的长效攻击指数的变化规律为：圆柱齿（常规齿）的长效攻击指数在小围压（0～10MPa）时先减小后增大，在大围压（30～40MPa）时呈现出波动不变状态；斧形齿、尖形齿和奔驰齿的长效攻击指数大致增大；椭圆齿、双曲面齿、椭圆斧形齿和鞍形齿的长效攻击指数先增大后减小；三刃齿的长效攻击指数先减小后增大；锥形齿的长效攻击指数动态波动，保持大致不变。

另外，通过比较各异形 PDC 齿的长效攻击指数就可得到在不考虑异形 PDC 齿的破岩效率，仅考虑切削齿受力状态时，各异形 PDC 齿的推荐切削倾角。从图 5-48 可知，各异形 PDC 齿的推荐切削倾角为：圆柱齿（常规齿）在小围压（0～10MPa）时为 15°，在大围压（30～40MPa）时各切削倾角相差不大；斧形齿、尖形齿、奔驰齿、椭圆斧形齿和三刃齿为15°；椭圆齿为5°～10°；双曲面齿和鞍形齿为10°；锥形齿各切削倾角相差不大。

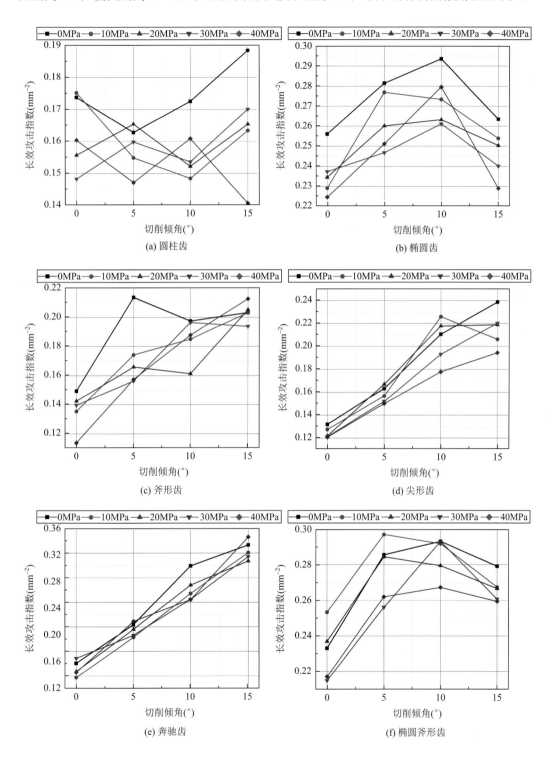

(a) 圆柱齿　　　　　　　　　(b) 椭圆齿

(c) 斧形齿　　　　　　　　　(d) 尖形齿

(e) 奔驰齿　　　　　　　　　(f) 椭圆斧形齿

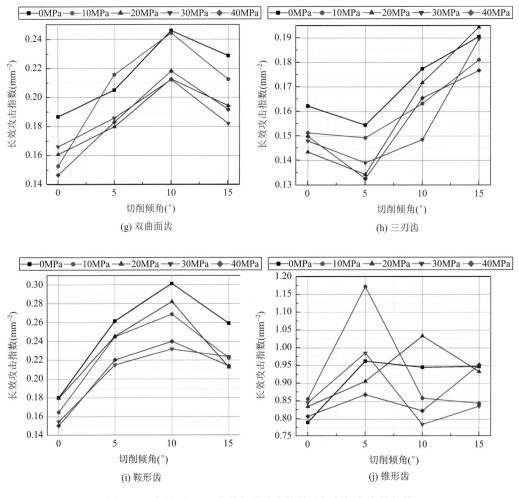

图 5-48　各异形 PDC 齿的长效攻击指数随切削倾角变化规律

6. 围压和切削倾角对异形 PDC 齿破岩性能的影响

图 5-49 给出了各异形 PDC 齿的破岩性能系数随围压变化情况。从图中可以看出，各异形 PDC 齿的破岩性能系数均随着围压的增加而减小。由理论分析部分可知，异形 PDC 齿的破岩效率和长效攻击系数决定破岩性能。由图 5-40 和图 5-45 知，随着围压的增加，各异形 PDC 齿的破岩效率和长效攻击指数均减小。这表明围压的增加不仅会降低异形 PDC 齿的破岩效率，还会影响异形 PDC 齿的受力状况。

同样地，图 5-50 给出了各异形 PDC 齿的破岩性能系数随切削倾角变化情况。由图可知，随切削倾角的增大，各异形 PDC 齿的破岩性能系数变化规律为：圆柱齿（常规齿）的破岩性能系数在小围压（0～10MPa）时先减小后增大，在大围压（30～40MPa）时波动下降；斧形齿、尖形齿和奔驰齿的破岩性能系数大致增大；椭圆齿、椭圆斧形齿、双曲面齿和鞍形齿的破岩性能系数先增大后减小；三刃齿的破岩性能系数先减小后增大；锥形齿的破岩性能系数呈波动增大。

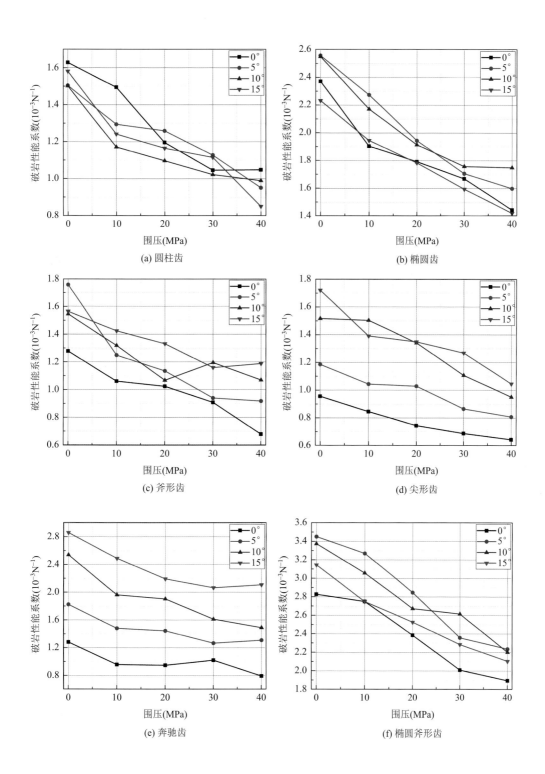

(a) 圆柱齿

(b) 椭圆齿

(c) 斧形齿

(d) 尖形齿

(e) 奔驰齿

(f) 椭圆斧形齿

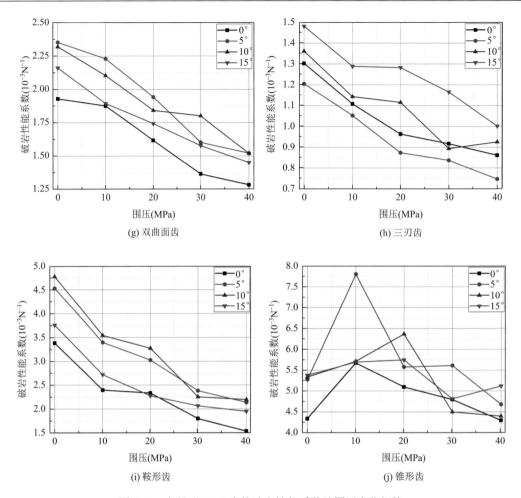

图 5-49　各异形 PDC 齿的破岩性能系数随围压变化规律

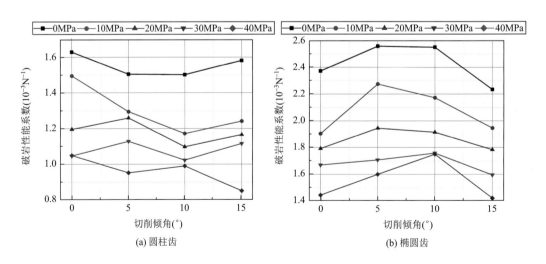

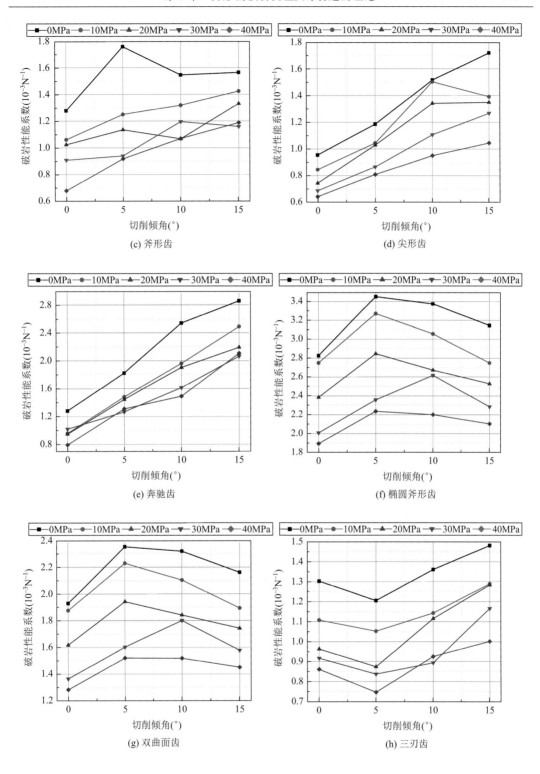

(c) 斧形齿

(d) 尖形齿

(e) 奔驰齿

(f) 椭圆斧形齿

(g) 双曲面齿

(h) 三刃齿

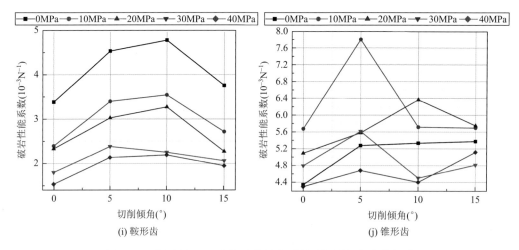

(i) 鞍形齿　　　　　　　　　　　　(j) 锥形齿

图 5-50　各异形 PDC 齿的破岩性能系数随切削倾角变化规律

7. 异形 PDC 齿参数优选及其切削性能评价

破岩性能系数综合考虑了破岩效率、异形齿几何形状及其受力状态。通过比较各异形 PDC 齿在特定切削参数下的破岩性能系数大小，就能对各异形 PDC 齿参数进行优选。下面分别进行固定切削倾角和围压下的异形 PDC 齿齿形优选和各异形 PDC 齿的切削倾角优选工作。

图5-51给出了不同围压状态下异形PDC齿破碎灰白色花岗岩的破岩性能系数随切削倾角变化规律。结合图 5-41 和图 5-51 可以看出，各异形 PDC 齿在各围压、各切削倾角下的破岩性能系数均有差异。因此，借鉴前面的方法，将固定切削倾角和围压条件下各异形 PDC 齿的破岩性能系数从大到小排列，就得到了如图 5-52 所示的有围压时异形 PDC 齿破碎灰白色花岗岩的选齿优先级表格。图 5-52 和图 5-39 中一样，将相同切削倾角和围压下，破岩性能系数大于常规齿（即圆柱齿）的齿形称为推荐齿，其相应的选齿优先级也越大；破岩性

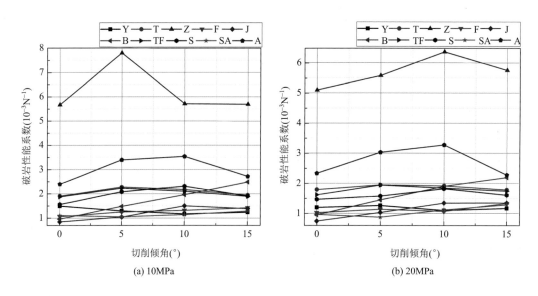

(a) 10MPa　　　　　　　　　　　　(b) 20MPa

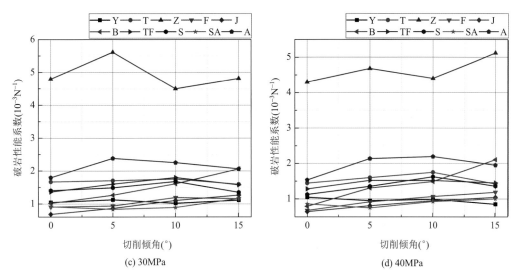

图 5-51 不同围压状态下异形 PDC 齿破碎灰白色花岗岩的破岩性能系数随切削倾角变化规律

A：鞍形齿；B：奔驰齿；F：斧形齿；J：尖形齿；S：三刃齿；SA：双曲面齿；
T：椭圆齿；TF：椭圆斧形齿；Y：圆柱齿（常规齿）；Z：锥形齿

能系数小于常规齿的齿形称为非推荐齿形，其相应的选齿优先级就越小。由图 5-52 可知，各围压、各切削倾角下，锥形齿、鞍形齿、椭圆齿、双曲面齿和椭圆斧形齿均值得推荐。各围压、各切削倾角下，锥形齿和鞍形齿的推荐级次最高，三刃齿和尖形齿的推荐适用范围最窄。各地层中，椭圆齿、斧形齿和椭圆斧形齿的推荐优先级排序为椭圆齿＞椭圆斧形齿＞斧形齿。

综合图 5-38、图 5-39、图 5-51、图 5-52 发现，各围压下，随着切削倾角的增加，常规齿（圆柱齿）的选齿优先级逐渐下降；各围压下，切削倾角在 5°～15° 的奔驰齿的选齿优先级优于常规齿（圆柱齿）；切削倾角较大（10°～15°）的尖形齿的选齿优先级优先于常规齿（圆柱齿），此时，其破岩性能系数高于常规齿（圆柱齿）；低切削倾角（0°～5°）的斧形齿在各个地层中均不推荐使用，较大切削倾角（10°～15°）的斧形齿推荐使用性视地层而定；三刃齿的适用条件最窄，仅在切削倾角为 15° 时推荐使用。

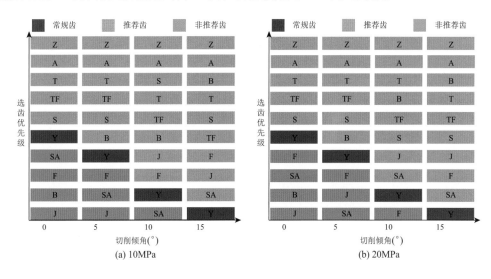

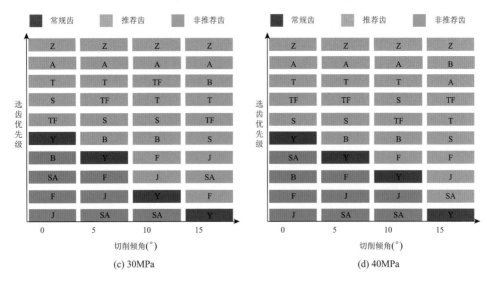

图 5-52　围压状态下异形 PDC 齿破碎灰白色花岗岩的选齿优先级

A：鞍形齿；B：奔驰齿；F：斧形齿；J：尖形齿；S：三刃齿；SA：双曲面齿；
T：椭圆齿；TF：椭圆斧形齿；Y：圆柱齿（常规齿）；Z：锥形齿

另外，通过比较各异形 PDC 齿的破岩性能系数随切削倾角的变化规律（图 5-50），就能对各异形 PDC 齿的切削倾角进行优选，得到的各异形 PDC 齿推荐切削倾角见表 5-7。

表 5-7　异形 PDC 齿推荐切削倾角

齿形	推荐切削倾角（°）	齿形	推荐切削倾角（°）
锥形齿	5~15	椭圆斧形齿	5
鞍形齿	10	圆柱齿	0
双曲面齿	10	斧形齿	15
椭圆齿	5~10	三刃齿	15
奔驰齿	15	尖形齿	15

此外，由理论分析中的各个指标可以对各异形 PDC 齿的性能进行评价。这些性能包括受力幅值、综合攻击性能、受力分布、破岩效率和选齿优先级。选齿优先级由破岩性能系数 λ 决定，破岩性能系数 λ 越大，该齿形的选齿优先级越大，由上可知，破岩性能系数 λ 是综合攻击性能和破岩效率的函数。破岩性能系数 λ 越大，该齿形的选齿优先级越大；破岩效率由破岩比功决定，破岩比功越低，其破岩效率越高。综合攻击性能包括受力状态和综合锋利度，而受力状态又包括受力幅值和受力分布。综合攻击性能的衡量指标为长效攻击指数 η，长效攻击指数 η 越大，该齿形的综合攻击性能越好；受力幅值由合力幅值 F 衡量，合力幅值 F 越大，其受力幅值性能越差；受力分布由应力分布系数 ξ 决定，应力分布系数 ξ 越大，其受力分布状态越好。

为了衡量各异形 PDC 齿的各性能指标的优劣，将本书中的 10 种异形 PDC 齿的各性能由高到低分为优、良、中、差和劣 5 个等级。各性能的衡量指标分别为某齿形在无围

压条件下各切削倾角下性能指标的均值，即

$$I_a = \frac{1}{n}\sum_{i=1}^{n} I_i \tag{5-55}$$

式中，I_a 为某一性能的衡量指标，其为合力均值 F_a、综合锋利度均值 φ_a、应力集中系数均值 ξ_a、长效攻击指数均值 η_a、破岩比功均值 MSE_a 和破岩性能系数均值 λ_a 中的一种；n 为性能衡量指标的个数，$n = 4$（4 种切削倾角）；I_i 为某一性能的衡量指标的第 i 个值。

通过比较各个衡量指标的相对大小，就能知道某种异形齿的性能优劣。将各性能衡量指标由高到低（综合锋利度均值 φ_a、应力集中系数均值 ξ_a、长效攻击指数均值 η_a 和破岩性能系数均值 λ_a）或由低到高（合力均值 F_a 和破岩比功均值 MSE_a）排列就得到了异形 PDC 齿性能的从优到劣排序，如表 5-8 所示。

表 5-8　异形 PDC 齿性能评价表

齿形/评价指标	综合攻击性能	受力幅值	综合锋利度	受力分布	破岩效率	选齿优先级
锥形齿	优	良	优	优	劣	优
鞍形齿	良	优	良	差	优	优
双曲面齿	中	良	差	良	良	良
椭圆齿	良	良	中	良	良	良
奔驰齿	中	中	良	劣	中	中
椭圆斧形齿	良	中	良	中	中	中
圆柱齿	差	差	差	中	良	差
斧形齿	差	差	中	差	差	差
三刃齿	劣	劣	差	差	差	劣
尖形齿	差	差	劣	良	差	劣

由表 5-8 可知，锥形齿和鞍形齿的选齿优先级最高，其中锥形齿凭借其很高的综合攻击性能，弥补了自身破岩效率低下的问题；鞍形齿则凭借其最高的破岩效率和良好的综合攻击性能，选齿优先级最高。双曲面齿和椭圆齿的破岩效率均较高、综合攻击性能一般，选齿优先级较高。奔驰齿和椭圆斧形齿的破岩效率一般、综合攻击性能中良，综合选齿优先级一般。常规齿（圆柱齿）和斧形齿的选齿优先级较低，虽然常规齿的破岩效率较高，但其综合攻击性能较低，选齿优先级较低。斧形齿的破岩效率较低、受力状态和综合攻击性能较差，选齿优先级较低。三刃齿的综合攻击性能很低，破岩效率较低，选齿优先级很低。尖形齿的综合攻击性能较低，破岩效率较低，选齿优先级很低。

5.3.4.2　异形 PDC 齿切削破碎浅红色花岗岩数值仿真结果

1. 异形 PDC 齿无围压时破岩效率

同样地，为了探究各异形 PDC 齿切削浅红色花岗岩的破岩效率，图 5-53 给出了无围压时各异形 PDC 齿切削浅红色花岗岩的破岩比功。由图可知，常规 PDC 齿的破岩比功为 124~143MPa，较切削灰白色花岗岩时大。锥形齿的破岩比功随着切削倾角的增大先减小后增大，与切削灰白色花岗岩时略有不同；除了锥形齿，其他异形齿的破岩比功均大致随着切削倾角的增大而增大。相同切削倾角下，鞍形齿和双曲面齿的破岩比功均比常规齿（圆柱齿）小；椭圆齿和 PDC 齿的破岩比功相差不大；椭圆斧形齿和斧形齿的破岩比功相差不大。除鞍形齿、双曲面齿和椭圆齿外的其他齿形的破岩比功均比常规齿大。所有齿形中，锥形齿的破岩比功最大，鞍形齿的破岩比功最小。锥形齿的破岩比功是鞍形齿破岩比功的 2.64~3.52 倍，与切削灰白色花岗岩时得出的结论相似。相同切削参数下，斧形齿、椭圆斧形齿均较相同规格的圆柱齿和椭圆齿的破岩比功大。当不考虑切削齿的受力状况，只考虑破岩效率时，使用鞍形齿和双曲面齿代替常规齿的破岩效率更高，这与切削灰白色花岗岩时得出的结论相似。

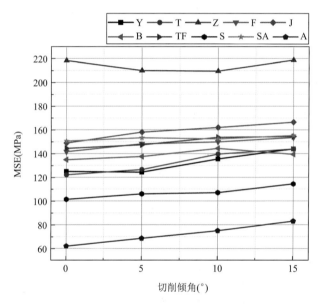

图 5-53　无围压时各异形 PDC 齿切削浅红色花岗岩的破岩比功随切削倾角变化规律

A：鞍形齿；B：奔驰齿；F：斧形齿；J：尖形齿；S：三刃齿；SA：双曲面齿；
T：椭圆齿；TF：椭圆斧形齿；Y：圆柱齿（常规齿）；Z：锥形齿

至于各异形 PDC 齿在破岩过程中的差异以及各异形 PDC 齿破岩效率产生差异的原因，在前文分析中已经给予了回答，这里不再赘述。

2. 异形 PDC 齿无围压时综合攻击性能评价

图 5-54 给出了无围压时各 PDC 齿切削浅红色花岗岩时的所受合力随切削倾角变化规律。从图中可以看出，尖形齿和奔驰齿的所受合力随着切削倾角的增大而减小，其切削齿的受力得到改善；除尖形齿、奔驰齿、三刃齿和锥形齿外的其他异形齿的受力随切削倾角的增大而增大。相同切削参数（切削倾角、切削深度）下，椭圆斧形齿、

锥形齿、双曲面齿、椭圆齿和鞍形齿的受力均比常规齿小，其中鞍形齿的受力最小；三刃齿的受力最大，其受力大小为鞍形齿受力大小的 3.0～3.7 倍。相同切削参数下，斧形齿、椭圆斧形齿均较相同规格的圆柱齿和椭圆齿的受力大；椭圆斧形齿所受合力介于椭圆齿和斧形齿所受合力之间。无围压时，相比只考虑破岩切削齿的受力，不考虑切削齿破岩效率的情况下，可用椭圆斧形齿、锥形齿、双曲面齿、椭圆齿和鞍形齿代替常规齿。

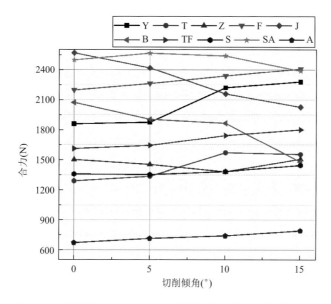

图 5-54　无围压时各 PDC 齿切削浅红色花岗岩时的所受合力

A：鞍形齿；B：奔驰齿；F：斧形齿；J：尖形齿；S：三刃齿；SA：双曲面齿；
T：椭圆齿；TF：椭圆斧形齿；Y：圆柱齿（常规齿）；Z：锥形齿

图 5-55 分别给出了无围压时异形 PDC 齿切削浅红色花岗岩的切削锋利度和综合锋利度随切削倾角的变化情况。由图 5-55（a）可知，无围压时，各切削倾角下，锥形齿和椭圆斧形齿的切削锋利度相对更大。常规齿的切削锋利度值为 1.46～1.63mm^{-2}，较切削灰白色花岗岩时大了许多。锥形齿、奔驰齿、斧形齿、椭圆齿和椭圆斧形齿在各切削倾角下的切削锋利度值始终大于常规齿的切削锋利度值；鞍形齿和双曲面齿在小切削倾角时切削锋利度更小，三刃齿和常规齿在大切削倾角时更小。常规齿和斧形齿的切削锋利度随切削倾角的增大而减小；鞍形齿和双曲面齿的切削锋利度随切削倾角的增大而缓慢增大；椭圆齿的切削锋利度随切削倾角的增加而波动不变；其他齿形的切削锋利度随切削倾角的增大先增大后减小。

由图 5-55（b）中的综合锋利度随切削倾角的变化情况可以得到：无围压时，鞍形齿和双曲面齿在小切削倾角时切削锋利度最小，三刃齿和常规齿在大切削倾角时最小；常规齿的综合锋利度值为 0.85～0.94mm^{-2}，较切削灰白色花岗岩时提升很多，可能跟岩石的种类有关。综合锋利度随切削倾角的变化规律与切削锋利度随切削倾角的变化规律一致。各异形齿的综合锋利度的相对大小关系也和切削锋利度的相对大小关系相似，锥形齿、奔驰齿、斧形齿、椭圆齿和椭圆斧形齿在各切削倾角下的综合锋利度始终大于常规齿的综合锋利度。常规齿和斧形齿的综合锋利度随切削倾角的增大而减小；鞍形齿和双曲面齿的综合锋利度随切削倾角的增大而缓慢增大；椭圆齿的综合锋利度随切削倾角的增加而波动不变；其他齿形的综合锋利度随切削倾角的增大先增大后减小。

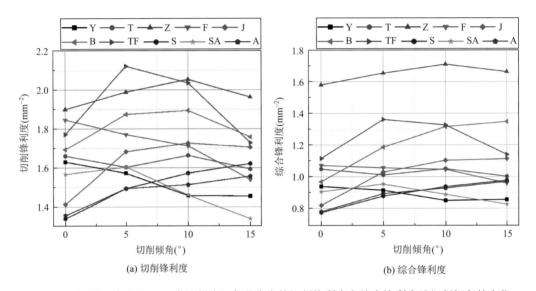

图 5-55　无围压时异形 PDC 齿切削浅红色花岗岩的切削锋利度和综合锋利度随切削倾角的变化

A：鞍形齿；B：奔驰齿；F：斧形齿；J：尖形齿；S：三刃齿；SA：双曲面齿；
T：椭圆齿；TF：椭圆斧形齿；Y：圆柱齿（常规齿）；Z：锥形齿

　　图5-56分别给出了无围压时异形PDC齿切削浅红色花岗岩的应力集中系数和长效攻击指数随切削倾角的变化情况。由应力集中系数的定义可知，其值越大表明PDC齿的受力状态越均匀。从图5-56（a）可以看出：锥形齿、尖形齿、三刃齿、椭圆齿、鞍形齿和奔驰齿的应力状态在切削倾角从0°增加到15°的过程中均得到了改善。锥形齿的应力集中系数在各个倾角时均为最大，且其随切削倾角的增大先增大后减小，其值为0.61～0.72，为常规 PDC 齿的应力集中系数（0.29～0.37）的 1.74～2.50 倍。椭圆斧形齿、双曲面齿和斧形齿的应力集中系数随切削倾角的增大先增后减。当倾角为 0°～5°时，奔驰齿的应力分布状态最差。

　　在图 5-56（b）的长效攻击指数随切削倾角的变化情况中，锥形齿、斧形齿、椭圆斧形齿和椭圆齿在相同的切削参数下，能够在保证自身破岩攻击性的同时，改善自身受力，最终达到比常规 PDC 齿较长的寿命。锥形齿的长效攻击指数远大于0.90mm^{-2}，远高于其他异形 PDC 齿的长效攻击指数（0.23～0.0.57mm^{-2}）；奔驰齿、尖形齿、双曲面齿和鞍形齿在大切削倾角时能够保证其综合攻击性能大于常规齿。

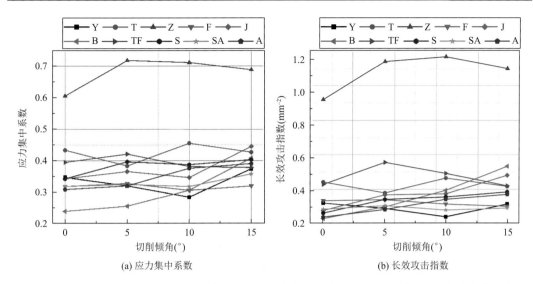

(a) 应力集中系数　　　　　　　　　　　(b) 长效攻击指数

图 5-56　无围压时异形 PDC 齿切削浅红色花岗岩的应力集中系数和长效攻击指数随切削倾角的变化情况

A：鞍形齿；B：奔驰齿；F：斧形齿；J：尖形齿；S：三刃齿；SA：双曲面齿；
T：椭圆齿；TF：椭圆斧形齿；Y：圆柱齿（常规齿）；Z：锥形齿

3. 异形 PDC 齿无围压时破岩性能评价及其切削齿优选

图 5-57 给出了无围压时的异形 PDC 齿切削浅红色花岗岩的破岩性能系数随切削倾角变化规律。从图 5-57 可以看出，无围压时，各切削倾角下，锥形齿、鞍形齿、椭圆斧形齿、双曲面齿和椭圆齿的破岩性能系数均高于常规齿。其中锥形齿的破岩性能系数（4.4×

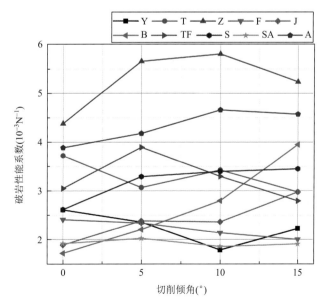

图 5-57　无围压时的异形 PDC 齿切削浅红色花岗岩的破岩性能系数随切削倾角变化规律

A：鞍形齿；B：奔驰齿；F：斧形齿；J：尖形齿；S：三刃齿；SA：双曲面齿；
T：椭圆齿；TF：椭圆斧形齿；Y：圆柱齿（常规齿）；Z：锥形齿

$10^{-3} \sim 5.8 \times 10^{-3} \mathrm{N}^{-1}$）远高于常规齿（$1.8 \times 10^{-3} \sim 2.6 \times 10^{-3} \mathrm{N}^{-1}$）。切削倾角从 0° 增加到 15° 的过程中，锥形齿、鞍形齿和奔驰齿的破岩性能受切削倾角的影响较大，其中鞍形齿和奔驰齿的破岩性能系数随倾角的增大而逐渐增大；锥形齿的破岩性能系数随切削倾角的增大先增后减。因此，当无围压且切削深度为 1mm 时，综合平衡钻齿的破岩效率和其工作寿命，可考虑用锥形齿、鞍形齿、椭圆斧形齿、双曲面齿和椭圆齿替换常规齿（圆柱齿）。

图 5-58 给出了无围压时异形 PDC 齿破碎浅红色花岗岩的破岩性能及其选齿优先级。其要素与图 5-39 相同。由图 5-58 可知，无围压时，各切削倾角下，锥形齿、鞍形齿、椭圆斧形齿、双曲面齿和椭圆齿均为推荐齿形。当切削倾角为 0° 且切削深度为 1mm 时，推荐异形齿优先级排序由高到低依次为锥形齿、鞍形齿、椭圆齿、椭圆斧形齿和双曲面齿；当切削倾角为 5° 时，推荐异形齿优先级排序由高到低依次为锥形齿、鞍形齿、椭圆斧形齿、双曲面齿、椭圆齿、尖形齿；当切削倾角为 10° 时，推荐异形齿优先级排序由高到低依次为锥形齿、鞍形齿、椭圆齿、双曲面齿、椭圆斧形齿、奔驰齿、尖形齿、斧形齿和三刃齿；当切削倾角为 15° 时，推荐异形齿优先级排序由高到低依次为锥形齿、鞍形齿、奔驰齿、双曲面齿、尖形齿、椭圆齿和椭圆斧形齿。此外，上述分析也表明，切削浅红色花岗岩和灰白色花岗岩时的选齿优先级差别不大。

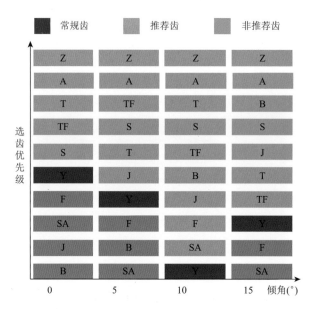

图 5-58　无围压时异形 PDC 齿破碎浅红色花岗岩的破岩性能及其选齿优先级

A：鞍形齿；B：奔驰齿；F：斧形齿；J：尖形齿；S：三刃齿；SA：双曲面齿；
T：椭圆齿；TF：椭圆斧形齿；Y：圆柱齿（常规齿）；Z：锥形齿

5.3.4.3　异形 PDC 齿切削破碎两种花岗岩的差异分析

1. 矿物组分及性质对破岩效率的影响

图 5-59 从破碎效率的角度比较了无围压时异形 PDC 齿破碎灰白色和浅红色花岗岩

的差异。就破岩比功而言，切削浅红色花岗岩时，其破岩比功大于切削灰白色花岗岩，如图 5-59（a）所示。这说明相同 PDC 齿和切削参数下，灰白色花岗更容易破碎。这与两种花岗岩的强度形成了反差（灰白色花岗岩的抗压强度大于浅红色花岗岩）。

为了分析造成这种情况的原因，这里定义花岗岩的平均强度，平均强度的定义为

$$\sigma_{ca} = \sum_{i=1}^{k} w_i \sigma_{ci} \tag{5-56}$$

式中，σ_{ca} 为细观平均强度（MPa）；k 为细观矿物的种类数量；σ_{ci} 为第 i 种细观矿物的单轴抗压强度（MPa）；w_i 为第 i 种细观矿物占岩石的质量分数。

经过计算（数据来源于花岗岩数值仿真模型），得出灰白色花岗岩的平均强度为 149.55MPa，浅红花岗岩的平均强度为 151.77MPa。由此可以看出，虽然灰白色花岗岩的抗压强度大于浅红色花岗岩，但由于组成两种花岗岩的细观矿物组分的含量不同，浅红花岗岩的平均强度略大于灰白色花岗岩的平均强度，实际破岩时切削浅红色花岗岩的破岩效率更高。这说明异形 PDC 齿的破岩效率与岩石的细观矿物成分和矿物占比息息相关。

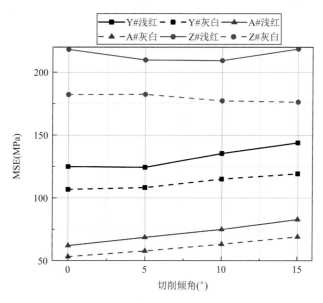

图 5-59　无围压时 PDC 齿切削灰白色和浅红色花岗岩的破碎效率

Y：圆柱齿（常规齿）；A：鞍形齿；Z：锥形齿

为了进一步验证上述分析，以灰白色花岗岩的矿物组分为基础，改变其各矿物的占比，增加其中"石英"的占比。石英矿物占比从 12%增加到 42%，每组增量为 10%，组号用罗马数字Ⅰ～Ⅳ加以区分。其他矿物的占比依次减少，但它们（除石英外）的相对占比保持不变。各组中矿物组分的占比见表 5-9。同时为了降低由矿物颗粒组分的分布不均性带来的随机误差，对于每种石英占比下计算 3 组，取均值计算结果的平均值作为分析依据。

矿物/组号	I	II	III	IV
石英	12	22	32	42
白云母	7.8	6.9	6.0	5.2
钠长石	34.5	30.6	26.7	22.8
斜长石	41.1	36.5	31.8	27.2
绿泥石	4.4	3.9	3.4	2.9

表 5-9　花岗岩模型中矿物组分的占比　　　　　　（单位：%）

图 5-60 给出了计算结果。将表 5-9 中的 4 组矿物组分代入式（5-56）中计算得到 I ~ IV 组花岗岩的细观平均强度分别为 149.5MPa、153.7MPa、158MPa 和 162.2MPa。这表明，随着岩石中石英的占比逐渐增加，细观平均强度也逐渐增加。从图 5-60 可以看出，随着岩石中石英占比逐渐增加，三种 PDC 齿的破岩比功也缓慢增加。这表明细观平均强度的增加，降低了花岗岩的破岩效率，这和前面的分析结果相一致。

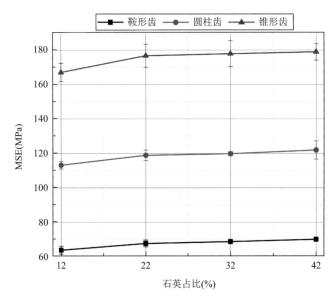

图 5-60　矿物占比对破岩效率的影响

另外，两种花岗岩的差异还表现在其各矿物的泊松比方面。因此，为了探究微观矿物泊松比对破岩效率的影响，保持灰白色花岗岩的矿物组成和占比不变，改变其各矿物的泊松比。各矿物的泊松比按两种花岗岩中该矿物的泊松比进行线性插值，并分为 4 组，以①~④区分。例如，灰白色花岗岩和浅红色花岗岩中石英的泊松比分别为 0.080 和 0.040，则新插值的两组花岗岩模型中"石英"的泊松比分别为 0.067 和 0.053。4 组花岗岩模型中各矿物的泊松比如表 5-10 所示。

表 5-10　花岗岩模型中各矿物的泊松比

矿物/组号	①	②	③	④
石英	0.080	0.067	0.053	0.040
白云母	0.160	0.128	0.097	0.065
钠长石	0.120	0.097	0.073	0.050
斜长石	0.130	0.103	0.077	0.050
绿泥石	0.140	0.117	0.093	0.070
黏结	0.168	0.139	0.109	0.080

　　图 5-61 给出了改变各矿物的泊松比后,三种 PDC 齿切削破碎 4 组花岗岩的破岩比功。从图 5-61 和表 5-10 可以看出,随着组号的增大,各矿物的泊松比均减小,且第④组矿物组分的泊松比与浅红色花岗岩的泊松比一致。在图 5-61 中,随着石英泊松比的增大(其他矿物的泊松比也增大,图中仅以石英泊松比来代表),三种 PDC 齿破岩时的破岩比功均增大。这说明微观矿物的泊松比也会影响破岩效率,且微观矿物的泊松比大致与破岩效率呈负相关。这也在一定程度上解释了浅红色花岗岩的破岩效率大于灰白色花岗岩的破岩效率。综上所述,PDC 齿的破岩效率与岩石的细观矿物成分、强度、矿物占比以及矿物的力学性质息息相关。岩石的细观平均强度和组成岩石矿物泊松比的增加均会降低破岩效率。

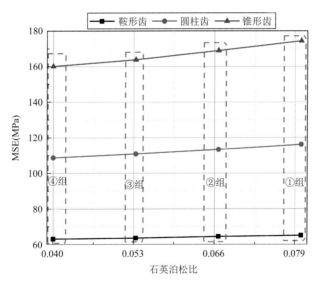

图 5-61　矿物泊松比对破岩效率的影响

2. 围压对破岩性能的影响

　　图 5-62 比较了不同围压条件下三种异形 PDC 齿破碎灰白色和浅红色花岗岩的破岩性能。这三种齿分别属于图 5-32 中的第Ⅰ~Ⅲ类齿的锥形齿、圆柱齿和鞍形齿。从图 5-62 可以看出,切削同种岩石时,三种齿的破岩性能从小到大依次为圆柱齿、鞍形齿和锥形

齿。这表明切削两种花岗岩时，各类型异形齿破岩性能的相对大小关系是大致确定的。同时，各个切削倾角下，圆柱齿切削浅红色花岗岩的破岩性能大于切削灰白色花岗岩的破岩性能。对于鞍形齿和锥形齿来说，在小围压（0～20MPa）时切削灰白色花岗岩的破岩性能大于切削浅红色花岗岩；在大围压（20～40MPa）时，这种情况则相反。由此可见，由于异形齿的形状和岩石力学性质的差异，各异形齿的破岩性能也存在差异。就XX-1-2井（第2章）的难钻的花岗岩地层而言，各种异形齿在浅红色花岗岩地层中的破岩性能大于在灰白色花岗岩地层中的破岩性能。对常规齿而言，在浅红色地层中的破岩性能相对较高。

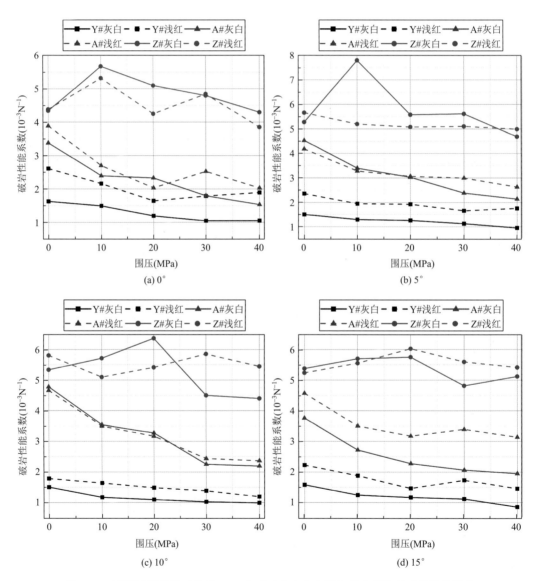

图 5-62　不同围压条件下异形 PDC 齿破碎灰白色和浅红色花岗岩的破岩性能比较

Y：圆柱齿（常规齿）；A：鞍形齿；Z：锥形齿

另外，图 5-63 给出了围压对各异形 PDC 齿切削两种花岗岩的破岩性能影响规律。从图中可以看出，随着围压的升高，两种岩石、三种代表齿形下的破岩性能均逐渐减小。由此得出，同围压对灰白色花岗岩的影响一样，围压对各异形 PDC 齿切削浅红色花岗岩的破岩性能均有抑制作用。

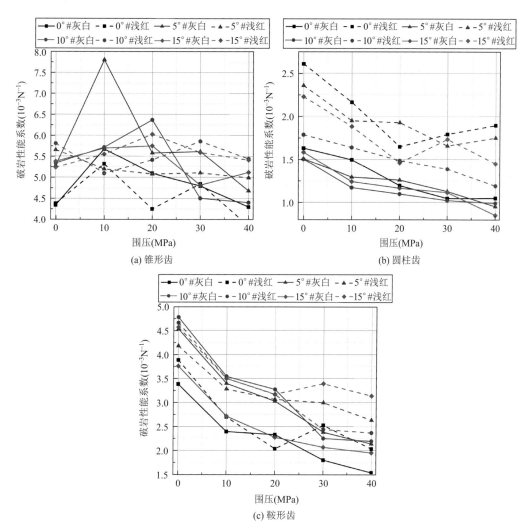

图 5-63　围压对异形 PDC 齿破碎灰白色和浅红色花岗岩的破岩性能影响

3. PDC 齿的破岩性能评价与切削倾角优选

图 5-64 从综合锋利度、综合攻击性能和破岩性能三个角度比较了无围压时 PDC 齿破碎灰白色和浅红色花岗岩的差异。由图 5-64（a）可知，切削浅红色花岗岩时，综合锋利度大于切削灰白色花岗岩。这也直接导致了在切削浅红色花岗岩时所表现出的综合攻击性能均大于切削灰白色花岗岩，如图 5-64（b）所示。最后，由图 5-64（a）（b）的分析，就得到了切削两种花岗岩的破岩性能，如图 5-64（c）所示。对比图 5-64（c）和图 5-63（a）

发现，虽然三种齿在灰白色花岗岩中的破岩效率较高（破岩比功较小），但在大多数参数下，切削浅红色花岗岩的破岩性能大于切削灰白色花岗岩时的破岩性能。由此可知，岩石种类不仅会影响破岩效率，也会对切削过程中钻齿的攻击性能产生影响。

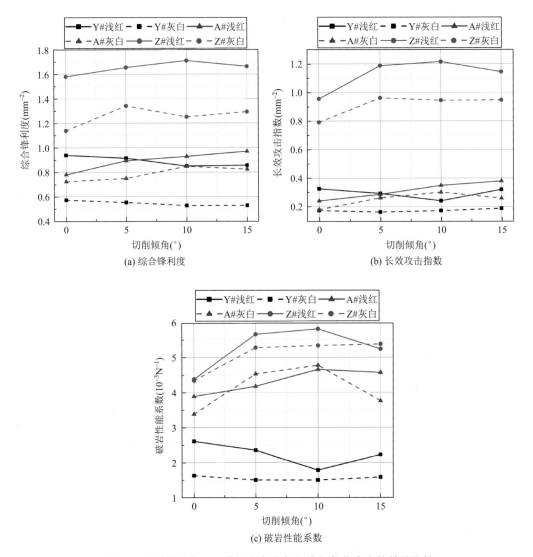

图 5-64　无围压时 PDC 齿切削灰白色和浅红色花岗岩的差异比较

Y：圆柱齿（常规齿）；A：鞍形齿；Z：锥形齿

图 5-65 给出了各切削倾角下 PDC 齿破碎两种花岗岩的破岩性能。从图中可以看出，由于齿形的影响，三种齿在两种地层、多种围压时表现出不同的规律，但每种齿形的切削倾角对破岩性能的影响规律是大致确定的。由图可知，随着切削倾角的增加，锥形齿的破岩性能系数大致先增大后减小。因此，当锥形齿的切削倾角为 10°～15°时，在两种花岗岩中均能取得较好的效益。同样地，随着切削倾角的增加，鞍形齿的破岩性能系数

大致逐渐增大。因此，鞍形齿的推荐切削倾角为 10°～15°。而与上述两种齿相反，圆柱齿的破岩性能系数在小切削倾角时较大，其优选的切削倾角为 0°～5°。

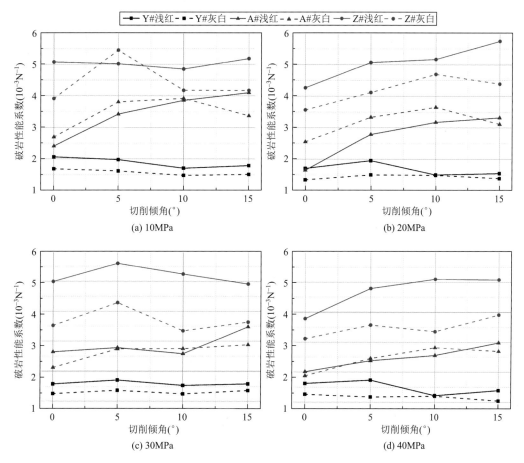

图 5-65　各切削倾角下 PDC 齿切削两种花岗岩的破岩性能

Y：圆柱齿（常规齿）；A：鞍形齿；Z：锥形齿

此外，与图 5-62 相同，两种花岗岩地层中，三种齿形的破岩性能从大到小排序为锥形齿、鞍形齿和圆柱齿。这表明切削两种花岗岩时，各类型 PDC 齿破岩性能系数的相对大小关系是大致确定的。因此，可考虑在钻井过程中采用锥形齿、鞍形齿和圆柱齿混合排布的方式以提高钻头的综合性能。

5.3.5　异形 PDC 齿组合切削破碎花岗岩数值仿真

单个异形 PDC 齿的破岩性能虽然高，但其一般与常规齿组合起来使用。因此，研究异形齿与常规齿的组合所体现的综合破岩效率很有必要。下面将结合异形 PDC 齿单齿切削破碎花岗岩的分析结果，选取具有代表性的几种齿形建立组合切削破碎花岗岩模型，在此基础上比较这几种异形齿与常规齿组合的优劣性。

1. 组合切削破碎花岗岩破岩效率评价指标

由式（5-34）可知，岩石的破碎区域由破碎区和影响区组成。对于单异形 PDC 齿切削时，其破碎区和影响区能明确地区分，因而其等效破碎体积能计算。相反，对于组合破岩，各个齿形之间的破碎区和影响区不好明确区分，破碎区和影响区的破碎体积无法明确计算。因此，这部分采用下面的方法确定各组合下的破岩比功：

$$\text{MSE} = \frac{W}{V_e} = \frac{E}{\sum_{i=1}^{k} D_i V_i} \tag{5-57}$$

式中，MSE 为破岩比功（MPa）；V_e 为等效破碎体积（mm^3）；E 为破碎岩石消耗的能量（J）；D_i 为第 i 个单元的刚度损伤；V_i 为第 i 个单元的体积（mm^3）；k 为刚度损伤值大于 0 的单元总个数。

因此，通过检测仿真过程中的外力做功，同时测得破岩过程中的等效破岩体积，就能得到各 PDC 齿组合下的破岩比功。通过这些破岩比功就能粗略地判断各 PDC 齿组合下的破岩效率[132]。

2. 异形 PDC 齿组合切削破碎花岗岩模型

图 5-66 为异形 PDC 齿组合切削灰白色花岗岩模型示意图。图中，左侧是常规齿 1、常规齿 2 和异形齿切过岩石时从切削方向轴线上观察到的三个齿形的相对位置。常规齿 1、常规齿 2 和异形齿先后分别以相同的速度 $v = 1.0\text{m/s}$ 切削岩石。之所以用这种设定，是因为在实际的钻头结构中，常规齿 1、常规齿 2 和异形齿位于不同的刀翼上。由前面的分析可知，在各个围压下，有 5 种异形 PDC 齿的破岩性能均大于常规齿。因此，有理由相信，由这几种齿形与常规齿形成组合排布方式的破岩性能是优于常规齿的。因此，这里选择这 5 种齿形作为研究对象，这些异形齿和常规齿的切削倾角为其最优倾角 0°（见

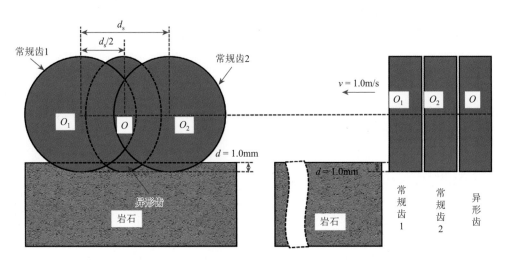

图 5-66　异形 PDC 齿组合切削灰白色花岗岩模型示意图

表 5-7）；相应地，其他异形齿的切削倾角也选取它们在单齿切削时的优选切削倾角。异形 PDC 齿组合切削花岗岩中选用异形齿及其切削倾角如表 5-11 所示。

表 5-11 异形 PDC 齿组合切削花岗岩中选用异形齿及其切削倾角

齿形	锥形齿	鞍形齿	双曲面齿	椭圆齿	椭圆斧形齿
切削倾角（°）	10	10	10	10	5

另外，图 5-66 中，d_s 为两个常规 PDC 齿的横向间距，在实际钻头上为两个齿到钻头轴线的距离之差，这里简称为径向距离。异形齿沿切削方向的投影在两个常规齿沿切削方向投影的中间。通过分析各个径向距离 d_s 时的破岩比功，就能对各个异形齿与常规齿组合进行优选。各组合的径向距离 d_s 范围为 6～14mm，增量为 2mm。

3. 异形 PDC 齿组合切削破碎花岗岩结果讨论与分析

图 5-67 给出了各异形 PDC 齿组合在 d_s = 14mm 时的切削破岩过程。从图中可以看出，鞍形齿组合和双曲面齿组合在 d_s = 14mm 时能使得各异形 PDC 齿与常规齿的组合满足"井底全覆盖"原则；其他齿形的组合在 d_s = 14mm 时不能满足"井底全覆盖"原则。因此，齿形组合优选时，d_s = 14mm 时的椭圆齿组合、椭圆斧形齿组合和锥形齿组合应当禁止。

图 5-68 给出了各异形 PDC 齿组合的破岩比功随径向距离的变化规律。从图中可以看出，在满足"井底全覆盖"原则下，随着径向距离 d_s 的增加，鞍形齿与常规齿的组合（简称鞍形齿组合，其他异形齿以此类推）、椭圆齿组合和椭圆斧形齿组合的破岩比功先增大后减小；双曲面齿组合的破岩比功先增大后减小再增大；锥形齿组合的破岩比功则一直增大，且增长速度慢慢放缓。其中鞍形齿组合和双曲面组合的破岩比功在 d_s = 12mm 时最小，这说明在切削深度为 1mm，采用这两种异形齿组合时，其最优的径向距离 d_s 为 12mm。而另外的三种异形齿组合在 d_s = 6mm 时最小。同理，这三种异形齿组合的最优径向距离 d_s 为 6mm。

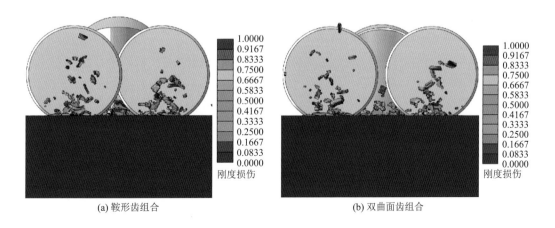

(a) 鞍形齿组合　　　　　　　　　　　　(b) 双曲面齿组合

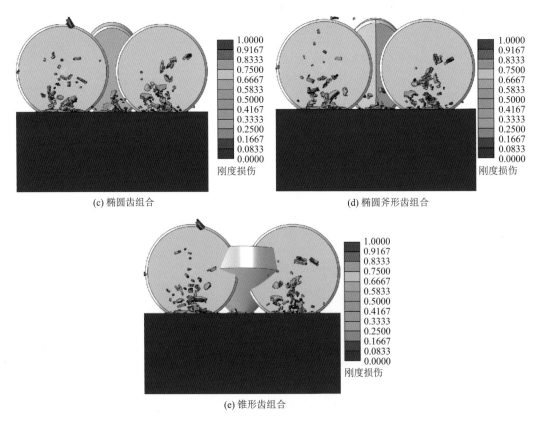

(c) 椭圆齿组合   (d) 椭圆斧形齿组合

(e) 锥形齿组合

图 5-67　各异形 PDC 齿组合在 $d_s = 14$mm 时的切削破岩过程

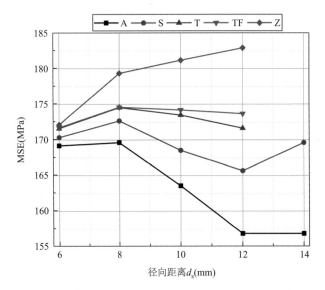

图 5-68　各异形 PDC 齿组合的破岩比功随径向距离的变化规律

A：鞍形齿；S：双曲面齿；T：椭圆齿；TF：椭圆斧形齿；Z：锥形齿

另外，这几种异形齿组合的破岩比功由小到大依次为：鞍形齿组合、双曲面齿组合、椭圆齿组合、椭圆斧形齿组合和锥形齿组合。而这几种单齿在切削破碎灰白色花岗岩时的破岩比功由小到大排序也为鞍形齿、双曲面齿、椭圆齿、椭圆斧形齿和锥形齿。由此说明异形齿组合的破岩效率大致与其各自的破岩效率成正相关。

为了探究各异形齿组合的破碎效率随径向距离 d_s 变化的原因，图 5-69 和图 5-70 分别给出了鞍形齿组合和锥形齿组合中的两种齿形（另一种齿为常规齿）在各种径向距离下的切向力。图例中，Y1 和 Y2 分别表示常规齿 1 和常规齿 2；"A#ds6"表示鞍形齿组合中的径向距离为 6mm，其他图例的含义依次类推，这里不再赘述。

从图 5-69 和图 5-70 可以看出，随着径向距离的变化，常规齿 1 和常规齿 2 的切向力变化略有差异，这是由花岗岩的非均质性导致的。随着径向距离的增大，两种异形齿组合中的鞍形齿和锥形齿的切向力均缓慢增大。这说明径向距离的增大使异形齿在破岩工作中的占比逐渐增大。随后，这种破岩工作占比的变化引起了整体的破岩效率变化。由单齿切削破岩比功的相对大小可知，鞍形齿的破岩比功比常规齿的破岩比功小得多，锥形齿的破岩比功比常规齿的破岩比功大得多。因而，随着径向距离的增加，鞍形齿组合的破岩比功逐渐下降，而锥形齿的破岩比功逐渐增大。

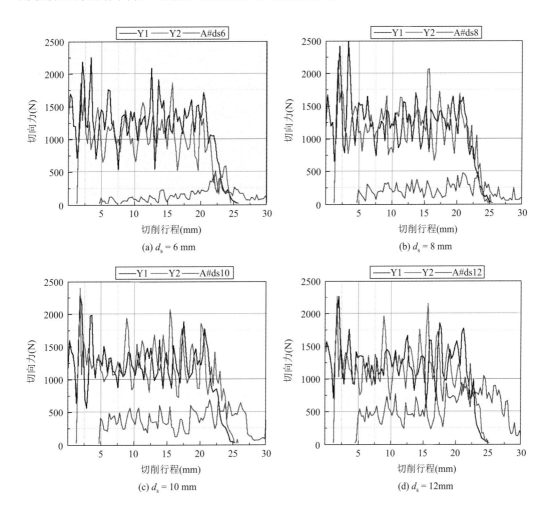

(a) $d_s = 6$ mm　　　　　　　　　　　(b) $d_s = 8$ mm

(c) $d_s = 10$ mm　　　　　　　　　　(d) $d_s = 12$mm

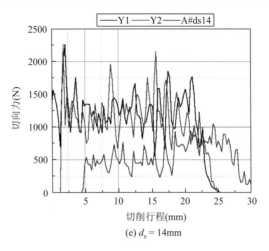

(e) $d_s = 14$mm

图 5-69 鞍形齿组合的切向力随径向距离的变化规律

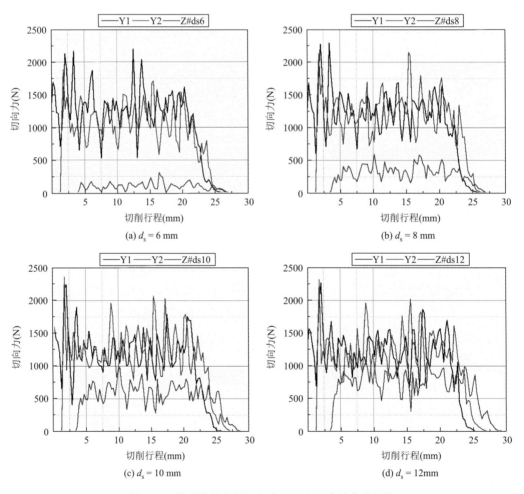

(a) $d_s = 6$ mm

(b) $d_s = 8$ mm

(c) $d_s = 10$ mm

(d) $d_s = 12$mm

图 5-70 锥形齿组合的切向力随径向距离的变化规律

综上所述，异形齿组合的破岩效率大致与其各自的破岩效率成正相关，径向距离 d_s 改变了异形齿组合中各 PDC 齿的破碎工作占比，随后导致异形齿组合的破岩效率变化。因此，对于单齿破岩比功小于常规齿破岩比功的齿形，建议采用相对较大的径向距离；而在单齿切削实验中表现出较高破岩比功的齿形，建议减小径向距离。

5.3.6　磨损异形 PDC 齿切削破岩性能结果分析

PDC 齿的磨损失效是 PDC 钻头在破岩过程中最常见的失效形式。图 5-71（a）为 PDC 齿磨损失效示意图。从图中可以看出，PDC 齿磨损后的磨损断面近似为平面，同时齿刃边线则近似为弦截圆。结合国际钻井承包商协会（International Association of Drilling Contractors，IADC）的 PDC 齿磨损规则，其定义 PDC 齿磨损部分的高度约为齿直径的 1/8。因此，本书中采用的磨损后 PDC 齿如图 5-71（b）所示。

 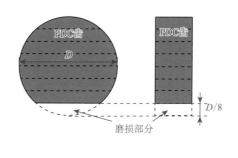

(a) PDC齿磨损失效　　　　　　　　　　　　(b) 磨损后PDC齿

图 5-71　PDC 齿磨损失效示意图

单齿切削岩石能模拟钻头局部切削齿与岩石间的相互作用，反映钻头局部破岩规律，能极大程度地简化钻头破岩的计算。因此，本节通过建立磨损后的单个异形 PDC 齿切削破碎花岗岩模型，对磨损齿的综合锋利度、综合攻击性能以及破岩性能等进行探究。模型中包括磨损 PDC 齿和非均质花岗岩两个部件；PDC 齿的齿形则包括鞍形齿、凹面齿、奔驰齿、斧形齿、菱形齿、圆柱齿（常规齿）、三刃齿、双曲面齿、凸面齿、椭圆齿、尖形齿和锥形齿共 12 种，磨损后的各异形 PDC 齿的几何形状如图 5-72 所示。磨损异形 PDC 齿切削破碎花岗岩的建模过程参考 5.3.1 节。

5.3.6.1　切削深度和切削倾角对破岩效率的影响

由前面的分析可知，磨损异形 PDC 齿的破岩效率利用破岩比功进行评价，破岩比功越小，则该异形齿的破岩效率越高。

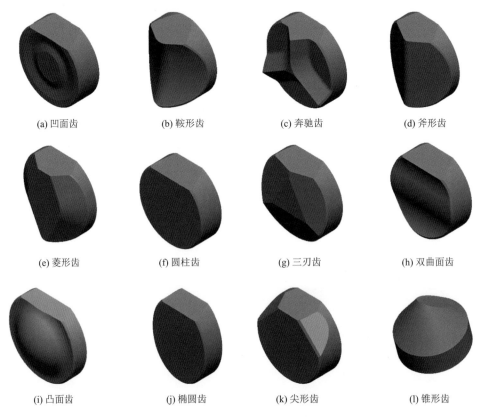

(a) 凹面齿　　　　　(b) 鞍形齿　　　　　(c) 奔驰齿　　　　　(d) 斧形齿

(e) 菱形齿　　　　　(f) 圆柱齿　　　　　(g) 三刃齿　　　　　(h) 双曲面齿

(i) 凸面齿　　　　　(j) 椭圆齿　　　　　(k) 尖形齿　　　　　(l) 锥形齿

图 5-72　仿真用磨损后的异形 PDC 齿

　　图 5-73 为磨损异形 PDC 齿的破岩比功随切削深度变化规律,此时切削齿的前倾角均固定为 15°。图 5-73 中可以看出,随着切削深度的增加,各磨损异形 PDC 齿的破岩比功先增大再逐渐减小。这表明不同齿形切削齿具有相应的最优切削深度。从图 5-73 中结果可知,大部分异形 PDC 齿的破岩比功在切削深度为 0.4mm 或 0.6mm 时达到最大,因此在进行切削参数选取时可以适当避开这些切削深度。当切削齿为锥形齿时,还应避开 0.8mm 的切削深度。同时综合各种磨损异形 PDC 齿分析发现,锥形齿和尖形齿的破岩比功在所有齿形中最大;圆柱齿和椭圆齿的破岩比功在不同切削深度的变化中均基本一致;当切削深度比较小(0.2mm 或 0.4mm)时,奔驰齿和斧形齿的破岩比功会低于圆柱齿;凹面齿、鞍形齿和双曲面齿的破岩比功则是在整个切削深度变化过程中均低于圆柱齿。因此,如果仅从破岩比功方面来评价,则锥形齿和尖形齿的破岩效率最低,凹面齿、鞍形齿和双曲面齿的破岩效率均优于圆柱齿。

　　图 5-74 为磨损异形 PDC 齿破岩比功随钻齿前倾角变化规律,此时切削齿的切削深度固定为 1.0mm。由图可得,圆柱齿的破岩比功为 140～160MPa。锥形齿的破岩比功随着前倾角的增大而减小;尖形齿则是先减小再增大再减小;除这两种齿形外,其余异形齿的破岩比功均大致随着切削前倾角的增大而增大。在相同的前倾角下,凹面齿、鞍形齿和双曲面齿的破岩比功均低于圆柱齿;同样地,椭圆齿的破岩比功仍与圆柱齿基本一致;其余异形齿的破岩比功则均比圆柱齿高;在所有齿形中,锥形齿的破岩比功最大,鞍形

齿最小（除前倾角为 20°时双曲面齿的破岩比功最小外）。因此，如果不考虑各齿的受力状况而只考虑破岩效率时，使用凹面齿、鞍形齿和双曲面齿替换圆柱齿能够获得更高的破岩效率，并且锥形齿和尖形齿推荐的前倾角为 20°，除这两种齿形外的其余异形齿推荐前倾角均为 0°。

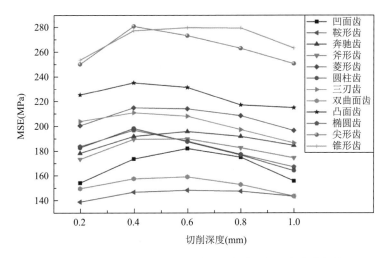

图 5-73　磨损异形 PDC 齿的破岩比功随切削深度变化规律

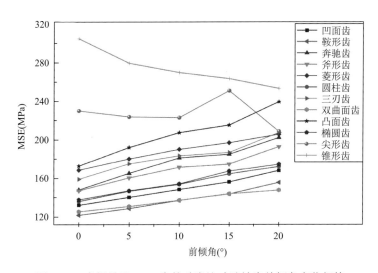

图 5-74　磨损异形 PDC 齿的破岩比功随钻齿前倾角变化规律

图 5-75 为磨损异形 PDC 齿的破岩过程云图，图中所示的切削深度为 1.0mm，前倾角为 15°。

5.3.6.2　切削深度对破岩性能的影响

由前面的分析可知，评价 PDC 齿的整体破岩性能不应该仅从破岩效率方面进行，还应该结合其综合攻击性能进行综合评价。因此，为了探究各磨损异形 PDC 齿的破岩性能及其随切削深度和前倾角的变化情况。下面将从各齿的综合锋利度、应力集中系数、长效攻击指数等方面进行分析。

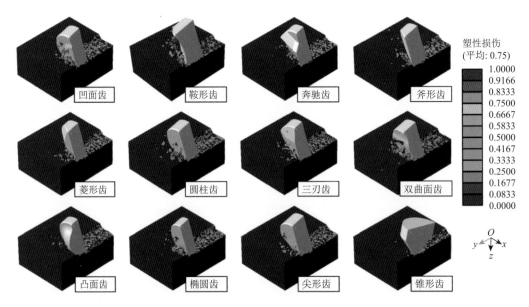

图 5-75　磨损异形 PDC 齿破岩云图

图 5-76 为磨损异形 PDC 齿的综合锋利度随切削深度的变化规律。从图中可以看出，锥形齿、凹面齿、双曲面齿、圆柱齿和凸面齿的综合锋利度随切削深度的增加大致呈下降趋势；其余异形齿则是在切削深度为 0.2～0.4mm 时，具有明显减小的趋势；在切削深度为 0.6～1mm 时处于较为稳定的状态。这表明切削深度对这些异形齿综合锋利度的影响

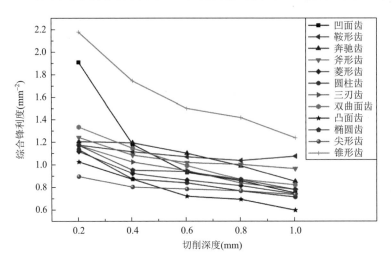

图 5-76　磨损异形 PDC 齿的综合锋利度随切削深度的变化规律

作用并不明显。从图中也可以发现，除凸面齿和尖形齿的综合锋利度明显小于圆柱齿外，其余异形齿的综合锋利度都大于圆柱齿。因此，采用相应的异形齿能够更加容易地吃入岩石。

图 5-77 为磨损异形 PDC 齿的应力集中系数随切削深度的变化规律。由应力集中系数的相关分析可知，应力集中系数的值越小，表示齿面受力越集中，越容易使钻齿发生损坏。由图 5-77 可知，锥形齿的应力集中系数在所有切削深度下都比其余异形齿大，这意味着锥形齿上的应力分布更均匀。其余异形齿的应力集中系数的大小在不同切削深度下也不相同。其中凹面齿、鞍形齿和双曲面齿的应力集中系数在所有切削深度下均小于圆柱齿，表示这几种齿所受的应力相比于圆柱齿更加集中，在切削时损坏的风险也更大。同时可以发现，随着切削深度的增加，各齿的应力集中系数的值大致均呈下降趋势。除凹面齿和奔驰齿在切削深度为 0.8～1.0mm 时呈增长趋势外，其余齿在切削深度为 0.2～1.0mm 均呈下降趋势。

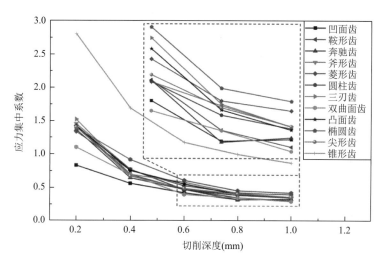

图 5-77　磨损异形 PDC 齿的应力集中系数随切削深度的变化规律

图 5-78 为鞍形齿、圆柱齿和锥形齿在切削过程中，岩石上所受最大 Mises 应力随着切削深度变化的位置分布（其余齿形的变化规律类似，这里选取三种典型的齿形进行分析）。在切削过程中，岩石上最大 Mises 应力主要分布在钻齿的边沿处。当切削深度较小时，钻齿的作用面主要为钻齿的边沿，因此钻齿上所受的应力分布比较均匀。当切削深度较大时，钻齿所受应力仍主要集中于边沿处，但钻齿的作用面积随切削深度的增加而增大。因此钻齿上所受最大应力位置的投影面积与钻齿切削投影面积的比值（即应力集中系数）会随着切削深度的增加而减小，这也与图 5-77 的结果相符。

图 5-79 为磨损异形PDC 齿的长效攻击指数随切削深度变化规律。长效攻击指数越大，表示钻齿的攻击性和自身的受力性能以及使用寿命都能得到一定的保证。各切削齿的长效攻击指数均随着切削深度的增加而减小。这意味着随着切削深度的增加，切削齿的受力性能却在降低。仔细分析不难发现，这与前面的结果也相符合：当切削深度较小时，

切削齿的受力分布更加均匀,面对岩石时其攻击性也越强,在破碎岩石时所需要的切削力也越小,其综合攻击性能也就越好。在整个切削深度变化过程中,锥形齿的长效攻击指数要始终大于其余异形齿。在受力方面,锥形齿的优势更加突出。同时可以看出,在整个过程中,尖形齿和凸面齿的长效攻击指数基本处于最小的状态,因此尖形齿和凸面齿的受力性能在所有异形齿中是较差的。综合所有齿形可以发现,除尖形齿、凸面齿、双曲面齿和菱形齿外,其余异形齿的长效攻击指数均大于圆柱齿,表明异形齿的受力性能相对于圆柱齿大致呈更优的状态。因此在实际使用中可以适时考虑利用异形齿代替圆柱齿,以寻求延长钻齿的使用寿命。

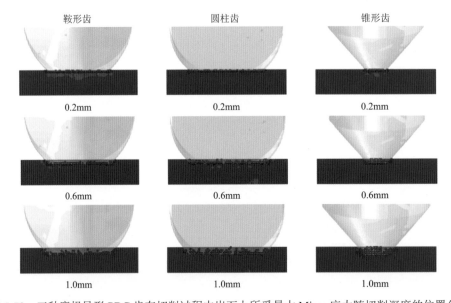

图 5-78　三种磨损异形 PDC 齿在切削过程中岩石上所受最大 Mises 应力随切削深度的位置分布

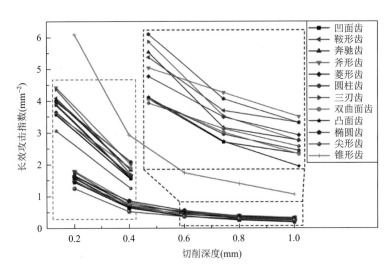

图 5-79　磨损异形 PDC 齿的长效攻击指数随切削深度变化规律

图 5-80 为磨损异形 PDC 齿的破岩性能系数随切削深度的变化规律。破岩性能系数也是评价切削齿破岩效果优劣的指标之一。其与破岩比功的不同之处在于，破岩性能系数不仅考虑了评价破岩效率的破岩比功，还综合考虑了与切削齿使用寿命相关的综合攻击性能。因此，破岩性能系数更大的表示切削齿综合攻击性能更好，同时其破岩比功也更低。此时切削齿的寿命和破岩效率都能够得到很好的保证。磨损异形 PDC 齿的破岩性能系数随着切削深度的增大而减小，并且其减小趋势逐渐趋于平缓。因此可以知道，PDC齿磨损后，无论是常规齿还是异形齿都更适用于较小的切削深度。上述结论对于实际工程的意义在于，钻头磨损后，按照工况适当减小钻进参数（如钻压、扭矩等）有利于充分发挥钻齿的剩余效益、延长钻头的使用寿命！

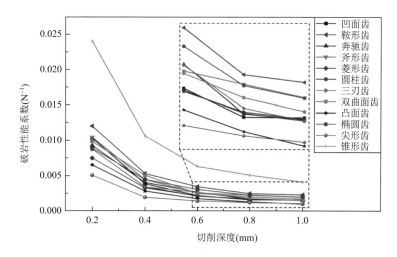

图 5-80　磨损异形 PDC 齿的破岩性能系数随切削深度的变化规律

结合整个切削深度过程和所有异形齿来看，鞍形齿、斧形齿、双曲面齿、椭圆齿和锥形齿的破岩性能系数都大于圆柱齿，并且锥形齿与其他齿形的差距尤为显著，在所有异形齿中的破岩性能最好，这恰好与图 5-73 和图 5-74 中破岩比功的结果相反。这也说明了切削齿的破岩效果并不能单纯地只利用破岩比功进行评价。菱形齿、凸面齿和尖形齿的破岩性能系数均低于圆柱齿，表明其综合受力和破岩效果要劣于圆柱齿，在实际使用中应该适当避开这几种异形齿。凹面齿、奔驰齿和三刃齿的破岩性能系数与圆柱齿相差不大，但从图 5-80 中可以看出，奔驰齿和三刃齿的综合攻击性能要优于圆柱齿，因此如果需要改善切削齿的受力状态时，仍可使用这两种齿形替换圆柱齿。

5.3.6.3　切削齿前倾角对破岩性能的影响

切削齿的前倾角是切削破岩中的一个重要参数，它会直接影响到切削齿的破岩效果。因此，下面将从切削齿前倾角的角度对磨损 PDC 齿的综合攻击性能及破岩性能进行分析。这里所有磨损的 PDC 切削齿的切削深度固定为 1.0mm。

图 5-81 为磨损异形 PDC 齿的综合锋利度、应力集中系数和长效攻击指数随前倾角变化规律。从图中可以看出，各指标随着切削深度的增加并没有明显统一的变化规律。这是因为不同异形齿特殊的齿面结构对前倾角变化的"敏感度"不同，因此需要对其分别进行分析。

如图 5-81（a）所示为磨损异形 PDC 齿的综合锋利度随前倾角的变化规律。由图可知，锥形齿和鞍形齿的综合锋利度在不同的前倾角下都明显大于其余异形齿；凸面齿的综合锋利度在不同前倾角下均小于圆柱齿，尖形齿的综合锋利度在前倾角为 0° 和 5° 时小于圆柱齿，除此之外的所有异形齿在所有前倾角下的综合锋利度均大于圆柱齿。这也从前倾角的角度说明了异形齿相比较于圆柱齿具有更强的攻击性，适当利用异形齿能提高破岩效率。

同时还能发现，凸面齿、圆柱齿、凹面齿、双曲面齿以及椭圆齿的综合锋利度随着前倾角的增加而减小，这几种齿在前倾角增大的同时，其齿面的异形结构对式（5-48）中的 S_p 即 PDC 齿投影面积的影响几乎可以忽略，其投影面积的变化规律类似于圆柱齿。因

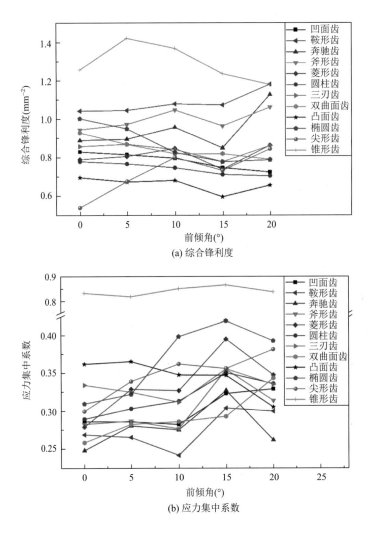

(a) 综合锋利度

(b) 应力集中系数

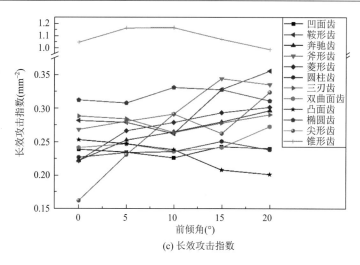

(c) 长效攻击指数

图 5-81　磨损异形 PDC 齿的综合锋利度、应力集中系数、长效攻击指数随前倾角变化规律

此这几种齿形的综合锋利度具有相似的变化规律。为了方便后续的分析，将这几种异形齿统称为"圆柱形类"。由图 5-81（a）可以看出，从综合锋利度方面来说，"圆柱形类"异形齿在使用时应该尽量避免较大的前倾角，推荐使用较小的前倾角。而尖形齿、菱形齿、三刃齿、奔驰齿、斧形齿和鞍形齿的综合锋利度的变化趋势则大致为先增大后减小，并且除三刃齿外的其余 5 种异形齿的综合锋利度均先从 0°时增大到 10°时，再从 10°时减小到 15°时，从 15°时又再次增大到 20°时。三刃齿则是增大到 5°时开始减小，并在 15°时再次增大到 20°时，故将三刃齿归于这一类。这一类异形齿的异形结构均具有或类似于屋脊形的结构，将这一类齿统称为"脊形类"。同样地，从提高异形齿使用时的综合锋利度来说，"脊形类"异形齿在使用时应该避免 15°的前倾角，而较为推荐 20°的前倾角。锥形齿综合锋利度的变化规律则是先增大后减小，并在前倾角为 5°时达到最大。因此从提高综合锋利度方面，锥形齿的前倾角推荐使用 5°。

图 5-81（b）为磨损异形 PDC 齿的应力集中系数随前倾角的变化规律。由图可知，锥形齿的应力集中系数明显大于其余异形齿，齿面受力分布更均匀。椭圆齿、尖形齿的应力集中系数在所有前倾角下均大于圆柱齿；菱形齿除 0°外，在其余前倾角时的应力集中系数也大于圆柱齿；鞍形齿、奔驰齿、凹面齿和双曲面齿（前倾角为 20°时除外）的应力集中系数均小于圆柱齿，斧形齿除 15°时也小于圆柱齿；凸面齿和三刃齿的应力集中系数在不同的前倾角下与圆柱齿的大小则不同。

图 5-81（c）则是磨损异形齿的长效攻击指数随前倾角的变化规律。在所有异形齿中，锥形齿的长效攻击指数最大，在所有前倾角下的受力性能均最好。圆柱齿的长效攻击指数为 $0.225 \sim 0.25 \mathrm{mm}^{-2}$，在所有异形齿中处于较低的水平，只有个别异形齿在某些前倾角下的长效攻击指数低于圆柱齿。这说明在大部分的前倾角下，选用异形齿都能够改善切削齿的受力状况。

图 5-82 为磨损异形 PDC 齿的破岩性能系数随前倾角的变化规律。锥形齿的破岩性能系数仍然远大于其余异形齿。这说明锥形齿在所有前倾角下的破岩性能最好，锥形齿的

破岩性能系数在前倾角为0°时最小，在前倾角为10°达到时最大，因此其较推荐的前倾角度为5°和10°。鞍形齿、椭圆齿、双曲面齿和斧形齿的破岩性能系数均大于圆柱齿，这几种异形齿的破岩性能系数随着前倾角的增加而大致呈下降趋势，因此在使用它们时推荐较小的前倾角。凸面齿和尖形齿（前倾角为20°时除外）均小于圆柱齿。其中凸面齿的变化一直呈下降趋势，其推荐的使用前倾角为0°，尖形齿的变化大致呈上升趋势，推荐的前倾角为20°。其余异形齿与圆柱齿的大小则在不同前倾角时不同。在前倾角从0°增加到20°的过程中，破岩性能受前倾角影响较大的几种异形齿分别为锥形齿、椭圆齿、凸面齿和尖形齿，其余大部分异形齿的破岩性能系数随前倾角的变化起伏不大。说明磨损异形PDC齿的破岩性能对于前倾角变化的敏感性要弱于切削深度变化。当切削深度为1.0mm时，综合平衡切削齿的破岩效率和工作寿命，可以考虑使用锥形齿、椭圆齿、鞍形齿、奔驰齿和双曲面齿替换圆柱齿。

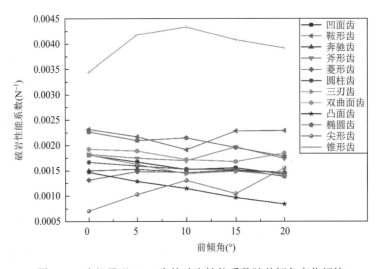

图 5-82　磨损异形 PDC 齿的破岩性能系数随前倾角变化规律

5.3.6.4　磨损 PDC 齿参数优选及其性能评价

为了更加直观地展示出各磨损异形 PDC 齿推荐使用的切削深度和前倾角，将固定切削深度和前倾角下各磨损异形 PDC 齿的破岩性能系数从大到小排列，得到如图 5-83 所示的磨损异形 PDC 齿切削破碎灰白色花岗岩的选齿优先级表格。表格中的各颜色与图 5-39 和图 5-52 相同，这里不再赘述。各磨损异形齿代号见表 5-4。观察图 5-83 可知，不同的切削深度和前倾角下，锥形齿、鞍形齿、椭圆齿、斧形齿和双曲面齿的选齿优先级在所有切削深度和前倾角下均高于圆柱齿，均值得推荐，凸面齿在所有情况下均不推荐。不同的切削深度和前倾角下，锥形齿和鞍形齿的推荐优先级最高，菱形齿和尖形齿的推荐适用范围最窄。菱形齿仅在切削深度为 0.6mm 且前倾角为 15°或切削深度为 1.0mm 且前倾角为 20°时推荐，尖形齿仅在切削深度为 1.0mm 且前倾角为 20°时推荐。

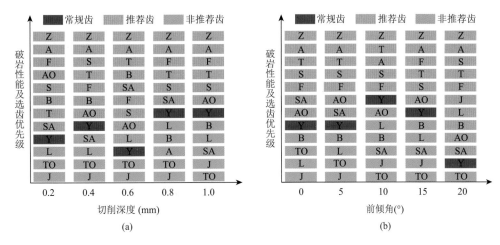

图 5-83　磨损异形 PDC 齿的破岩性能及选齿优先级

更详细地，当前倾角为 15°时，随着切削深度的增加，圆柱齿的选齿优先级和推荐优先级大致逐渐上升，仅在切削深度为 0.4～0.6mm 时下降；奔驰齿在切削深度为 0.2～0.6mm 的选齿优先级均优于圆柱齿；三刃齿在切削深度为 0.4mm 和 0.6mm 时的选齿优先级劣于圆柱齿；凹面齿仅在切削深度为 0.8mm 时的选齿优先级低于圆柱齿；菱形齿仅在切削深度为 0.6mm 时的选齿优先级高于圆柱齿。在切削深度为 1.0mm 时，随着前倾角的增大，圆柱齿的选齿优先级呈先增加后降低的趋势，并在 20°时降到最低，这意味着在前倾角为 20°时的异形齿齿形推荐范围最广；凹面齿仅在前倾角为 10°时的选齿优先级低于圆柱齿；三刃齿在前倾角为 10°～15°时的选齿优先级低于圆柱齿；奔驰齿、菱形齿和尖形齿的选齿优先级仅在前倾角为 20°时优于圆柱齿。

另外，根据各磨损异形 PDC 齿的破岩性能随各前倾角的变化规律以及破岩性能的相对大小，对各磨损异形 PDC 齿的前倾角进行优选，得到各磨损异形 PDC 齿的推荐前倾角如表 5-12 所示。

表 5-12　磨损异形 PDC 齿推荐前倾角

齿形	推荐前倾角（°）	齿形	推荐前倾角（°）
凹面齿	0	三刃齿	0
鞍形齿	0，15～20	双曲面齿	0～5
奔驰齿	0～5，15	凸面齿	0
斧形齿	15	椭圆齿	0
菱形齿	5，15	尖形齿	20
圆柱齿	0	锥形齿	5～10

此外，与 5.3.4.1 节相同，利用式（5-55）对各磨损异形 PDC 齿的综合攻击性能、受力分布、综合锋利度、破岩效率、选齿优先级进行评价，结果见表 5-13。值得注意的是，

此处按照式（5-55）计算时与 5.3.4.1 节中非磨损异形齿有所不同：这里性能衡量指标个数 $n = 5$（5 种前倾角）。

表 5-13　磨损异形 PDC 齿性能评价表

评价指标/齿形	综合攻击性能	受力分布	综合锋利度	破岩效率	选齿优先级
锥形齿	优	优	优	差	优
鞍形齿	优	差	良	优	优
椭圆齿	良	优	优	良	优
双曲面齿	良	差	中	优	良
斧形齿	优	中	优	良	良
凹面齿	中	中	差	优	良
三刃齿	中	良	差	中	中
圆柱齿	差	中	良	良	中
奔驰齿	良	差	中	中	中
菱形齿	中	良	良	中	差
凸面齿	差	良	差	差	差
尖形齿	差	优	中	差	差

由表 5-13 可知，锥形齿、椭圆齿和鞍形齿的选齿优先级最好，其中锥形齿的破岩效率虽低，但其凭借最高的综合攻击性能、受力分布以及综合锋利度，弥补了破岩性能的不足；椭圆齿则是凭着优秀的受力分布和综合锋利度以及良好的综合攻击性能与破岩效率的综合优势，使其选齿优先级优于大部分的异形齿；鞍形齿的受力分布虽然差，但其凭借良好的综合锋利度以及优秀的综合攻击性能和破岩效率，从而达到了优秀的选齿优先级。斧形齿的受力分布虽然一般，但其良好的破岩效率加上优异的综合攻击性能和综合锋利度，使其选齿优先级也达到了良好；凹面齿和双曲面齿的综合锋利度或受力分布虽然差，但它们的破岩效率都较高，因此综合选齿优先级也良好。奔驰齿、圆柱齿和三刃齿的选齿优先级均一般，奔驰齿的受力分布差，综合攻击性能良好，综合锋利度和破岩效率一般，选齿优先级一般；圆柱齿虽然综合锋利度和破岩效率良好，但其受力分布一般，综合攻击性能差，选齿优先级也一般；三刃齿的综合攻击性能差，但其良好的受力分布加上一般的综合锋利度和破岩效率，因此综合选齿优先级仍处于一般水平。菱形齿的受力分布和综合锋利度良好，综合攻击性能和破岩效率一般，选齿优先级差；凸面齿和尖形齿的破岩效率差，综合攻击性差，综合锋利度也一般或差，因此选齿优先级差。

5.4　异形 PDC 钻头钻进花岗岩地层数值仿真

本节建立了全尺寸异形 PDC 钻头破碎岩石的数值仿真模型，如图 5-84（a）所示。模型中所用钻头的齿形分别对应单齿切削模型中的圆柱齿、凹面齿、凸面齿、奔驰齿、斧形齿、尖形齿、椭圆齿、鞍形齿、锥形齿、菱形齿、三刃齿、双曲面齿等 12 种不同齿形，全钻头模型以及各种齿形钻头的局部如图 5-84（b）所示。模型中的钻头设置为刚体，岩石设置为弹塑性可破碎岩体，在钻头与岩石接触部分将岩石网格进行细化，并且设置钻齿与岩石单元的接触为通用接触，岩石单元失效后即删除，忽略其对钻头破岩钻进的影响。在钻进过程中，给定钻头钻压和钻速，模型中的岩石试样是尺寸为 Ø500mm×500mm 的圆柱体；PDC 钻头上施加的钻压为 5t；钻速为 9.41rad/s；模拟钻进时间为 10s。每个模型中的 PDC 钻头除了齿形不同，其他的参数均相同。不同齿形 PDC 钻头的总进尺如图 5-85 所示；不同齿形 PDC 钻头破岩的进尺及损伤云图如图 5-86 所示[133]。

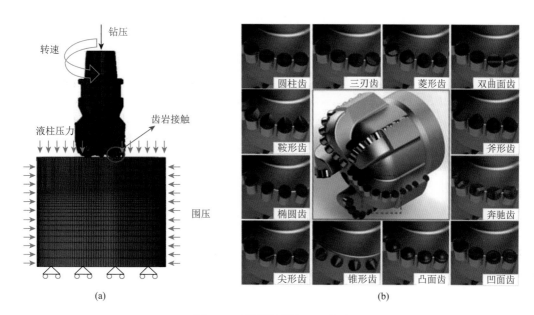

图 5-84　不同齿形的 PDC 钻头

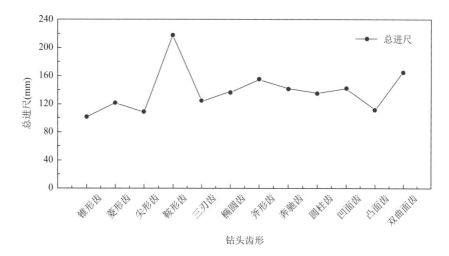

图 5-85　不同齿形 PDC 钻头的总进尺

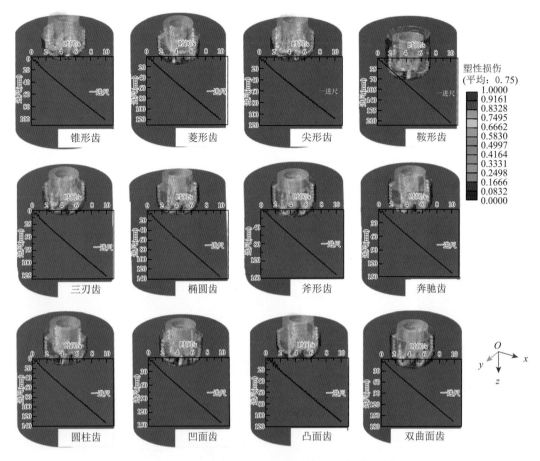

图 5-86　不同齿形 PDC 钻头的进尺及损伤云图

由图 5-85 可知，在不同齿形 PDC 钻头总进尺数据中，鞍形齿钻头的总进尺最大，双曲面齿钻头次之，锥形齿钻头的总进尺最小。由前文单齿破岩结果可知，锥形齿的破岩比功最大，破岩效率最低，且锥形齿切削岩石以塑性破碎为主，因此锥形齿钻头的进尺仍然最小。鞍形齿和双曲面齿在与岩石接触的边缘部分存在类似于犁形的结构，与其他齿形的 PDC 钻头相比，具有犁形结构齿形的钻头更容易侵入岩石，总进尺更大。鞍形齿作为结合斧形齿和双曲面齿特点而设计的一种新齿形，与岩石的相互作用以及破岩方式既有斧形齿的特点，也有双曲面齿的特点。鞍形齿以齿下边缘犁形结构和中部脊形结构的集中力侵入岩石，能在一定程度上对齿前方和两侧的岩石造成预破碎，使岩石产生裂纹并释放掉岩石的内应力，从而使鞍形齿前端和两侧的岩石更易破碎。因此，鞍形齿钻头的钻进速度更快。

双曲面齿相对于其他形状的齿，因为齿下边缘具有犁形结构，其破岩效果更好，钻进速度更快。但相对于鞍形齿，双曲面齿缺少齿面中部的脊形结构，齿两侧岩石的破碎效率要低一些。因此，双曲面齿钻头的进尺大于其他齿形钻头的但低于鞍形齿钻头的。

其他齿形的全钻头计算结果中，斧形齿钻头因其具有脊形结构，所以比其他几种钻头的进尺大，其余几种钻头的进尺情况则比较接近。值得注意的是，凹面齿钻头和凸面齿钻头进尺的差距较大。但由表 5-4 的单齿切削结果可知，凹面齿和凸面齿破岩的切向力、法向力以及破岩比功都十分接近。这种差距产生的原因可能与齿面结构有关，如表 5-4 和图 5-13 所示，凹面齿上的凹槽在切削深度或前倾角较大时，相当于一个犁形结构，相比于圆柱齿更易破碎岩石。而凸面齿上的圆弧顶结构可能会对切削齿前方还未破碎的岩石造成挤压，从而使岩石更难于破碎。在单齿切削实验中，切削深度固定不变且没有考虑钻齿前倾角的影响，因此两种齿的破岩情况接近。但在全钻头破岩中，钻齿的切削深度以及钻齿相对于岩石的前倾角是处于变化状态的。当切削深度较大时，凹面齿的结构还类似于双曲面齿上的犁形结构，也能提高破岩效率。因此会出现凹面齿钻头进尺大于凸面齿钻头的情形。

5.5　单齿侵入花岗岩数值仿真

与 PDC 钻头的剪切破岩模式不同，牙轮钻头以压入模式来破碎岩石。针对 XX-1-2 井的难钻地层，利用标定后的两种花岗岩模型（灰白色花岗岩和浅红色花岗岩）建立不同齿形和压入载荷下的单齿侵入破岩模型；分析、对比这些齿形在特定压入载荷下的侵入深度，为该区块难钻地层牙轮钻头的设计提供指导和参考。

1. 单齿侵入破碎花岗岩建模

单齿侵入破碎花岗岩的数值仿真模型中包括侵入齿和花岗岩两个部件。其中，花岗岩包括浅红色花岗岩和灰白色花岗岩两种，其模型大小为 25mm×25mm×20mm 的长方体；侵入齿参照国标《矿山、油田钻头用硬质合金齿》（GB/T 2527—2008）选用了其中的 CB 型、CS 型、CS-1 型、CX 型和 CX-1 型共 6 种齿形。各侵入齿的几何信息如表 5-14 所示。在建模时，将侵入齿与岩石接触的区域网格细分，细分区域大小为 Ø20mm×20mm 的圆柱区域。在细分区域通过 Voronoi 图细分的方法建立花岗岩的有限元模型，其中各种矿物的组分、各个矿物颗粒及黏结的力学属性见花岗岩材料标定部分；岩石非切削区域（即网格细化区域之外的区域）的材料设置为"石英"的力学属性[134, 135]。

表 5-14　仿真用侵入齿的几何信息

齿形	代号	型号	几何信息	形状
CB 型齿	CB	CB1316	端部直径 13mm，齿高 16.5mm	
CS 型齿	CS	CS1319	端部直径 13mm，齿高 19mm	

续表

齿形	代号	型号	几何信息	形状
CS-1 型齿	CS-1	CS1317-1	端部直径 13mm，齿高 19mm	
CX 型齿	CX	CS1418	端部直径 14mm，齿高 18mm	
CX-1 型齿	CX-1	CX1415-1	端部直径 14mm，齿高 16mm	

　　此外，侵入齿与岩石相互作用的基本假设与单齿切削破碎花岗岩的数值仿真模型一致，这里不再赘述。模型中控制侵入时间为 0.005s。通过改变侵入齿的形状和调整侵入载荷来研究不同侵入齿的破岩规律。模型中每种侵入齿的侵入力 F 范围为 1～4kN，增量为 1kN。CB 型齿侵入破碎灰白色花岗岩数值仿真模型如图 5-87 所示。

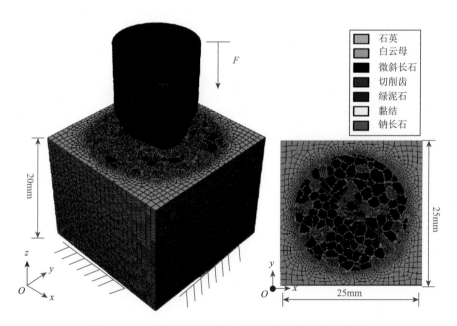

图 5-87　CB 型齿侵入破碎灰白色花岗岩数值仿真模型

2. 单齿侵入破碎花岗岩结果讨论与分析

　　图 5-88 做出了单齿侵入破碎花岗岩仿真中，当侵入力为 4kN 时侵入齿的侵入位移随侵入时间的变化规律。从图中可以看出，在侵入的最开始阶段，侵入位移迅速增大至一

个峰值。随着时间的推移，侵入位移在首次侵入的峰值附近反复波动。出现这种波动情况的原因可能是在侵入初期岩石内部储存弹性能量的释放。侵入齿在侵入初期除了对岩石产生一部分的破碎外，剩下的能量以弹性能量的形式储存在岩石内部。由于侵入载荷是恒定的，所以当侵入齿侵入至一定深度时，为了维持恒定的侵入载荷（侵入力），侵入齿反而会出现反向位移。图中各曲线呈现出的波动情况就是维持侵入齿载荷动态恒定和岩石内部弹性能量存储—释放交替过程的体现。

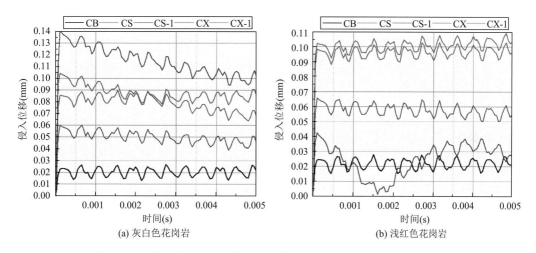

图 5-88　当侵入力为 4kN 时侵入齿的侵入位移随侵入时间的变化规律

为了探究各侵入齿在破岩过程中的破岩比功，需要计算各侵入齿在恒定载荷下的位移，以此来计算破岩过程中的能耗。由图 5-88 的分析可知，各侵入齿在破岩过程中的位移并不恒定。因此，这里选取各侵入齿在破岩过程中的最大位移作为研究对象。图 5-89 给出了单齿侵入破碎花岗岩数值仿真中侵入位移随侵入力的变化规律。从图 5-89 可以看

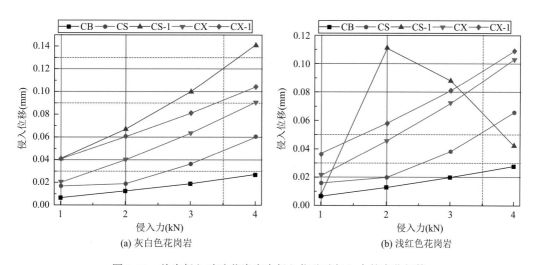

图 5-89　单齿侵入破碎花岗岩中侵入位移随侵入力的变化规律

出，各侵入齿作用下，随着侵入力的增大，侵入位移也相应增大。但由于仿真中给定的载荷是静载荷，所以各侵入齿的最大位移量级在 0.15mm 以内。

图 5-90 和图 5-91 分别给出了当侵入力为 4kN 时各侵入齿破碎灰白色花岗岩和浅红色花岗岩的破碎痕迹。由图可知，CB 型齿对两种岩石造成的刚度损伤范围最小。另外，在侵入浅红色花岗岩的过程中，当侵入力分别为 1kN 和 2kN 时，CB 型齿不能对岩石造成损伤，其他齿均能对其造成损伤。当侵入力为 1kN 且侵入灰白色花岗岩时，CB 型齿不能对岩石造成损伤，而其他齿均能对岩石造成损伤。上述情形均表明 CB 型齿的侵入性能最差。

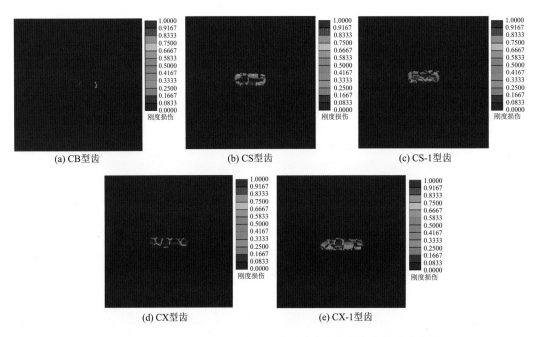

图 5-90 当侵入力为 4kN 时各侵入齿破碎灰白色花岗岩的破碎痕迹

为了比较其他侵入齿的侵入性能的优劣，需要计算各侵入齿破岩过程中的破岩比功。由上述分析可知侵入位移和侵入载荷。类比式（5-57），单齿侵入破碎花岗岩仿真中各侵入齿的破岩比功计算公式为

$$\text{MSE} = \frac{W}{V_e} = \frac{FX_d}{\sum_{i=1}^{k} D_i V_i} \tag{5-58}$$

式中，MSE 为破岩比功（MPa）；V_e 为等效破碎体积（mm³）；W 为外力做功（J）；D_i 为第 i 个单元的刚度损伤；V_i 为第 i 个单元的体积（mm³）；k 为刚度损伤值大于 0 的单元总个数；F 为侵入力（kN）；X_d 为侵入位移（mm）。

图 5-92 给出了单齿侵入破碎花岗岩中破岩比功随侵入力的变化规律。由图可知，随着侵入力的增加，各侵入齿的破岩比功急剧下降，最后在载荷为 3～4kN 时，破岩比功趋

于稳定（30～100MPa）。这表明增大侵入力更能对岩石造成损伤，但载荷为 3～4kN 就能取得相对较低的破岩比功。

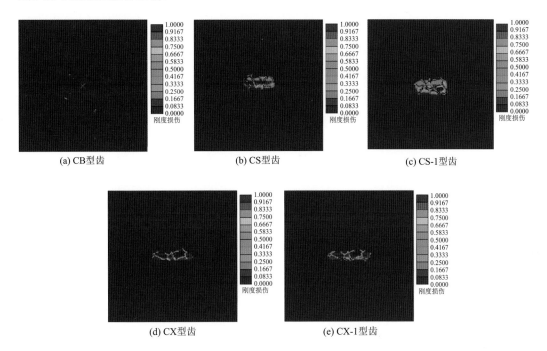

图 5-91　当侵入力为 4kN 时各侵入齿破碎浅红色花岗岩的破碎痕迹

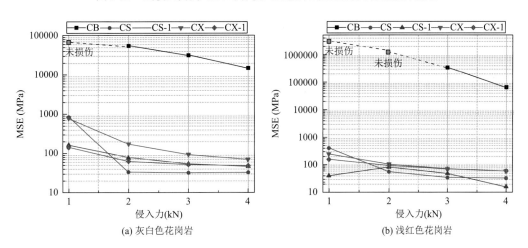

图 5-92　单齿侵入破碎花岗岩中破岩比功随侵入力的变化规律

在侵入破碎两种花岗岩时，破岩比功最大（即破岩效率最低）的是 CB 型齿，这与前面分析的结论相吻合。在侵入破碎灰白色花岗岩且侵入力大于 2kN 时，破岩比功最小的三种侵入齿分别为 CS 型齿、CX-1 型齿和 CS-1 型齿。同样地，在侵入破碎浅红色花岗岩且侵入力大于 2kN 时，破岩比功最小的三种侵入齿分别为 CS 型齿、CS-1 型齿和 CX-1 型齿。由此可以看出，在这 5 种侵入齿中，CS 型齿的侵入性能最优。

5.6 本章小结

本章利用有限-离散元方法建立了含不同矿物组分的细观非均质花岗岩模型，以及建立了 13 种常见的异形 PDC 齿切削破岩模型，分析了不同异形 PDC 齿切削破碎非均质花岗岩的切削力、岩屑形态、破岩比功及塑-脆性破碎机理等关键问题；此外，建立了综合考虑异形齿破岩效率、几何形状及受力状态的评价模型，该模型能充分体现各个异形齿的能耗经济性、寿命经济性及其切削参数的攻击特性差异；利用该模型对 13 种异形钻齿进行了破岩评价，得到了针对花岗岩地层的最优齿形；从岩石自身矿物性质出发对比分析了两种花岗岩破碎模式的差异和内在联系；此外，开展了异形齿不同组合情况下的破岩效率评价，得到了花岗岩地层最佳破岩效率的齿形组合。主要结论如下：

（1）锥形齿的破岩比功随着切削倾角的增大而减小；除锥形齿和尖形齿外，其他异形齿的破岩比功均大致随着切削倾角的增大而增大。使用鞍形齿和双曲面齿代替常规齿可获得更高的破岩效率。

（2）破碎区中塑-脆性模式和影响区的纵向作用范围决定了各种异形 PDC 齿的破岩模式；围压对钻齿的破岩效率有抑制作用，其原因为围压的增加使破碎区以塑性破碎为主。

（3）围压对异形 PDC 齿的攻击性和综合锋利度具有削弱作用，而对其应力分布状态却无明显影响；围压增加使得异形 PDC 齿在破碎区中产生了"塑性黏滑切削"效应。

（4）切削花岗岩时，凸刃齿、平面齿（如圆柱齿）和曲面齿（尤其是锥形齿）的最大应力点集中分别在切削齿的边沿切削刃和凸出的棱角处，切削齿的边沿切削刃处均布在与岩石接触的曲面上；曲面齿、平面齿和凸刃齿的应力集中依次增大，使用曲面齿（锥形齿和双曲面齿）能够极大地改善 PDC 的应力分布状态。

（5）在花岗岩地层中，锥形齿和鞍形齿的选齿优先级最高，三刃齿和尖形齿的选齿优先级最低；其中锥形齿凭借其最高的综合攻击性能，弥补了自身破岩比功高的问题；鞍形齿则凭借其较低的破岩比功和良好的综合攻击性能值得推荐。

（6）异形 PDC 齿破岩效率与岩石的细观矿物成分和矿物占比息息相关；切削两种花岗岩时，各类型异形齿的破岩性能的相对大小关系是大致确定的；异形齿在浅红色花岗地层中的破岩性能大于在灰白色地层中的破岩性能。

（7）异形齿组合的破岩效率大致与其各自的破岩效率成正相关；径向距离 d_s 改变了异形齿组合中各 PDC 齿的破碎工作占比，并导致异形齿组合的破岩效率变化。因此，对于单齿切削破岩比功小于常规齿破岩比功的齿形，建议采用相对较大的径向距离；而在单齿切削实验中表现出较高破岩比功的齿形，建议减小径向距离。

（8）单齿侵入仿真中随着侵入力的增大，侵入位移也相应增大；5 种侵入齿中，CB 型齿的侵入性能最差，CS 型齿的侵入性能最优。

（9）磨损异形 PDC 齿的破岩比功随切削深度增大的变化规律是先增大后减小；破岩比功最低的齿形是鞍形齿和双曲面齿，最高的齿形则是尖形齿和锥形齿。破岩比功随前倾角增大的变化趋势则是：锥形齿处于减小状态，尖形齿是先增大后减小并在前倾角为15°时增大到最大值，其余异形齿均一直处于增大的状态。

（10）磨损异形 PDC 齿的综合锋利度、应力分布、综合攻击性能和破岩性能均随切削深度的增大而减小。切削深度越小，磨损齿的综合锋利度越强，齿面应力分布越均匀，综合攻击性能和破岩性能越好。因此磨损后的 PDC 齿更适合用于切削深度较小的状况。磨损齿的各项性能随前倾角的变化没有明显的规律，视具体的齿形而定，但前倾角的变化对大部分磨损齿的破岩性能影响较小。

（11）磨损锥形齿、鞍形齿和椭圆齿的选齿优先级最好，圆柱齿的选齿优先级一般，磨损菱形齿、凸面齿和尖形齿的选齿优先级最差。磨损锥形齿的破岩比功虽然最高，但其综合攻击性能、应力分布和综合锋利度均最优，这弥补了其破岩效率低的缺点，从而综合破岩性能最好。磨损尖形齿的齿面受力效果虽然十分优异，但其综合攻击性能和破岩效率均差，故其综合破岩效率最差。

第6章 高效破岩钻头设计及优化

本章基于 IADC《钻井工具手册》《矿山、油田钻头用硬质合金齿》和《石油天然气钻采设备 钻修井用安全接头》等标准，并结合前文建立的岩石塑-脆性破碎转变临界理论及异形齿综合选齿理论模型对 PDC 钻头进行设计。基于钻头动态破岩数值模型对钻头的破岩效率、振动及扭矩等进行评价，优选最佳钻头；建立钻头破岩的流-固-热三场耦合模型，优化钻头喷嘴及排量。最终形成针对深部硬地层的个性化钻头设计方案，钻头的整体图如图 6-1 所示。

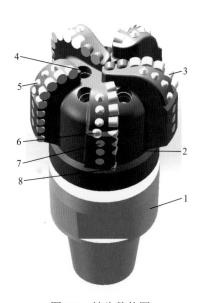

图 6-1 钻头整体图

1-接头；2-钻头体；3-主切削齿；4-水眼；5-后排锥形齿；6-减振节；7-减磨元件；8-倒锥齿

对该钻头在冠部形状、径向布齿、刀翼形状、切削齿方面进行设计优选。该 $8\frac{1}{2}$in[①]钻头的所有设计编号和型号如表 6-1 所示。

表 6-1 钻头编号和型号

钻头编号	内锥角（°）	刀翼个数	刀翼跨度角（°）	切削齿	单/双排
1	150	5	5	圆形	单
2				椭圆形	

---

① 1in = 2.54cm。

钻头编号	内锥角（°）	刀翼个数	刀翼跨度角（°）	切削齿	单/双排
3		5	5	椭圆形	双
4				圆形	
5			5	圆形	
6		6	15	圆形	单
7			20	圆形	
8				圆形	单
9		5	10	椭圆形	
10	150			圆形	双
11				椭圆形	
12				圆形	单
13		6	10	椭圆形	
14				圆形	双
15				椭圆形	
16		5	10	圆形（19mm）	单
17					双

值得注意的是：①切削齿在用椭圆形齿时，椭圆形齿主要分布在冠顶和外锥；②双排齿指在冠部或外锥的主切削齿后加锥形齿，后排齿采用锥形齿的依据是第 5 章异形齿的计算结果，由异形齿的评价结果可知锥形齿的综合切削性能最好。因此，在针对深部硬地层进行齿形选择时优先使用锥形齿。

6.1　冠部形状设计理论

从设计上讲，无论采用何种冠部剖面形状，最终都是为了满足"易于布齿，便于加工，保证质量，提高效率"的原则。从使用上讲，无论选用何种冠部剖面形状，最终都是为了满足特定地层要求和适应特定使用条件。

钻头冠部轮廓包括内锥、冠顶、外锥、肩部和保径。其中，冠部形状将直接影响钻头工作性能。不同的冠部形状，适应不同的岩层条件。根据钻头冠部轮廓组成情况，冠部形状通常包括双锥形、双圆弧形、单圆弧形、平底形和其他冠部类型，如图 6-2 所示。

针对目标地层（深部硬地层），用直线-圆弧-直线-倒角、直线-圆弧-圆弧-倒角、直线-圆弧-抛物线-倒角这三种冠部形状对 $8\frac{1}{2}$in 钻头进行设计。主要思路为选用较平缓的冠部形状和采用浅内锥，其中冠顶采用大半径，让冠顶圆弧中心尽可能地靠近钻头中心，使旋转半径较大的外缘切削齿受力相对较小。这样不同部位切削齿的磨损相对比较均匀，钻头寿命更长。外锥采用圆弧形、直线形、抛物线形，目的在于增加钻头鼻部至保径部分切削齿的投影密度，让 PDC 切削齿布置得更多，有利于保护 PDC 切削齿，增强 PDC 钻头穿越硬夹层的能力，以及加强保径的能力，从而提高耐磨性。

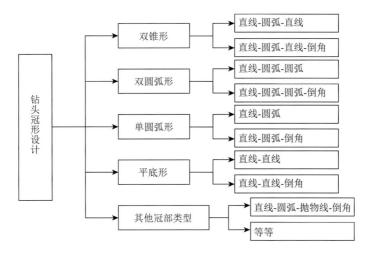

图 6-2　冠部形状类型

在 PDC 钻头实际生产过程中，为了加工方便和简化模具，需要将理论冠部曲线拟合成一种典型冠部形状。这样可确定冠部形状、冠部内锥角度和冠顶位置等参数，得到冠部的具体结构参数。针对直线-圆弧-直线-倒角、直线-圆弧-圆弧-倒角、直线-圆弧-抛物线-倒角三种典型的冠部形状，其冠部方程如下。

1. 直线-圆弧-直线-倒角

直线-圆弧-直线-倒角冠部形状由直线段、圆弧段、直线段和倒角组成，圆弧段与相邻的两直线段相切，如图 6-3 所示。

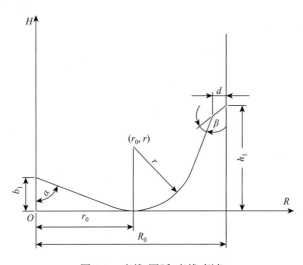

图 6-3　直线-圆弧-直线-倒角

在图 6-3 的坐标系中，直线-圆弧-直线-倒角冠部可表示为

$$\begin{cases} H = k_1 R + b_1 & (0 \leqslant R \leqslant r_1) \\ (R - r_0)^2 + (H - r)^2 = r^2 & (r_1 \leqslant R \leqslant r_2) \\ H = k_2 R + b_2 & (r_1 \leqslant R \leqslant R_0 - d) \\ H = k_3 R + b_3 & (R_0 - d \leqslant R \leqslant R_0) \end{cases} \tag{6-1}$$

冠部参数可按照下式计算：

$$\begin{cases} k_1 = -\cot(\alpha) \\ b_1 = r + \cot(\alpha) r_0 - r\sqrt{1 + \cot(\alpha)^2} \\ r_1 = r_0 - \dfrac{\cot(\alpha) r}{\sqrt{1 + \cot(\alpha)^2}} \\ k_2 = \dfrac{-B + \sqrt{B^2 - 4AC}}{2A} \\ b_2 = h_1 - \tan(\beta) d - k_2 (R_0 - d) \\ r_2 = \dfrac{r_0 + r k_2 - k_2 h_1 + k_2^2 R_0 - k_2^2 d + \tan(\beta) k_2 d}{1 + k_2^2} \\ k_2 = \tan(\beta) \\ b_3 = h_1 - \tan(\beta) R_0 \end{cases} \tag{6-2}$$

其中，

$$\begin{cases} A = (R_0 - d - r_0)^2 - R^2 \\ B = 2(R_0 - d - r_0)\left[R - h_1 + \tan(\beta) d\right] \\ C = \left[h_1 - \tan(\beta) d\right]^2 - 2R\left[h_1 - \tan(\beta) d\right] \end{cases}$$

式中，H 为外锥高度值；k_1 为内锥直线斜率；α 为内锥半角（°）；b_1 为内锥直线截距（mm）；r_1 为内锥直线与冠顶圆弧交点横坐标（mm）；R 为冠顶圆弧半径（mm）；r_0 为冠顶位置（mm）；r_2 为冠顶圆弧与外锥直线交点横坐标（mm）；k_2 为外锥直线斜率；b_2 为外锥直线截距（mm）；R_0 为钻头半径-切削齿半径+打磨量计算所得的值（mm）；d 为倒角横向长度（mm）；β 为倒角（°）；h_1 为冠部高度（mm）；k_3 为倒角斜率；b_3 为倒角直线截距（mm）。

利用式（6-1）和式（6-2），当给定 R_0、内锥半角 α、冠顶位置 r_0、冠顶圆弧半径 r、倒角 β、倒角横向长度 d 和冠部高度 h_1 时，就可以确定出具体的冠部形状。因此我们将变量 R_0、α、r_0、r、β、d、h_1 称为直线-圆弧-直线-倒角冠部的设计参数。

2. 直线-圆弧-圆弧-倒角

直线-圆弧-圆弧-倒角冠部形状由直线段、圆弧段、圆弧段和倒角组成，冠顶圆弧段与相邻的直线段和圆弧段相切，如图 6-4 所示。

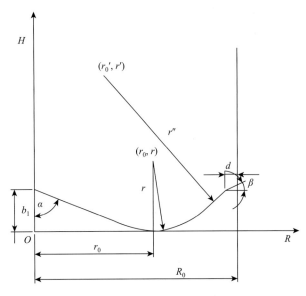

图 6-4　直线-圆弧-圆弧-倒角

在图 6-4 的坐标系中，直线-圆弧-直线-倒角冠部可表示为

$$
\begin{cases}
H = k_1 R + b_1 & (0 \leqslant R \leqslant r_1) \\
(R - r_0)^2 + (H - r)^2 = r^2 & (r_1 \leqslant R \leqslant r_2) \\
(R - r_0')^2 + (H - r')^2 = r''^2 & (r_2 \leqslant R \leqslant R_0 - d) \\
H = k_3 R + b_3 & (R_0 - d \leqslant R \leqslant R_0)
\end{cases}
\tag{6-3}
$$

冠部参数可按照下式计算：

$$
\begin{cases}
k_1 = -\cot(\alpha) \\
b_1 = r + \cot(\alpha) r_0 - r\sqrt{1 + \cot(\alpha)^2} \\
r_1 = r_0 - \dfrac{\cot(\alpha) r}{\sqrt{1 + \cot(\alpha)^2}} \\
r_0' = R_0 - d - r'' \\
r' = r + (r'' - r)\cos(B) \\
r_2 = \dfrac{F - D}{C - E} \\
k_3 = \tan(\beta) \\
b_3 = -\sqrt{r''^2 - (R_0 - d - r_0')^2} + r' - \tan(\beta)(R_0 - d)
\end{cases}
\tag{6-4}
$$

其中，

$$
\begin{cases}
A = \dfrac{r_0 - R_0 + d + r''}{r'' - r} \\[3mm]
B = \alpha \tan\left(\dfrac{A}{\sqrt{1 - A^2}}\right) \\[3mm]
C = \dfrac{r - r'}{r_0 - r_0'}, \\[3mm]
D = r - \dfrac{r - r'}{r_0 - r_0'}\, r_0 \\[3mm]
E = \dfrac{r_0' - r_0}{r - r'} \\[3mm]
F = \dfrac{r_0'^2 + r'^2 - r_0^2 - r''^2}{2(r'' - r)}
\end{cases}
$$

式中，r_2 为冠顶圆弧与外锥圆弧交点横坐标（mm）；r_0' 为外锥圆弧横坐标（mm）；r' 为外锥圆弧纵坐标（mm）；r'' 为外锥圆弧半径（mm）。

利用式（6-3）和式（6-4），当给定 R_0、内锥半角 α、冠顶位置 r_0、冠顶圆弧半径 r、外锥圆弧半径 r''、倒角 β、倒角横向长度 d 时，就可以确定出具体的冠部形状。因此将变量 R_0、α、r_0、r、r''、β、d 称为直线-圆弧-圆弧-倒角冠部的设计参数。

3. 直线-圆弧-抛物线-倒角

直线-圆弧-抛物线-倒角冠部形状由直线段、圆弧段、抛物线段和倒角组成，冠顶圆弧与相邻的直线段和抛物线段相切，如图 6-5 所示。

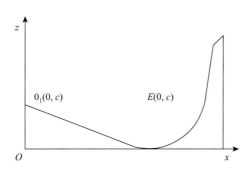

图 6-5　直线-圆弧-抛物线-倒角

根据直线、圆弧和抛物线组合的特点可以获得

$$
\begin{cases}
内锥： z = k_1 x + c \\
冠顶： (x - R_0)^2 + (z - R)^2 = R_2 \\
外锥： z = k_2 (x - R_0)^2 + b
\end{cases}
\tag{6-5}
$$

其中，

$$\begin{cases} k_1 = \dfrac{R_0(R-c) \pm R\sqrt{{R_0}^2 + (c-R)^2 - R^2}}{{R_0}^2 - R^2} \\[4mm] k_2 = \dfrac{(H-R) + \sqrt{(H-R)^2 - [R^2 - (D/2-R_0)^2]}}{2[(D/2-R_0)^2 - R^2]} \end{cases}$$

式中，R 为冠部圆弧半径（mm）；k_1 为内锥直线斜率；c 为内锥直线在 z 轴上的截距（mm）；k_2、b 为外锥抛物线的有关参数（mm）；R_0 为冠部顶端到钻头轴线的半径（mm）。

通过以上方法，直线、圆弧和抛物线组合曲线方程的各个系数都已经确定，只要给出钻头外锥高度值 H、钻头直径 D、冠部顶端所处的半径 R_0、内锥直线在钻头轴线上的高度 c 以及冠顶圆弧半径 R，即可绘制典型的 PDC 钻头冠部曲线。

6.2　轴向布齿

PDC 钻头切削齿密度设计的原则是：在满足地层岩性的要求下，采用最少切削齿数量的布置方式，使钻头钻进地层经济最佳，同时兼顾机械钻速和钻头寿命。切削齿增多，钻速下降。这是由于每颗切削齿上的压力减小，"吃"入地层的深度减少，对钻头的清洗和冷却有不良的影响。但是切削齿增多会使每一颗齿所承担的切削量减少，延长寿命，相应地增加 PDC 钻头的进尺。布齿密度可用钻头端面上切削齿的总数来表示。根据地层岩性，就钻头直径为 $8\frac{1}{2}$in 钻头基本可判断为：20～30 颗齿为稀布齿密度；30～50 颗齿为中等布齿密度；58～76 颗齿为密布齿密度。

为生成径向布齿图，需要确定不同半径处切削齿的布齿密度。布齿密度影响钻头的机械钻速和耐磨性。同样钻压载荷下，布齿密度越大，每颗齿因分担的钻压变小，导致"吃"入地层深度变浅，破岩效率降低。但每颗切削齿的受损程度降低，钻头寿命提高。

PDC 切削齿通常承受径向力、切向力、轴向力和弯矩等作用力。这些力的大小和方向取决于钻头设计参数、所钻地层的强度及钻井工作参数。其中设计参数包括钻头冠部形状，PDC 切削齿的齿前角、侧转角，PDC 切削齿的定位半径、定位高度，周向布置角、法向角和各个 PDC 切削齿的切削面积等。这些力的矢量和在垂直于钻头中心轴线的平面上产生一个静不平衡力，其值通常与钻压成正比，大小用所占钻压的百分比表示，它是 PDC 钻头偏离几何中心旋转的根本原因。因此，除使用低摩阻保径结构的 PDC 钻头外，一般借助计算机将不平衡力设计为最小。力平衡原则就是要求把钻头的横向不平衡力控制在很小的范围内，但只是一种静力平衡，通常横向不平衡力控制在钻压的 5% 以内。力平衡设计的最高阶段是动平衡，由于井底凹凸不平等，所以在实际切削时很难做到完全的全过程动平衡。

钻头表面采用高密度布齿和混合切削结构设计，其中混合切削结构设计指 PDC 钻头布齿时混合布置多种尺寸及材料的 PDC 切削齿或其他金刚石材料切削齿。后排齿布置在 PDC 钻头外锥部位主切削齿的后面，其出露高度比主切削齿略低 1～2mm（该钻头为 1.5mm）。当主切削齿磨损量很小时，后排齿与岩石并不接触，这时后排齿不起任何作用。当主切削齿的磨损量超过一定量时，后排齿就开始和主切削齿一起承担破岩任务。后排齿主要起两方面作用：一方面，当后排齿参与切削破岩后，整个钻头表面上的布齿密度会增加，切削齿的平均载荷会降低，总的磨损速度也随之降低，从而提高 PDC 钻头的寿命；另一方面，当 PDC 钻头钻遇砾夹层而产生振动时，后排齿能够限制主切削齿的"吃"入深度，同时帮助主切削齿承担部分冲击载荷，从而减少钻头振动以及主切削齿金刚石层崩裂的概率，有效地保护 PDC 钻头主切削齿的锋利度，提高 PDC 钻头钻进时的机械钻速。

采用减振节。减振节是一种安置于主切削齿后的耐磨结构，其耐磨性和自锐性均不如 PDC 切削齿。故其主要功能不是破岩，而是缓冲钻头的振动，减小 PDC 齿的冲击载荷。

轴向布齿时需凭经验或类比确定切削齿数、露齿高度和规径齿磨削量。

覆盖布齿设计时要确定 R_0（轴向半径）、H_0（轴向高度），和法向角 γ_0 三个空间方位参数。覆盖布齿设计得到的结果是轴向布齿图，它反映切削齿在钻头上的轴向布置和在井底半径方向的覆盖情况。

6.2.1　确定主切削齿的轴向位置

本书中心齿的轴向半径就是第一颗切削齿齿面的轴向半径。

$$R_{c(1)} = r_{c(1)} \tag{6-6}$$

式中，$R_{c(1)}$ 为第一颗切削齿的轴向半径（mm）；$r_{c(1)}$ 为第一颗切削齿的半径（mm）。

规径齿的轴向半径：

$$R_{c(n)} + r_{c(1)} - d - l_c < E_r \tag{6-7}$$

式中，l_c 为规径值磨损量（mm）；E_r 为自定义误差，取 0.5mm；n 为切削齿数。

在中心齿轴向半径已经确定后，设每颗切削齿的切削体积为常数 C，并且切削齿在周向是按照顺时针方向排列，可推出切削齿 $i + 1$ 的圆心横坐标（即轴向半径）计算公式：

$$R_{c(i+1)} = \sqrt{C + \left(R_{c(i)} - \frac{\theta_1}{360} \times \sigma \right)^2} - \frac{\theta_1}{360} \times \sigma \tag{6-8}$$

根据式（6-8）只要算出第二颗切削齿的轴向半径就能依次算出每颗切削齿的轴向半径，但通常算出的最后一颗切削齿位置不能满足规径齿的要求，这就需要调整第二颗切削齿的位置，使规径齿满足自定义误差。这是一个迭代计算的过程。

6.2.2　确定主切削齿的轴向高度

确定了冠部形状、出露高度和各切削齿轴心横坐标的位置后，所有切削齿中心的轴向高度线也就确定了。对于相同直径的切削齿来说，轴向高度是冠部曲线的等距线距离；对于不同切削齿来说就不同了，但是原理都一样，即每颗齿中心到冠部曲线的距离加上露齿高度再减去切削齿的半径就是轴向高度。此求法也适用于中心齿和规径齿。针对直线-圆弧-直线-倒角的切削齿轴向高度计算如下（直线-圆弧-圆弧-倒角和直线-圆弧-抛物线-倒角的轴向高度通过下面公式进行类比计算）：

内锥段：

$$H_{c(i)} = k_1 H_{c(i)} + b_1 + (r_{c(i)} - l_{c(i)})\sqrt{(1 + k_1^2)} \tag{6-9}$$

冠顶圆弧段：

$$H_{c(i)} = r - \sqrt{(r + l_{c(i)} - r_{c(i)})^2 - (R_{c(i)} - r_0)^2} \tag{6-10}$$

外锥段：

$$H_{c(i)} = k_2 R_{c(i)} + b_2 + \left[r_{c(i)} - l_{c(i)}\sqrt{(1 + k_2^2)} \right] \tag{6-11}$$

倒角段：

$$H_{c(i)} = k_3 R_{c(i)} + b_3 + \left[r_{c(i)} - l_{c(i)}\sqrt{(1 + k_3^2)} \right] \tag{6-12}$$

式中，$H_{c(i)}$ 为第 i 颗主切削齿的轴向高度，mm；$l_{c(i)}$ 为出露高度；$r_{c(i)}$ 为第 i 颗主切削齿的半径；式（6-9）～式（6-11）中的 k_1、b_1、r、r_0、k_3、b_3 与式（6-1）中一致，此处不再赘述。各字母含义与式（6-1）一致。

确定规径齿的轴向位置，所有规径齿的轴向半径差别不是很大，在该钻头中统一为

$$H_{c(i)} = d + dml_i - r_{c(i)} \tag{6-13}$$

式中，dml_i 为第 i 颗规径齿打磨量（mm）。

规径齿的轴向高度和主切削齿的轴向半径求法相似。该钻头规径齿的轴向高度采用等间距布齿。最后一颗规径齿的轴向高度为

$$H_{c(i)} = bjg - r_{c(i)} \tag{6-14}$$

式中，bjg 为冠部轮廓规径段高度（mm）。

其余规径齿的轴向高度为

$$H_{c(z_1)} = H_{c(n)} + \frac{H_{c(z_1)} - H_{c(n)}}{n_1 - 1} \tag{6-15}$$

式中，$H_{c(i)}$ 为最后一颗规径齿的轴向高度（mm）；$H_{c(n)}$ 为规径齿的轴向高度（mm）；n 为保径齿个数。

6.3　刀翼形状设计

刀翼参数主要包括刀翼数量、刀翼形状以及刀翼位置角。仅以刀翼结构作为判断钻头性能的标准是不成立的。因为刀翼为 PDC 切削齿服务，其数量、形状和位置均受到切削齿的约束。刀翼的数量由布齿数量和布齿密度来决定，刀翼的形状和位置则由切削齿周向位置角来决定。

6.3.1　刀翼数量

刀翼数量越多布齿密度越大，单位点上受到的作用力越小，单个齿承受冲击和研磨

的能力相应越高，从而增强钻头整体的抗冲击能力。但是，刀翼数量增加会影响钻头的攻击性。根据使用经验，将新型钻头刀翼数设计为 5 个和 6 个进行优选。

6.3.2　刀翼形状以及刀翼位置角

刀翼形状是 PDC 钻头布齿设计的重要部分，直接影响布齿密度，刀翼形状可分为直线形刀翼、圆弧形刀翼、螺旋形刀翼及自定义刀翼类型，如图 6-6 所示。

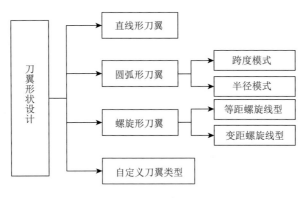

图 6-6　刀翼形状类型

螺旋形刀翼设计有两种模式：一是等距模式，即等距螺旋线刀翼；二是变距模式，即变距螺旋线刀翼。螺旋形刀翼设计图如图 6-7 所示，ϕ 为刀翼角，φ 为刀翼跨度角，γ 为相邻刀翼的翼间角，下角标为图中刀翼编号。

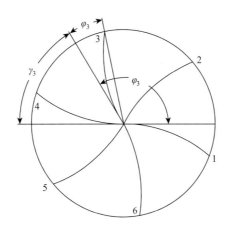

图 6-7　螺旋形刀翼设计图

在图 6-7 极坐标系中，等距模式（阿基米德螺旋线）下螺旋形刀翼数学模型可表示为

$$\gamma = \alpha\theta + \theta_0 \qquad \theta_0 \in [\phi_m - \varphi_m, \phi_m] \tag{6-16}$$

刀翼参数可按照下式计算：

$$\begin{cases} \alpha = \dfrac{R_0}{\varphi_m} \\[3mm] \theta_0 = -\dfrac{R_0 \phi_m}{\varphi_m} \end{cases} \tag{6-17}$$

式中，α 为螺旋线的形状参数；θ_0 为螺旋线位置参数；θ 为周向位置角。

利用式（6-16）和式（6-17），当给定第一个刀翼的刀翼角、刀翼跨度角，以及后面所有相邻刀翼的翼间角和刀翼跨度角时，就可以确定出所有刀翼的具体形状，因此将变量 γ 和 φ 称为等距模式下螺旋形刀翼的设计参数。该钻头第一个刀翼的刀翼角为 $0°$。

6.4　周 向 布 齿

周向布齿设计是指在垂直于钻头轴线的平面内（又称为钻头的工作平面）将切削齿按照一定的顺序进行布置。它反映了钻头上水眼位置、切削齿的排列顺序和周向的位置，周向布齿设计最后得到的是周向布齿图。

针对螺旋刀翼进行逆时针布齿，每条螺旋线在规径齿和中心齿处的极角差为 θ_s，第 1 条螺旋线的起始角由设计者自定，该钻头定为 $0°$，第 m 条螺旋线的起点的极角为 θ_m'，则第 m 条螺旋线（即第 m 只刀翼上）的第 i 齿的周向位置角 θ_i 为

$$\theta_i = \frac{R_{c(i)} - R_{c(1)}}{R_{c(n)} - R_{c(1)}} \times \theta_i + \theta_m' \,, \, m \in [1,N], i \in [1, z_1] \tag{6-18}$$

式中，$R_{c(i)}$ 为第 i 颗切削齿的轴向半径（mm）；$R_{c(n)}$ 为规径齿的轴向半径（mm）；$R_{c(1)}$ 为第 1 颗切削齿的轴向半径（mm）。

如果每只刀翼的翼间角不相同，则

$$\theta_m' = \theta_{dy} + \theta_0 \tag{6-19}$$

式中，θ_{dy} 为切削齿所在刀翼的极角（°）。

如果逆时针布齿，第 $i+1$ 齿的周向位置角 θ_{i+1} 为

$$\theta_{i+1} = \frac{R_{c(i+1)} - R_{c(1)}}{R_{c(n)} - R_{c(1)}} \times \theta_s + \theta_{m+1}' \,, \quad m \in [1,N], i \in [1, z_1] \tag{6-20}$$

6.5　高效破岩钻头设计

6.5.1　钻头冠部形状设计

针对 6.1 节的冠部形状设计，对 $8\frac{1}{2}$in 钻头的冠部进行直线-圆弧-直线-倒角、直线-圆弧-圆弧-倒角、直线-圆弧-抛物线-倒角的设计计算，得到的三种不同冠形如图 6-8～图 6-10 所示。

1. 内锥 140°

针对直线-圆弧-直线-倒角、直线-圆弧-圆弧-倒角和直线-圆弧-抛物线-倒角的 $8\frac{1}{2}$in 内锥 140°钻头冠部形状设计如图 6-8 所示。其中内锥高度、冠顶高度、内锥角度、保径长度及冠顶半径分别为 23.00mm、60.00mm、140.00°、66.67mm、30.00mm，且恒为该值。

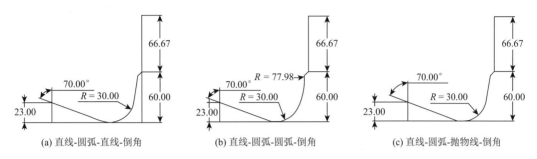

(a) 直线-圆弧-直线-倒角　　　(b) 直线-圆弧-圆弧-倒角　　　(c) 直线-圆弧-抛物线-倒角

图 6-8　$8\frac{1}{2}$in 内锥 140°钻头冠部形状设计（单位为 mm）

2. 内锥 150°

三种冠部形状的 $8\frac{1}{2}$in 内锥 150°钻头冠部形状设计如图 6-9 所示。与内锥角度为 140°的冠部设计不同的是，其内锥角度、内锥高度、冠顶高度、冠顶半径分别为 150°、15.00mm、50.00mm、35.00mm，保径长度为 66.67mm。

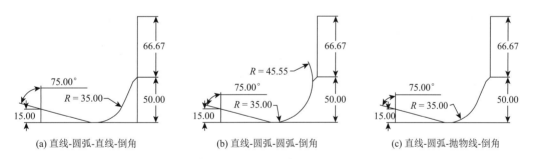

(a) 直线-圆弧-直线-倒角　　　(b) 直线-圆弧-圆弧-倒角　　　(c) 直线-圆弧-抛物线-倒角

图 6-9　$8\frac{1}{2}$in 内锥 150°钻头冠部形状设计（单位为 mm）

3. 内锥 160°

与内锥为 140°和 150°的冠部形状不同的是，160°内锥的冠形变化也是在内锥高度、冠顶高度、冠顶半径及内锥角上，保径长度恒为 66.67mm。三种不同冠形及其对应参数如图 6-10 所示。

6.5.2　钻头径向布齿

针对前文的径向布齿、刀翼形状、切削齿的选择对 $8\frac{1}{2}$in 钻头的冠部进行直线-圆弧-

直线-倒角、直线-圆弧-圆弧-倒角、直线-圆弧-抛物线-倒角径向布齿的设计计算，得到三种不同冠形、5 刀翼和 6 刀翼、切削齿（切削齿选择圆柱齿和椭圆齿，后排齿选择锥形齿）的径向布齿。下面给出 $8\frac{1}{2}$in 内锥 150°、直线-圆弧-圆弧-倒角冠形、5 刀翼和 6 刀翼、圆柱齿单/双排、椭圆齿单/双排，圆柱齿为 16mm 的径向布齿图。

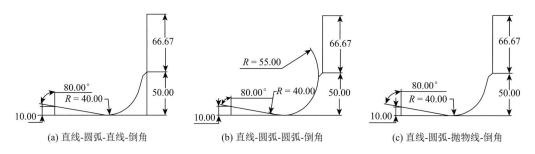

(a) 直线-圆弧-直线-倒角   (b) 直线-圆弧-圆弧-倒角   (c) 直线-圆弧-抛物线-倒角

图 6-10 $8\frac{1}{2}$in 内锥 160°钻头冠部形状设计（单位为 mm）

1. 内锥 150° + 直线-圆弧-圆弧-倒角冠形 + 5 刀翼 + 圆柱齿

如图 6-11 所示为 $8\frac{1}{2}$in、5 刀翼、内锥 150°、直线-圆弧-圆弧-倒角冠形的径向布齿图，前排切削齿用的皆为 16mm 的圆柱齿。其中不同颜色的齿代表所在的刀翼，红色为 1 号刀翼、黄色为 2 号刀翼、绿色为 3 号刀翼、天蓝色为 4 号刀翼、深蓝色为 5 号刀翼。齿的圆心位置能反映其在刀翼上的径向位置。后排齿主要在冠顶位置，各刀翼均有后排锥形齿，其所在位置及关系如图 6-11（b）所示。

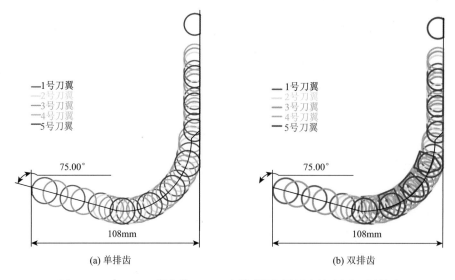

(a) 单排齿   (b) 双排齿

图 6-11 $8\frac{1}{2}$in 5 刀翼内锥 150°，直线-圆弧-圆弧-倒角冠形，圆柱齿

2. 内锥 150° + 直线-圆弧-圆弧-倒角冠形 + 6 刀翼 + 圆柱齿

如图 6-12 所示为 $8\frac{1}{2}$in、6 刀翼、内锥 150°的直线-圆弧-圆弧-倒角冠形，前排切削齿

用的皆为 16mm 的圆柱齿。其中玫红色齿所在刀翼为 6 号刀翼。各刀翼上圆柱齿及后排锥形齿所在位置及关系如图 6-12 所示。

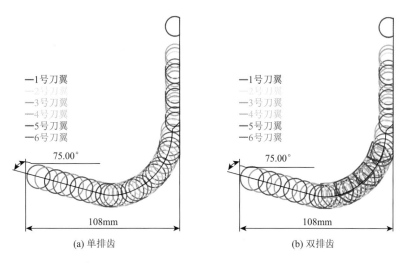

图 6-12　$8\frac{1}{2}$in 6 刀翼内锥 150°，直线-圆弧-圆弧-倒角冠形，圆柱齿

3. 内锥 150° + 直线-圆弧-圆弧-倒角冠形 + 5 刀翼 + 椭圆齿

为探究不同平面齿对破岩效果及钻头寿命的影响，现将冠顶处的圆形齿替换成椭圆齿，椭圆齿的大小见 6.5.6 节。同样对有无后排齿及刀翼个数进行研究，其中 $8\frac{1}{2}$in、5 刀翼、内锥 150°、直线-圆弧-圆弧-倒角冠形的径向布齿如图 6-13 所示。同样地，不同颜色代表不同刀翼，从径向布齿图能看出齿的轴向和周向位置。

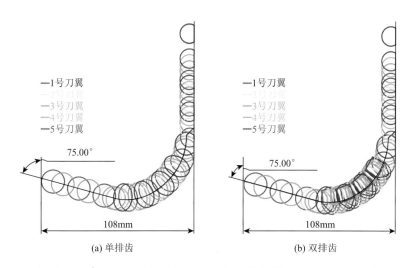

图 6-13　$8\frac{1}{2}$in 5 刀翼内锥 150°，直线-圆弧-圆弧-倒角冠形，椭圆齿

4. 内锥 150°+ 直线-圆弧-圆弧-倒角冠形＋6 刀翼＋椭圆齿

同样对 $8\frac{1}{2}$in、6 刀翼、内锥 150°、直线-圆弧-圆弧-倒角冠形、冠顶为椭圆齿进行径向布齿，如图 6-14 所示。

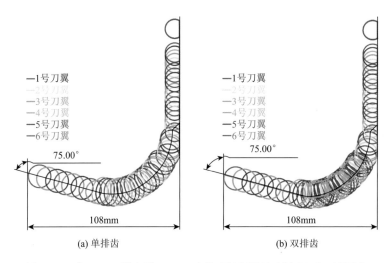

$$(a)\ 单排齿 \qquad\qquad (b)\ 双排齿$$

图 6-14　$8\frac{1}{2}$in 6 刀翼内锥 150°，直线-圆弧-圆弧-倒角冠形，椭圆齿

6.5.3　钻头刀翼形状设计

针对前文的刀翼形状，对 $8\frac{1}{2}$in 钻头的刀翼形状进行螺旋线等距模式设计计算。在 CAD 软件中有自带生成阿基米德螺旋线的功能，基于计算参数和软件辅助生成的刀翼螺旋线如下。

1. $8\frac{1}{2}$in 5 刀翼钻头刀翼螺旋线

现对 $8\frac{1}{2}$in 5 刀翼钻头的刀翼螺旋线进行设计。分别设计了刀翼跨度角为 5°、10°、15°、20°、25°、30° 的螺旋线刀翼形状，如图 6-15 所示。

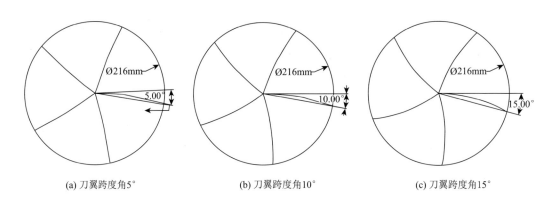

(a) 刀翼跨度角5°　　　　　　(b) 刀翼跨度角10°　　　　　　(c) 刀翼跨度角15°

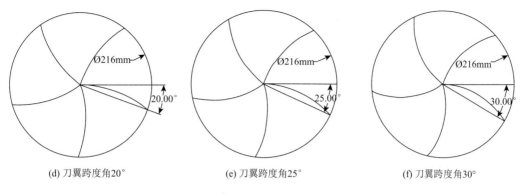

(d) 刀翼跨度角20°　　　　　(e) 刀翼跨度角25°　　　　　(f) 刀翼跨度角30°

图 6-15　$8\frac{1}{2}$in 5 刀翼钻头的刀翼形状

2. $8\frac{1}{2}$in 6 刀翼钻头刀翼螺旋线

同样在软件中对 $8\frac{1}{2}$in 6 刀翼钻头刀翼螺旋线进行设计。分别设计了刀翼跨度角为5°、10°、15°、20°、25°、30°的螺旋线刀翼形状，如图6-16所示。

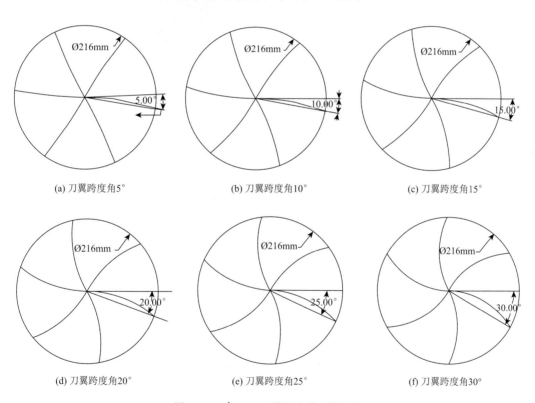

(a) 刀翼跨度角5°　　　　　(b) 刀翼跨度角10°　　　　　(c) 刀翼跨度角15°

(d) 刀翼跨度角20°　　　　　(e) 刀翼跨度角25°　　　　　(f) 刀翼跨度角30°

图 6-16　$8\frac{1}{2}$in 6 刀翼钻头的刀翼形状

6.5.4　刀翼位置角

刀翼位置角包括刀翼角 ϕ、刀翼跨度角 φ、相邻刀翼的翼间角 γ 这三个角度。针对 5 刀翼钻头，1 号刀翼与 2 号刀翼的 φ 为 70.4°，2 号刀翼与 3 号刀翼的 φ 为 76.5°，3 号刀翼与 4 号刀翼的 φ 为 71°，4 号刀翼与 5 号刀翼的 φ 为 67.3°。针对 6 刀翼钻头，1 号刀翼与 2 号刀翼的 φ 为 61°，2 号刀翼与 3 号刀翼的 φ 为 60.5°，3 号刀翼与 4 号刀翼的 φ 为 59°，4 号刀翼与 5 号刀翼的 φ 为 60°，5 号刀翼与 6 号刀翼的 φ 为 60°。

5 刀翼和 6 刀翼钻头的刀翼角 ϕ 默认为 0°，相邻刀翼的翼间角 γ 为所取的 5°、10°、15°、20°、25°、30°。若已知 1 号刀翼的刀翼角 ϕ、刀翼跨度角 φ、翼间角 γ 这 3 个数据，则其他刀翼的刀翼位置角也就求出来了。

6.5.5　喷嘴与流道

根据要求设计 5 个喷嘴，其中主刀翼喷嘴 2 个，辅助刀翼喷嘴 3 个。这里给出 10 号钻头的水眼位置，如图 6-17 所示。喷嘴布置参数见表 6-2。

图 6-17　10 号钻头水眼编号和主切削齿标号

表 6-2　喷嘴布置参数

喷嘴序号	喷射角（°）	圆周角（°）	基点半径（mm）
1 号	6.5	22.99	31.39
2 号	6.5	84.96	27.09
3 号	6.5	171	34.9
4 号	6.5	−61.7	55
5 号	6.5	−128.78	57.59

6.5.6　切削齿

1. 切削齿的角度

针对 XX-1-2 井的目标地层和经验设计中切削齿角度的大致范围，给出 10 号钻头 $8\frac{1}{2}$in 的切削齿角度，包括前倾角和侧转角，如表 6-3 和表 6-4 所示。其中刀翼保径齿编号如图 6-18 所示。

表 6-3　10 号钻头主切削齿角度

齿号	侧转角(°)	前倾角(°)	齿号	侧转角(°)	前倾角(°)	齿号	侧转角(°)	前倾角(°)
1-1	6.47	12.21	2-1	2.13	13.62	3-1	3.18	14.93
1-2	4.67	12.26	2-2	2.36	14.72	3-2	0.93	9.64
1-3	0.29	10.12	2-3	1.43	18.64	3-3	2.1	16.19
1-4	1.86	11.08	2-4	1.78	20.27	3-4	0.97	14.16
1-5	2.42	14.03	2-5	1.80	20.00	3-5	2.22	16.22
1-6	1.36	16.98				3-6	4.9	18.84
1-7	1.75	19.58				3-7	0.55	20.17

齿号	侧转角(°)	前倾角(°)	齿号	侧转角(°)	前倾角(°)
4-1	2.46	15.06	5-1	1.52	14.6
4-2	3.82	16.91	5-2	1.37	8.06
4-3	2.57	18.17	5-3	1.83	14.02
4-4	3.6	21.34	5-4	2.52	14.89
			5-5	1.75	16.42

表 6-4　10 号钻头保径齿角度

齿号	前倾角(°)	齿号	前倾角(°)	齿号	前倾角(°)	齿号	前倾角(°)	齿号	前倾角(°)
1-1	29.88	2-1	27.3	3-1	33.25	4-1	29.86	5-1	30.59
1-2	29.24	2-2	31.52	3-2	32.01	4-2	31.34	5-2	30.02
1-3	29.66	2-3	31.38	3-3	27.19	4-3	28.34	5-3	31.69
1-4	31.87	2-4	32.55	3-4	29.95	4-4	34.27	5-4	28.23

2. 切削齿的选用

主切削齿用到 Ø16mm×13mm、Ø19mm×13mm 的圆柱齿，进行布齿、计算、优选；保径齿选用 Ø13mm×13mm 的圆柱齿；椭圆齿选用 Ø19mm×13mm×13mm 的齿。各种齿的具体参数如图 6-19 所示。

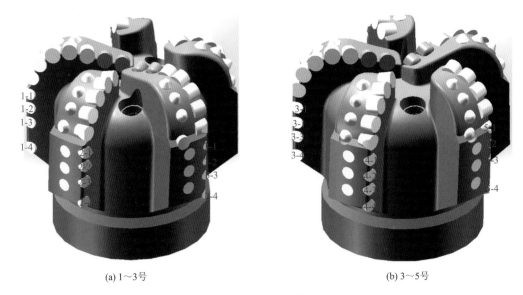

(a) 1～3号　　　　　　　　　　　　　(b) 3～5号

图 6-18　刀翼保径齿编号

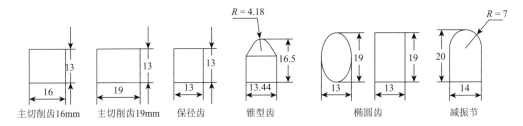

图 6-19　选用的各切削齿（单位为 mm）

3. 钻头内流道

如图 6-20 所示为钻头内流道尺寸。其中，流道半径 AB 为 48.04mm，CD 段为 50.16mm，圆弧半径 $R = 50$mm。

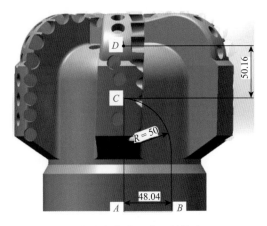

图 6-20　钻头内流道尺寸（单位为 mm）

6.5.7　钻头接头

本章中所有钻头的接头采用同一接头，接头参数如图 6-21 所示。

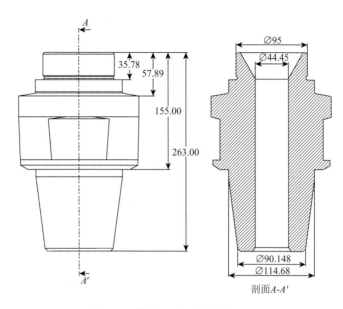

图 6-21　接头尺寸（单位为 mm）

6.6　高效破岩钻头优选

通过动力学计算得到钻头切削岩石的效率，从而进一步优选钻头，如表 6-5 所示。从优选结果可以看到，9 号钻头的破岩能力比 5 号钻头高出 21.2%。岩屑质量大于 6kg 的钻头有 1 号、9 号、11 号、13 号、15 号。而其中排列前三的分别为 9 号、13 号和 11 号。

表 6-5　钻头切削岩石的效率

钻头编号	内锥角（°）	刀翼个数	刀翼跨度角（°）	切削齿	单/双排	切削质量
1				圆柱齿	单	6.0964kg
2		5	5	椭圆齿		钻头侧向力较大，横向振动严重
3				椭圆齿	双	钻头侧向力较大，横向振动严重
4				圆柱齿		钻头侧向力较大，横向振动严重
5	150		5	圆柱齿		5.2643 kg
6		6	15	圆柱齿	单	5.8233 kg
7			20	圆柱齿		5.9865 kg
8		5	10	圆柱齿	单	5.9280 kg
9				椭圆齿		6.3811 kg

续表

钻头编号	内锥角（°）	刀翼个数	刀翼跨度角（°）	切削齿	单/双排	切削质量
10		5	10	圆柱齿	双	5.8420 kg
11				椭圆齿		6.1914 kg
12	150	6	10	圆柱齿	单	5.9533 kg
13				椭圆齿		6.2250 kg
14				圆柱齿	双	5.8076 kg
15				椭圆齿		6.0382 kg

对优选钻头（9 号、13 号、11 号）和淘汰钻头（5 号）进行详细的对比分析。

计算结果表明，切削产生的岩屑质量排名前三的钻头使用的都是椭圆齿。由此可以看出椭圆齿提速效果明显。但考虑到目前椭圆齿的加工工艺以及质量问题，还是推荐使用圆柱齿。

以刀翼螺旋角为变量，5 号（5°）、6 号（15°）、7 号（20°）、12 号（10°）钻头的破岩效果表明螺旋角小了不好，大了提速效果也不明显。结合钻头的使用工况，即配合冲击器使用，选择适中的刀翼螺旋角，即 10°。

对比 15 号钻头的计算结果，5 刀翼钻头的总体提速效果较好，且 5 刀翼钻头利于排屑和降温。因此选择 5 刀翼。

此外计算结果表明，单排齿的进尺量要稍微大于双排齿的进尺量。但是由于所钻地层为硬地层，所以建议使用双排齿。同时使用冲击器选择锥形齿作为后排齿。

在对 2 号、3 号、4 号、10 号钻头的计算结果中，钻头均发生严重的横向振动，并导致底部井壁发生严重破坏，如图 6-22 所示。优选后的钻头破岩效果如图 6-23 所示。由图可知，优选出的钻头侧向力较低，横向振动较弱，井眼更加平整。

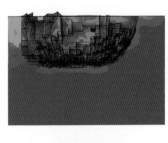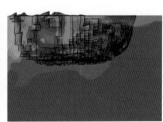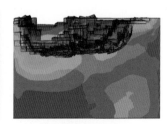

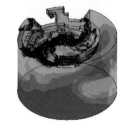

图 6-22 下部井壁发生严重破坏

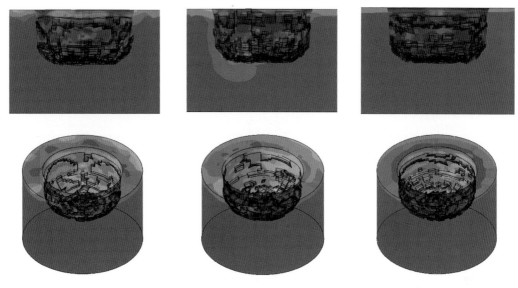

图 6-23　优选后的钻头破岩效果

6.6.1　钻头钻速分析

钻头钻速是评价钻头破岩能力的有力证明数据，图 6-24 为 5 号、9 号、11 号、13 号钻头的实时钻头破岩进尺图。5s 末，9 号钻头的破岩进尺为 41.4mm，13 号钻头的破岩进尺为 40.9mm，11 号钻头的破岩进尺为 40.1mm，钻头 5 的破岩进尺为 34.8mm。

通过计算得到，9 号钻头的机械钻速为 29.8m/h，13 号钻头的机械钻速为 29.5m/h，11 号钻头的机械钻速为 28.9m/h，5 号钻头的机械钻速为 25.1m/h，9 号钻头比 5 号钻头提速 18.7%。

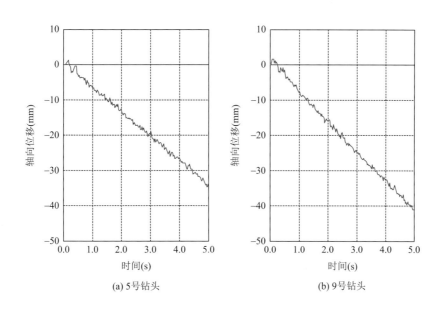

(a) 5号钻头　　　　　　　　　　　　　　(b) 9号钻头

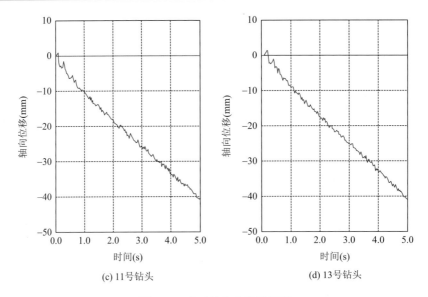

(c) 11号钻头　　　　　　　　　　　(d) 13号钻头

图 6-24　实时钻头破岩进尺图

6.6.2　钻头加速度分析

钻头破岩时的振动情况如图 6-25～图 6-28 所示。其中，9 号、13 号、11 号、5 号钻头在 x 方向的加速度标准差分别为 4.76g、5.35g、4.33g、5.53g。9 号、13 号、11 号、5 号钻头在 y 方向的加速度标准差分别为 5.23g、4.90g、4.31g、5.74g。9 号、13 号、11 号、5 号钻头在 z 方向的加速度标准差分别为 2.46g、2.45g、2.50g、3.23g。从图中可以看到，无论是在横向还是轴向，5 号钻头的振动情况都更为严重。9 号、13 号、11 号钻头的破岩能力相差较小，因此它们的振动强度区别不明显。

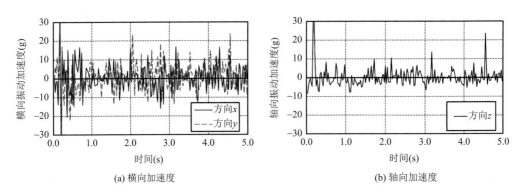

(a) 横向加速度　　　　　　　　　　(b) 轴向加速度

图 6-25　5 号钻头的振动情况

6.6.3　钻头扭矩分析

图 6-29 为钻头破岩扭矩。其中，9 号、13 号、11 号、5 号钻头的平均破岩扭矩分别

为 9.64kN·m、9.40kN·m、9.23kN·m、7.40kN·m。9 号、13 号、11 号、5 号钻头的破岩扭矩的标准差分别为 3.37kN·m、2.88kN·m、3.16kN·m、3.09kN·m。

从上述数据中可以发现，5 号钻头的破岩扭矩明显小于另外三个钻头。而 9 号、13 号、11 号钻头的破岩能力区别较小，因此它们的扭矩波动区别不明显。

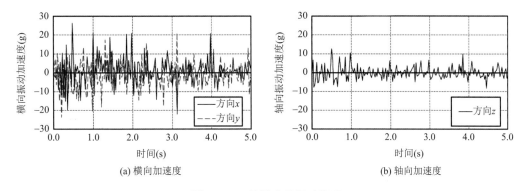

(a) 横向加速度　　　　　　　　　　　　　(b) 轴向加速度

图 6-26　9 号钻头的振动情况

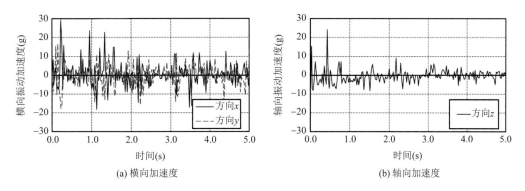

(a) 横向加速度　　　　　　　　　　　　　(b) 轴向加速度

图 6-27　11 号钻头的振动情况

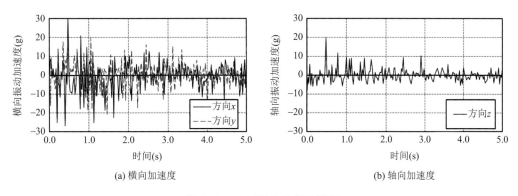

(a) 横向加速度　　　　　　　　　　　　　(b) 轴向加速度

图 6-28　13 号钻头的振动情况

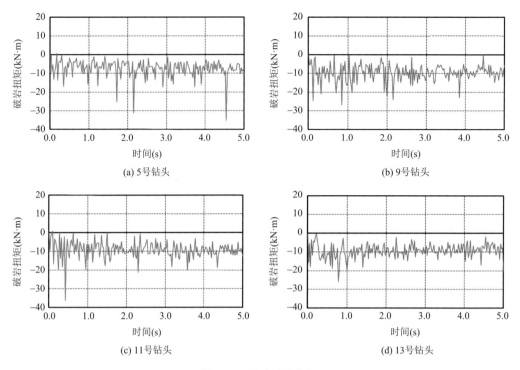

图 6-29　钻头破岩扭矩

6.7　钻头破岩流-固-热三场耦合分析

PDC 钻头在实际应用中，特别是在强研磨性地层钻进时，齿的磨损失效问题尤为突出。通过单齿切削岩石实验分析温度因素在切削过程中对齿磨损的影响，从而对 PDC 钻头水力结构进行优化来降低钻头的磨损。而钻头流场是一个十分复杂的多物理场共同作用的耦合域。目前的实验条件难以达到模拟井底钻头的真实环境，存在较大的局限性且实际操作难度较高。大部分学者在研究钻头流场时通常采用数值仿真方法。计算流体力学是近年来快速发展的研究方法，借助高性能计算机，将物理模型转化为数字模型，把环境影响因素作为边界条件施加在模型上，通过计算软件的耦合求解流体流动的偏微分方程[136]，从而了解流体流动规律。1997 年，Watson 和 Barton[137]对改进的 PDC 钻头进行研究分析，并通过实验验证了计算流体力学在钻头设计中的可行性。

6.7.1　温度与钻齿磨损

相互接触的两个物体有相互运动或运动趋势时，在接触表面上就会产生摩擦现象。磨损则是摩擦副对偶表面在发生相对滑动的过程中，接触表面发生能量转换、损耗和物质迁移的过程。引起和影响磨损的因素很多，包括接触物体的材料性能、摩擦性质以及温度等[138]。

而在 PDC 钻头钻进过程中，一方面强研磨性颗粒的"微观切削"作用使钻齿摩擦面上逐步产生一系列划痕，形成磨损平面；另一方面磨损平面的形成增大了摩擦接触面，在接触区域产生局部高温而使 PDC"软化"，其耐磨性降低，加速了整个磨损过程。因此，考虑了温度因素的 PDC 磨损模型经过实验验证更符合真实情况[139]。

$$\frac{\mathrm{d}V}{\mathrm{d}l} = F_{\mathrm{N}} \cdot a\mathrm{e}^{bT_{\mathrm{w}}+cT_{\mathrm{w}}^2} \tag{6-21}$$

式中，V 为磨损体积（m³）；l 为试件滑动长度（m）；F_{N} 为正压力（N）；T_{W} 为磨损面平均温度（℃）；a，b，c 为常数。

钻齿切削过程中，摩擦和岩石塑性变形产生大量热量。而传入齿上的热量主要来源于切削面与岩屑、切削磨损平面与岩石的摩擦作用。若将两个面上的热量产生速率记作发热功率，那么第 i 个钻齿上的总热功率 P_i[140]：

$$P_i = P_{i1} + P_{i2} \tag{6-22}$$

式中，P_{i1}、P_{i2} 为切削面和磨损面的热功率（W），计算公式如下：

$$\begin{cases} P_{i1} = F_{\mathrm{f}} \cdot v_{\mathrm{c}} \cdot R_1 \\ P_{i2} = f \cdot F_{\mathrm{n}} \cdot \bar{v} \cdot R_2 \end{cases} \tag{6-23}$$

式中，F_{f} 为前齿面摩擦力（N）；F_{n} 为压入岩石的法向力（与磨损面积和切削深度有关）（N）；f 为齿与岩石之间的摩擦系数；v_{c} 和 $\bar{v}$ 分别为切屑速度（与切削速度成正比，参照文献[141]）和平均滑移速度；R_1、R_2 为热量流入齿上的比率[142]。

在 PDC 钻头布齿设计中，对不同钻齿的破岩能力要求不同。而每个钻齿的体积功率密度通常差别不大。这样就可以用不同钻齿切入岩石的体积来表征该钻齿的热功率。那么，根据第 i 个钻齿的热功率 P_i 求得钻齿的平均体积功率密度 ρ_{w}，即

$$\rho_{\mathrm{w}} = \frac{P_i}{V_{\mathrm{ri}}} \tag{6-24}$$

式中，V_{ri} 为 i 个钻齿切削部分体积（m³），计算公式如下：

$$V_{\mathrm{ri}} = d_{\mathrm{c}} \cdot A_{\alpha i} \cdot k_{\mathrm{A}} \tag{6-25}$$

式中，d_{c} 为 PDC 片厚度（m）；k_{A} 为面形状系数；切削面面积 $A_{\alpha i}$ 来源于文献[143]，与切削深度及齿的几何位置有关。

6.7.2　井底流场与 PDC 之间对流换热

6.7.2.1　井底流场

钻头通常含有多个喷嘴，将钻井液的部分压力能转化为动能[144]。流体经喷嘴射出后，沿径向方向发散。整个射流区域呈圆锥状。撞击到壁面后，速度方向发生变化。一部分流体沿壁面流动形成壁面漫流；另一部分与其他流体形成回旋涡流，如图 6-30 所示。其

射流区域大致可分为四个部分：射流核心区域Ⅰ，自由射流区域Ⅱ，流体与壁面撞击区域Ⅲ，壁面射流区域Ⅳ。钻井液从不同角度喷嘴射出后，井底流场呈一个高雷诺数 Re 的紊流状态，合理地选择计算模型才能使计算结果贴合实际，Re 的计算方法为

$$Re = \rho v \frac{d}{\mu} \tag{6-26}$$

式中，ρ 为流体密度（kg/m³）；v 为流体运动速度（m/s）；d 为流体特征长度（m）；μ 为流体黏度系数（Pa·s）。当区域内湍流形成时，流体的流动状态遵循基本流动方程[145]。

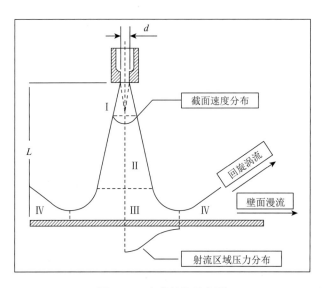

图 6-30　喷嘴射流示意图

6.7.2.2　对流换热

固体置于流体中不仅会影响流体的流动状态，其表面在与流体的接触中也会发生能量的交换。对流换热是热量传递的一种基本方式，是指流体在流动的情况下挟带热量的过程。但它的传热能力要比一般的导热方式强很多，因此对流换热在各个工程领域中都有应用。PDC 齿在井底被流域降温的过程满足对流换热的基本定理。根据牛顿冷却定律，对流换热量的大小 Q 及面上热流量 q 的大小可表示为

$$\begin{cases} Q = \int_A h_x \left(T_s - T_f \right) \mathrm{d}A \\ q = h_x \left(T_s - T_f \right) \end{cases} \tag{6-27}$$

式中，h_x 为某点处对流换热系数（W·m⁻²·℃⁻¹）；T_s、T_f 分别为固体、流体平均温度（℃），即面热流量[146]。显然，对于 PDC 与钻井液的对流传热而言，齿的热量传递过程受多种因素的影响，包括齿与接触面积、齿与流体的传热系数、表面流速、温差和流动状态等。

6.7.3　研究方法

6.7.3.1　切削实验

切削过程在车床上完成，如图 6-31 所示。将焊接了单个 PDC 钻齿（直径 16mm，前倾角为 15°）的刀具安装在特制刀架上，并把圆柱岩石样品（灰白色花岗岩，规格为 Ø100mm×200mm）固定在机床主轴上，调整好机床运行参数（主轴转速为 400r/min，横向进给速度为 0.4mm/s，切削深度为 0.4mm）使钻齿切削速度达到 2.1m/s，通过岩石的连续往复运动实现钻齿的持续切削过程。整个过程的温度由红外线温度测量系统记录并传输到计算机进行相关处理。

图 6-31　实验装置

图 6-32 显示了 PDC 钻齿切削磨损情况。切削一段时间后，在齿顶切削接触面上产生了一系列点蚀小坑和划痕；在接下来的切削过程中，这些小坑或划痕进一步发展并最终在齿顶处形成磨损了一定弦长的微平面。

为了进一步探究切削时磨损过程的发展与温度的影响关系，在相同条件下分别对 4 个同样 PDC 钻齿切削 5min、10min、15min、20min，最终得到不同切削时间下齿顶温度和磨损弦长的关系，如图 6-33 所示。由图可知，在刚开始切削时，齿顶处温度迅速上升，齿顶接触部分开始出现点蚀现象；连续切削 10min 后，齿顶温度超过 134℃，此时齿顶已经出现磨损平面；继续切削，随着热量在齿顶处积累，温度缓慢上升并趋于 180℃，而这时磨损弦长迅速增加，并且在后 10min 的切削过程中磨损弦长的增长也大于前 10min。说明后 10min 切削过程的磨损体积远大于前 10min。这也验证了齿顶处的较高温度是后期切削过程中磨损加剧的重要原因。

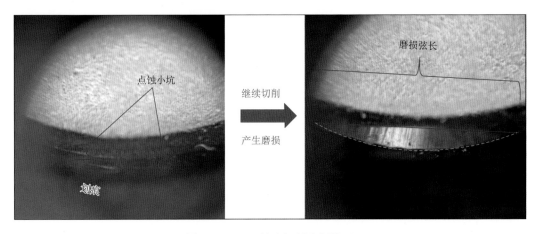

图 6-32　PDC 钻齿切削磨损情况

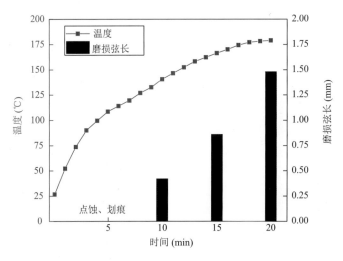

图 6-33　切削实验齿顶温度及磨损弦长图

6.7.3.2　流-固-热三场耦合分析

切削实验中，钻齿在高温情况下的迅速磨损已然说明了升温现象对于钻齿磨损的巨大影响。在 PDC 钻头钻进过程中，钻齿切削岩石时产生的热量是通过循环的钻井液带走的。而钻头上的各个喷嘴又是决定井底钻井液流动情况的重要因素。因此，通过调整喷嘴的结构参数来改善井底流场状态进而降低钻齿上温度、减轻钻齿磨损是井底流-固-热耦合分析的主要内容。下面将详细描述利用 FLUNT 软件进行井底流-固-热耦合数值模型的建立方法，以及改善井底流场的具体措施和结果。

1. 几何建模

采用工程常用 Ø215.9mm 五刀翼五喷嘴 PDC 钻头作为分析对象，截取 PDC 钻头部分以及钻井液在钻头和环空之间形成的流域部分进行建模。考虑到井底工作条件复杂，现有的数值仿真方法难以模拟出真实的工程环境。因此，在不影响井底流场规律的前提下，对模型进行适当合理的简化：①井底和井壁视作光滑曲面；②钻井液与岩屑、井底及井壁之间无热交换；③不考虑岩屑对流动状态的影响；④不考虑压力和温度对钻井液黏度及密度的影响；⑤合理的范围内忽略 PDC 钻头部分细节。

首先，建立钻头三维模型，如图 6-34 所示。

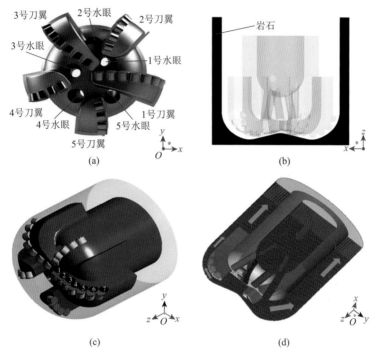

图 6-34　PDC 钻头计算模型

其次，根据刀翼轮廓形成井底轮廓并扩大 5%井壁直径来考虑钻头的扩径作用，在井底与钻头之间增加一定的间隙来模拟流体在 PDC 钻齿附近的流动情况［图 6-34（b）］。考虑到钻头在旋转破碎岩石过程中，齿上的大部分热量都集中在钻齿切削区域，此时可将这部分体积视作恒定发热源[如图 6-34（c）中红色部分]。采用钻齿的切削深度为 2mm，利用平行于井底轮廓面的曲面对 PDC 片分割来定义各齿切削部分体积［图 6-34（c）］。根据式（6-24）得到 ρ_w，则第 i 个钻齿在时间 t 内的发热量 Q_i 为

$$Q_i = \rho_w \cdot V_{ri} \cdot t \tag{6-28}$$

当钻头转速增大后，各齿切削破碎岩石效率提高，齿上产生的切削热增加，根据式（6-24）得出热功率与转速呈线性关系，进一步简化得到体积功率密度可表示为

$$\rho_w = n \cdot k + b \tag{6-29}$$

式中，n 为转速；k，b 为线性系数。

最后，建立钻头的流域模型以及对模型进行简化处理［图 6-34（d）］。划分网格时，对钻头及接触流域部分采用非结构网格，采用局部细化的方法来获得更好的网格质量以

及相对小的计算量，并对不同网格数量的计算结果进行比较，如表 6-6 所示。可发现网格数量变化时，结果误差在可接受范围内，故选取 72 万个网格划分即可满足计算要求。

表 6-6 网格数量验证

网格数量（个）	54 万	72 万	112 万	178 万
某点温度（℃）	167.19	169.76	171.65	170.09

2. 紊流模型

在 $k\text{-}\varepsilon$ 湍流模型中，包含三种求解方式：Standard、RNG 和 Reliable。三种模型在涡流的形成及传递存在一定的区别。Tsai 等[147]在求解换热器流动压力及速度分布情况中发现，当雷诺数增大后，选取 Reliable $k\text{-}\varepsilon$ 模型计算出的结果与实验数据差距更小；对包括旋转、有大反压力梯度的边界层、分离、回流等现象有更好的预测结果。鉴于计算过程中考虑了钻头旋转过程以及模型的适用性，所以本书选择 Reliable $k\text{-}\varepsilon$ 紊流模型求解钻头流场[148]。

3. 求解设置

求解设置是计算中的关键环节，直接关乎最终结果的准确性。模型导入后，利用 mesh motion 实现 PDC 钻头及流场的旋转效果。对于流场运动状态采用稳态求解，而考虑齿的对热传流效应时，采用瞬态求解分析其降温过程。设置钻头转速为 60r/min，根据式（6-23）～式（6-25）计算得钻齿切削部分功率密度 $\rho_w = 1.6 \times 10W/m^3$（其余参数均来源于文献［142］和［143］）钻头与流体之间接触面采用 coupled 类型 interface 进行数据传递。其中使用水作为流体介质，更改黏度为 0.016Pa·s、密度为 1400kg/m^3 来代替钻井液的实际流动，进口为速度入口，5m/s；出口采用压力出口，20MPa（钻井液属性及边界条件参数均由文献[136]所得）。而钻头的材料采用表 6-7 所示参数[141]。

表 6-7 PDC 钻头型材料参数

模型/材料	密度（kg/m^3）	热导率（W·m^{-1}·℃$^{-1}$）	比热容（J·kg^{-1}·℃$^{-1}$）
PDC	3510	543	790
WC-Co	15000	100	230
Steel	7890	48	450

6.7.4 结果与分析

6.7.4.1 流场作用

钻井液经喷嘴加速后呈圆锥状射到井底岩石和钻头上，并在井底形成一个局部高压区。冲击反弹的流体受到钻头结构及其他喷嘴射流的影响，在流道内形成大量涡旋，最后在射流的不断推动作用下，钻井液沿井壁进入环空，运移井底岩屑。可以将单个喷嘴及其主要作用的流域部分分成三个区域：射流区、涡流区和上返区，如图 6-35 所示。

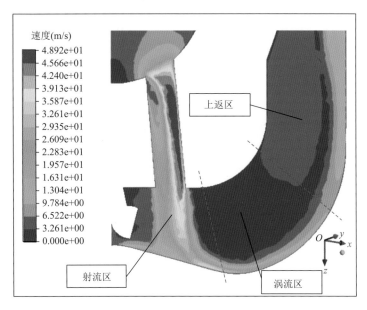

图 6-35　1 号喷嘴截面速度分布图

在三个区域中，射流区是影响井底流场状态的关键部分，包括喷嘴部分以及未与其他界面接触的圆锥区域，井底流场状态受喷嘴结构以及流量系数影响较大。经过射流区的钻井液与井底岩石和 PDC 钻头表面接触后，在流道内形成涡流区，并最终经过上返区离开井底。

1. 井底流场

各喷嘴射流在井底时，仍有大部分压力能保存下来并作用在井底上，形成局部高压区，如图 6-36（a）所示，且其与周围区域形成一定压差。在压差的作用下，射流能够对井底岩石起到预破碎效应，一定程度上提高机械转速。

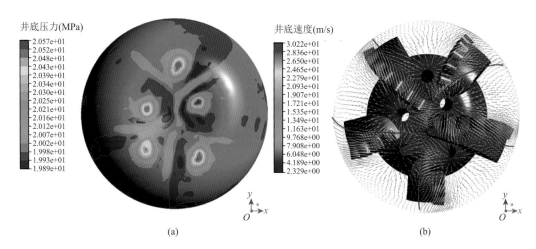

(a)　　　　　　　　　　　　　　　　(b)

图 6-36　井底压力及速度矢量云图

但 PDC 钻头在井下工作时，处于旋转状态，钻头旋转时喷嘴的放射状流动在原本径向流动的基础上增加了横向偏移现象，并且出现明显的周向速度梯度，这使得一个喷嘴射出的流体更容易进入另一个喷嘴流道中。因此，这充分说明了一个流道的流动状态可能受几个喷嘴的共同作用，喷嘴之间、流道之间存在相互制约关系。两个相邻喷嘴之间射出的流体在交界面上速度抵消了一部分，形成明显的分界线。5 个喷嘴形成的流域将井底分割成 5 个部分，每个部分包含一个刀翼及一个喷嘴，如图 6-36（b）所示。钻井液在各自流域内速度分布正常，在流域交界线附近，速度明显降低，并出现不规则状态。在中心部分，受到 5 个喷嘴的共同影响，其流动情况更加复杂，呈高度紊流状态。

2. 对流换热

钻井液经射流区接触到 PDC 钻头表面时，除了清洗掉钻头表面上附着的岩屑，还会带走钻头及齿上的热量，降低齿上的温升。根据傅里叶导热定律，传热过程中的导热量跟诸多因素有关，即

$$Q = -\lambda A \frac{\mathrm{d}T}{\mathrm{d}\delta} t \qquad (6\text{-}30)$$

式中，Q 为热量（J）；A 为接触表面积（m）；λ 为热阻系数（℃/W）；$\mathrm{d}T/\mathrm{d}\delta$ 为温度梯度（负号代表与温度梯度的方向相反）。

而在 PDC 钻齿与钻井液之间的换热过程中，各齿之间发热量及钻齿与流体的接触面积差异并不明显，流场的特性及运动状态是各齿之间温度差异的主要原因[149, 150]。对此，取 1 号刀翼上各齿进一步分析，如图 6-37 所示。由图可见，对前 5 个齿而言，各齿齿面与钻井液之间的传热量跟齿面平均流速成正相关：当流速增大时，传热量增大，且在 1 号刀翼的各齿之间，前 5 个钻齿发热量较高，高温现象也主要体现在前 5 个齿上。因此，在喷嘴结构设计过程中，主要考虑其对前 5 个齿的影响，并且合理设计使各齿表面流速尽可能大，以此来提高齿与钻井液之间的换热量。

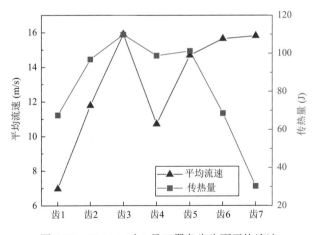

图 6-37　60r/min 时 1 号刀翼各齿齿面平均流速

6.7.4.2　优化结果及分析

根据前文结果，喷嘴直接影响钻井液的流动状态，从而影响其与 PDC 钻头之间的换热情况。由此对 PDC 钻头在流域换热作用下的温度场进行分析，提出所存在的问题。

计算时，为了降低流场形成过程中对计算结果的影响，仿真过程中先让流体作用 0.01s，然后引入热源，得到钻头温度随时间变化图，如图 6-38 所示。在热源作用初期，热源发热时间短，产生的热量大部分被流体带走。各齿上温度差别不大，温度较低。随着热源的持续作用，PDC 齿与钻井液之间的对流换热情况逐渐达到平衡，受热源大小及各齿附近流体运动状态的影响，各刀翼各齿温度分布存在一定的差异。从各刀翼之间的温度差异来看，作为主切削刀翼的第 1、3 号刀翼是长刀翼，单个喷嘴入射到井底的钻井液需要冷却更多的齿；单个钻齿受到钻井液的冷却作用小，两个相邻钻齿之间温度影响较大。所以其齿上平均温度高于三个短刀翼。而从一个刀翼上各齿之间的温度差异来看，位于冠部附近的齿切削体积大，发热量高，平均温度较高。

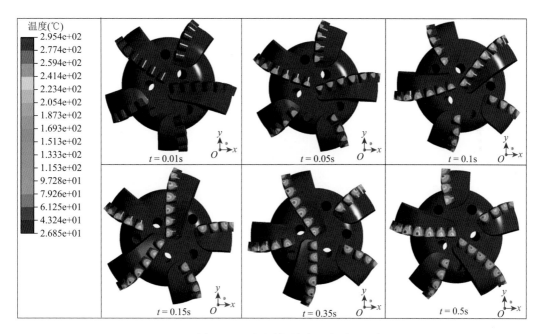

图 6-38　不同时间钻头温度图

因此，在对钻头进行水力结构优化时需要充分考虑各齿生热量以及与钻井液之间相互作用的差异性，从而降低各齿上温度以减轻磨损现象。

首先，在总流量不变的情况下，合理分配各喷嘴之间的流量占比，使作用在长刀翼上的喷嘴获得更大的流量来对更多的齿进行换热降温作用；相反，使作用在短刀翼上的喷嘴流量降低。优化方式可通过更改喷嘴入口之间的排布情况来实现，使 1 号、3 号喷嘴入口处于钻头中心附近，而其余喷嘴入口根据各自刀翼上所需流量而布置在离中心较远处，最终得到优化前后各喷嘴流量如图 6-39 所示。由图可知，优化后作用在长刀翼与短刀翼上的喷嘴流量出现明显的差异，更有利于钻井液对长刀翼上齿的降温作用。

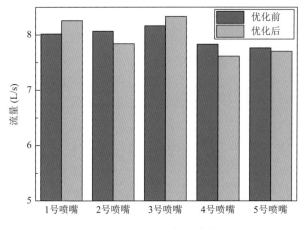

图 6-39　优化前后各喷嘴流量

　　其次，针对各刀翼上冠部附近钻齿温度较高的现象，调整各喷嘴的角度，使喷嘴的射流区集中在钻头冠部区域，并且使钻井液更有利于直接冲刷在齿上而非在与井底反弹之后流过齿面，从而提高齿上的流速，得到优化后钻头表面流速图，如图 6-40 所示。

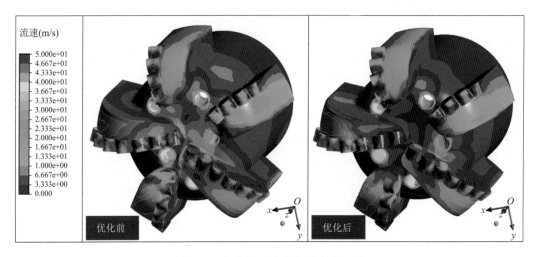

图 6-40　优化前后钻头表面流速云图

　　最终，得到优化后的钻头水力结构，计算其在钻井液作用下的各齿温度并与优化前进行对比，如图 6-41 所示。整体来看，钻齿平均下降温度 8.71℃，各刀翼上齿的温度出现明显下降的现象，冠部处各齿温度降低。在两个长刀翼中，3 号刀翼温度降幅大，齿的平均温度降低 10.06℃；而短刀翼中 5 号刀翼平均温度下降 10.54℃。而对单个钻齿来说，1 号刀翼的第 6 齿，3 号刀翼的 4、5 齿的平均温度下降均超过 18℃，是较为理想的下降幅度。

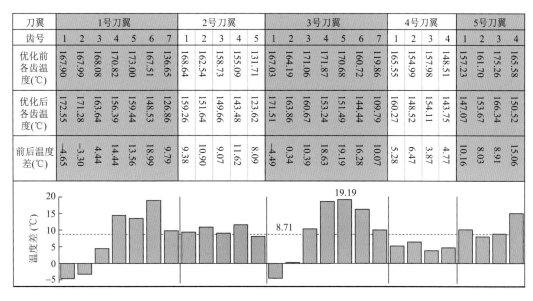

刀翼	1号刀翼							2号刀翼					3号刀翼							4号刀翼				5号刀翼			
齿号	1	2	3	4	5	6	7	1	2	3	4	5	1	2	3	4	5	6	7	1	2	3	4	1	2	3	4
优化前各齿温度(℃)	167.90	167.99	168.08	170.82	173.00	167.51	136.65	168.64	162.54	158.73	155.09	131.71	167.03	164.19	171.06	171.87	170.68	160.72	119.86	165.55	154.99	157.98	148.51	157.23	161.70	175.26	165.58
优化后各齿温度(℃)	172.55	171.28	163.64	156.39	159.44	148.53	126.86	159.26	151.64	149.66	143.48	123.62	171.51	163.86	160.67	153.24	151.49	144.44	109.79	160.27	148.52	154.11	143.75	147.07	153.67	166.34	150.52
前后温度差(℃)	-4.65	-3.30	4.44	14.44	13.56	18.99	9.79	9.38	10.90	9.07	11.62	8.09	-4.49	0.34	10.39	18.63	19.19	16.28	10.07	5.28	6.47	3.87	4.77	10.16	8.03	8.91	15.06

图 6-41　优化前后钻头各齿切削部分平均温度及温度差图

因此，可以看出对喷嘴等水力结构的优化，能有效改善钻头上齿的温度场分布。从而降低齿的磨损现象，对提高钻头寿命以及降低钻井井底成本有重要意义。

6.8　本 章 小 结

本章根据具体地层设计了 15 种类型的 PDC 钻头，并通过全尺寸钻头破岩及全井钻柱动力学特性仿真优选了最佳 PDC 钻头，建立了 PDC 钻头破岩过程的流-固-热三场耦合流场模型，对 PDC 钻头的喷嘴进行了优化。主要结论如下：

（1）优选钻头为 5 刀翼、适中的 10°螺旋角；单排齿的进尺量要稍微大于双排齿，由于所钻地层为硬地层，所以建议使用双排齿；同时使用冲击器选择锥形齿作为后排齿。优选出的钻头侧向力较低，横向振动较弱，井眼更加平整。

（2）仿真计算发现，9 号钻头比 5 号钻头提速 18.7%；9 号钻头、13 号钻头、11 号钻头的破岩能力区别较小，且它们的振动强度和扭矩波动区别并不明显。

（3）温度是影响磨损的重要因素；在 PDC 单齿切削实验中发现，切削 20min 后，钻齿温度接近 180℃，钻齿磨损现象明显加剧。

（4）钻头井底流场是一个流-固-热耦合的问题，喷嘴不仅影响井底钻井液流动状态，对其他流道钻井液流动也有影响，且形成的流场在齿面处的流速和齿的换热量之间一定程度上成正相关，这都为钻头水力结构的优化提供了依据和方向。

（5）采用调整各喷嘴之间的流量分配以及喷嘴角度的方法，对钻头水力结构进行了优化。结果表明，优化后的钻头井底流场更好，使井底钻井液与钻头各齿之间的换热情况更佳，从而减小了齿上平均温度，能够有效降低磨损现象。

第7章 高效破岩钻头现场应用

根据第 6 章对钻头的设计及优化结果，形成针对深部硬地层的钻头个性化设计方案，并进行定制加工；通过 PDC 钻头在现场的使用情况发现，其相比邻井的单只钻头进尺有显著提高。

7.1 钻头的定制加工

钻头的制作过程如图 7-1 所示。钻头胎体在数控加工中心加工出刀翼形状、喷嘴，并钻出齿的位置。随后将钻头放置在车床上进行接头螺纹加工。在切削齿焊接之前，为

(a) 钻齿孔　　　　　　　　　　(b) 车螺纹　　　　　　　　　　(c) 钻头预热

(d) 热浸齿　　　　　　　　　　(e) 焊接齿　　　　　　　　　　(f) 表面处理

图 7-1　钻头制作过程

使齿与齿坑更好地结合，先将钻头放置在加热炉中进行预加热，并将 PDC 齿进行热处理。随后使用特制黏结剂将 PDC 齿与钻头体焊接。齿焊接结束后再对钻头进行表面处理，让黏结剂更好地与 PDC 齿黏结。

制作完成后的钻头如图 7-2 所示。图中钻头为 5 刀翼双排齿结构，前排为圆柱齿，后排为锥形齿，喷嘴数量为 5 个。

(a) 加工成型的钻头实物

(b) 下井前的钻头

图 7-2   钻头实物图

7.2   钻头现场应用

7.2.1   现场应用

研制的 5 刀翼双排齿钻头在 XXX-05BX1 井进行现场使用。该井涉及的地层及其可钻性级别如表 7-1 所示。其中太原组的可钻性级值最大；本溪组和峰峰组可钻性级值为 7。研制的钻头在该口井的太原组、本溪组以及峰峰组钻进。现场使用如图 7-3 所示，研制的钻头一趟钻完二开井眼。

表 7-1   现场运用地层及其可钻性级别

地层	可钻性级别	
第四系黄土层	1～2	极软-软
上石盒子组	2～4	软-较硬
下石盒子组	4～6	较硬-硬
山西组	5～7	较硬-硬

续表

地层	可钻性级别	
太原组	5～8	较硬-硬
本溪组	5～7	较硬-硬
峰峰组	5～7	较硬-硬

(a)   (b)

图 7-3　钻头现场使用图

7.2.2　现场使用结果

XXX-05BX1 井与相邻两井 A 井和 B 井的地层及平均机械钻速对比如表 7-2 所示。研制的新钻头在太原组的机械钻速要低于相邻的 A 井和 B 井，在本溪组和峰峰组的平均机械钻速分别为 15.2m/h 和 5.4m/h。由于没有邻井数据，钻头的其他性能无法比较，但是机械钻速达到了预期值。值得一提的是，在钻头进尺方面，新钻头单只进尺为 580m；如表 7-3 所示，相比邻井的单只钻头进尺 530m 和 510m，新钻头进尺分别提高了 9.4% 和 13.7%，在提高单只钻头进尺方面效果显著。

表 7-2　钻头钻进速度和邻井对比情况

地层	平均机械钻速（m/h）		
—	XXX-05BX1 井	A 井	B 井
上石盒子组	28.0	29.61	33.1
下石盒子组	22.5	22.77	21.5
山西组	14.6	17.09	5.4
太原组	9.4	19.90	17.4
本溪组	15.2	—	—
峰峰组	5.4	—	—

表 7-3 钻头进尺和邻井对比情况

钻头型号	进尺（m）	进尺提高（%）
XXX-05BX1 井钻头（本研制）	580	—
A 井钻头	530	9.4
B 井钻头	510	13.7

起钻后的钻头及晶齿现象如图 7-4 所示，钻头出井大部分齿完好，有几颗轻微破碎，其中主要的失效出现在 2 号刀翼靠近钻头中心的一颗齿，该齿有崩齿现象。其他齿均只有细微的磨损情况，钻头整体完整度很高，可再次下井使用。图 7-4 中红色圈出的是崩坏的齿，黄色圈出的是些微磨损的齿。

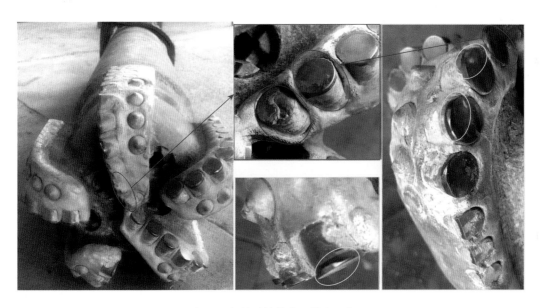

图 7-4 起钻后的钻头及崩齿现象

7.3 本章小结

（1）基于前文的大量理论分析，研制了适用于硬地层的 5 刀翼双排齿钻头，并在 XXX-05BX1 井进行了使用。使用效果较好，相比邻井的单只钻头进尺，本书中研制的钻头进尺分别提高了 9.4%和 13.7%。

（2）起钻后的钻头新度为 33-607，其中主要的失效在 2 号刀翼靠近钻头中心的一颗齿有崩齿；其他齿均只有细微的磨损情况，钻头整体完整度很高，可再次下井使用。

参考文献

[1] 孙龙德，邹才能，朱如凯，等. 中国深层油气形成、分布与潜力分析[J]. 石油勘探与开发，2013，40（6）：641-649.

[2] Schumacher P W，Jones K W，Murdoch H W，et al. Combination drag and roller cutter drill bit：US，US4444281[P]. 1984.

[3] Pessier R C，Nguyen D Q，Damschen M S，et al. Dynamically stable hybrid drill bit：US，US12179915[P]. 2010.

[4] https://assets.www.bakerhughes.com/system/30/bd66b0f27211e49390293ef1cbec51/43025-Kymera-Mississippi-Canyon-CH.pdf

[5] Garcia A，Barocio H，Nicholl D，et al. Novel drill bit materials technology fusion delivers performance step change in hard and difficult formations[C]. Amsterdam：SPE/IADC Drilling Conference，2013.

[6] 郑家伟. 国外金刚石钻头的新进展[J]. 石油机械，2016，44（8）：31-36.

[7] Zhang Y，Burhan Y，Chen C，et al. Fully rotating pdc cutter gaining momentum：conquering frictional heat in hard/abrasive formations improves drilling efficiency[C]. Dubai：SPE/IADC Middle East Drilling Technical Conference，2013.

[8] Hsieh L，Endress A. New drill bits utilize unique cutting structures，cutter element shapes，advanced modeling software to increase ROP，control，durability[J]. Drilling contractor，2015，71（4）：48-58.

[9] Deschamps B，Desmette S D J，Delwiche R，et al. Drilling to the extreme：the micro-coring bit concept[C]. Jakarta：IADC/SPE Asia Pacific Drilling Technology Conference and Exhibition，2008.

[10] Hempton R，Copeland C，Cox G，et al. Innovative conical diamond element bits drill back-to-back tight curves in one run，improving economics while reducing risk in avalon shale play，New Mexico[C]// SPE Liquids-Rich Basins Conference–North America. 2015.

[11] 张德凯，张领宇. 斯伦贝谢 StingBlade 钻头专克坚硬地层[J]. 石油知识，2016，（6）：48-48.

[12] Kenneth E，Russell S C. Innovative ability to change drilling responses of a PDC bit at the rigsite using interchangeable depth-of-cut control features[C]//IADC/SPE Drilling Conference and Exhibition. Society of Petroleum Engineers，2016.

[13] Durrand C J，Skeem M R，Hall D R. Thick PDC，shaped cutters for geothermal drilling：a fixed cutter solution for a roller cone drilling environment[C]. Salt Laka City：The 44th US Rock Mechanics Symposium and 5th US-Canada Rock Mechanics Symposium，2010.

[14] Segal S. PDC bit with conical element targets rock cutting at bore center in 2013，Global and Regional Markets/New bit design drilled 9，631-ft lateral in single run in Bakken field test[J]. Drilling Contractor，IADC，2013，（7-8）.

[15] Azar M，White A，Segal S，et al. Pointing towards improved PDC bit performance：innovative conical shaped polycrystalline diamond element achieves higher rop and total footage[C]. Amsterdam：SPE/IADC Drilling Conference，2013.

[16] Azar M，White A，Velvaluri S，et al. Middle east hard/abrasive formation challenge：reducing PDC cutter volume at bit center increases ROP/drilling efficiency[C]. Dubai：SPE/IADC Middle East Drilling Technology Conference and Exhibition，2013.

[17] Hempton R，Copeland C，Cox G，et al. Innovative Conical Diamond Element Bits Drill Back-to-Back Tight Curves in One Run，Improving Economics While Reducing Risk in Avalon Shale Play，New Mexico[C]. Midland：SPE Liquids-rich Basins Conference–north America，2015.

[18] 邹德永，孙源秀，于鹏，等. 锥形齿 PDC 钻头台架实验研究[J]. 中国石油大学学报（自然科学版），2015，39（2）：48-52.

[19] Schlumberger. Case study：AxeBlade Bit Increases ROP 29% and Improves Directional Control in Eagle Ford Shale Interval[EB/OL]. http://www.slb：com/resources/case_studies/smith/drill_bits/axeblade-eagle-ford-hale-texas-cs.aspx[2016-09-10].

[20] 阮海龙，沈立娜，李春，等. 弹塑性致密泥岩用新型尖齿 PDC 钻头的研制与应用[J]. 探矿工程（岩土钻掘工程），2014，41（12）：80-83.

[21] Group O R M E. Schlumberger introduces HyperBlade hyperbolic diamond element bit[J]. Oil Review Middle East，2018，21（7）：126-126.

[22] Schlumberger. Intelligent by Design approach-better bit performance begins with better cutting performance [EB/OL]. https://www.slb.com/services/drilling/drill_bits/specialty_pdc.aspx[2022-08-20].

[23] David S，Anthony D，Danielle F，et al. Innovative Non-Planar Face PDC Cutters Demonstrate 21% Drilling Efficiency Improvement in Interbedded Shales and Sand[C]. Fort Worth：IADC/SPE Drilling Conference and Exhibition，2014.

[24] Bakerhughes. StayCool multidimensional cutter technology[EB/OL]. http://www.ba--kerhughes.com/products-and-services/dilling/dill-bit-ystems/pdc-bits/staycool-multidimen-sional-cutter-technology[2016-09-23].

[25] Hsieh L J，Endress A. Better and better，bit by bit/New drill bits utilize cutting structures，cutter element shapes，advanced modeling software to increase ROP，control，durability[J]. Drilling contractor，IADC，2015，（7-8）.

[26] 曾义金. 深层页岩气开发工程技术进展[J]. 石油科学通报，2019，4（3）：233-241.

[27] 王红波.基于硬岩钻进的胎体 PDC 取心钻头的研究[D]. 北京：中国地质大学，2010.

[28] Melamed Y，Kiselev A，Gelfgat M，et al. Hydraulic hammer drilling technology：developments and capabilities[J]. Journal of Energy Resources Technology，2000，122（1）：1-7.

[29] 陶兴华. 石油旋冲钻井技术研究及应用[J]. 石油钻采工艺，1998，20（2）：27-30.

[30] 祝效华，刘伟吉. 单齿高频扭转冲击切削的破岩及提速机理研究[J]. 石油学报，2017，38（5）：578-586.

[31] Zhu X，Tang L，Tong H. Effects of high-frequency torsional impacts on rock drilling[J]. Rock Mechanics And Rock Engineering，2014，47（4）：1345-1354.

[32] Gillis P J，Gillis I G，Knull C J. Rotational impact drill assembly：US，US 09/852，321[P]. 2004.

[33] 祝效华，刘伟吉. 旋冲钻井技术的破岩及提速机理[J]. 石油学报，2018，39（2）：216-222.

[34] 查春青，柳贡慧，李军，等. 复合冲击钻具的研制及现场实验[J]. 石油钻探技术，2017，45（1）：57-61.

[35] 刘书斌，倪红坚，王勇，等. 轴扭联合冲击钻井工具在深井硬岩地层中的实验研究[C]. 成都：应对低油价新挑战钻井基础理论研究与前沿技术开发新进展学术研讨会，2017.

[36] 况雨春，朱志镨，蒋海军，等. 单粒子冲击破岩实验与数值模拟[J]. 石油学报，2012，33（6）.

[37] 任建华，徐依吉，赵健，等. 粒子冲击破岩的数值模拟分析[J]. 高压物理学报，2011，26（1）：89-94.

[38] Sinha P，Gour A. Laser drilling research and application：an update[C]. Mumbai：SPE/IADC Indian Drilling Technology Conference and Exhibition，2006.

[39] Xu Z，Reed C B，Leong K H，et al. Application of High Powered Lasers to Perforated Completions[C]// International Congress on Applications of Laser & Electro-Optics，2003.

[40] 徐依吉. 超高压水射流理论与应用基础研究[D]. 成都：西南石油大学，2004.

[41] 倪红坚，王瑞和，葛洪魁. 高压水射流破岩的数值模拟分析[J]. 岩石力学与工程学报，2004，23（4）：550-554.

[42] 卢义玉，黄飞，王景环，等. 超高压水射流破岩过程中的应力波效应分析[J]. 重庆大学学报：自然科学版，2012，35（1）：519-525.

[43] 李根生，沈忠厚. 高压水射流理论及其在石油工程中应用研究进展[J]. 化工管理，2014，32（26）：96-99.

[44] Augustine C R. Hydrothermal spallation drilling and advanced energy conversion technologies for engineered geothermal systems[D]. Boston：Massachusetts Institute of Technology，2009.

[45] Wilkinson M A，Tester J W. Experimental measurement of surface temperatures during flame-jet induced thermal spallation[J]. Rock Mechanics and Rock Engineering，1993，26（1）：29-62.

[46] Oothoudt T. The benefits of sonic core drilling to the mining industry[C]. Colorado：Proceedings of the Sixth International Conference on Tailings and Mine Waste，1999.

[47] Sherrit S，Bao X，Chang Z，et al. Modeling of the ultrasonic/sonic driller/corer：USDC[C]. San Juan：2000 IEEE Ultrasonics Symposium，2000.

[48] Deen C A，Wedel R J，Nayan A，et al.Application of a torsional impact hammer to improve drilling efficiency[C] //SPE Annual Technical Conference and Exhibition. Society of Petroleum Engineers，2011.

[49] Clayton R. Hammer tools and PDC bits provide stick-slip solution[J]. Hart's E&P，2010，83（2）：58.

[50] Melamed Y，Kiselev A，Gelfgat M，et al. Hydraulic hammer drilling technology：developments and capabilities[J]. Journal of Energy Resources Technology，2000，122（1）：1-8.

[51] Lagreca A J，Santana D D，Suarez G，et al. Fluid percussion hammer field test in the Alocthonous Cretaceous Block，Eastern Venezuela[C]. Calgary：Petroleum Society's Canadian International Petroleum Conference 2002，2002.

[52] Placido J R，Lage A C V M，Carvalho D J L，et al. A new type of hydraulic hammer compatible with conventional drilling fluids[C]. Denver：SPE Annual Technical Conference and Exhibition，2003.

[53] SazidY M S，Rideout D G，Butt S D，et al. Modeling percussive drilling performance using simulated visco-elasto-plastic rock medium[C]. Salt Lake City：44th US Rock Mechanics Symposium and the 5th US/Canada Rock Mechanics Symposium，2010.

[54] Staysko R，Francis B，Cote B. Fluid hammer drives down well costs[C]. Amsterdam：SPE/IADC Drilling Conference and Exhibition，2011.

[55] 付加胜，李根生，田守嶒，等. 液动冲击钻井技术发展与应用现状[J]. 石油机械，2014，42（6）：1-6.

[56] Xuan L H，Guan Z C，Hu H G，et al. The principle and application of a novel rotary percussion drilling tool drived by positive displacement motor[C]. Singapore：IADC/SPE Asia Pacific Drilling Technology Conference，2016.

[57] Deen A，Wedel R，Nayan A，et al. Application of a torsional impact hammer to improve drilling efficiency[C]. Denver：SPE Annual Technical Conference and Exhibition，2011.

[58] 周燕，安庆宝，蔡文军，等. SLTIT 型扭转冲击钻井提速工具[J]. 石油机械，2012，40（2）：15-17，98-99.

[59] 周祥林，张金成，张东清. TorkBuster 扭力冲击器在元坝地区的实验应用[J]. 钻采工艺，2012，35（2）：15-17.

[60] Xu Z C，Jin Y，Hou B，et al. Rock breaking model under dynamic load with the application of torsional and axial percussion hammer[C]. Bangkok：International Petroleum Technology Conference，2016.

[61] Liu S B，Ni H J，Wang X Y，et al. Rock-breaking mechanism study of axial and torsional impact hammer and its application in deep wells[C]. Bangkok：IADC/SPE Asia Pacific Drilling Technology Conference and Exhibition，2018.

[62] 柳贡慧，李玉梅，李军，等. 复合冲击破岩钻井新技术[J]. 石油钻探技术，2016，44（5）：10-15.

[63] 马广军，王甲昌，张海平. 螺杆驱动旋冲钻井工具设计及实验研究[J]. 石油钻探技术，2016，44（3）：50-54.

[64] 田家林，杨应林，朱志，等. 基于旋冲螺杆提速器的井下动力特性[J]. 石油学报，2019，40（2）：224-231.

[65] 苏义脑. 螺杆钻具研究及应用[M]. 北京：石油工业出版社，2001.

[66] 刘书斌，倪红坚，张恒，等. 多维冲击器钻井提速技术及应用[J]. 石油机械，2020，48（10）：44-50.

[67] 李军，张金凯，段永贤，等. 塔中油田超深水平井摩阻扭矩计算与应用[J]. 石油地质与工程，2017，31（4）：88-91.

[68] Martinez I M R，Fontoura S，Inoue N，et al. Simulation of single cutter experiments in evaporites through finite element method[C]. Amsterdam：SPE/IADC Drilling Conference and Exhibition 2013.

[69] Zhou Y，Lin J S. On the critical failure mode transition depth for rock cutting[J]. International Journal of Rock Mechanics and Mining Sciences，2013，62：131-137.

[70] Zhou Y，Lin J S. Modeling the ductile–brittle failure mode transition in rock cutting[J]. Engineering Fracture Mechanics，2014，127：135-147.

[71] Zhou Y，Jaime M C，Gamwo I K，et al. Modeling groove cutting in rocks using finite elements[C]. San Francisco：45th US Rock Mechanics/Geomechanics Symposium，2011.

[72] Zhou Y，Zhang W，Gamwo I K，et al. Mechanical specific energy versus depth of cut[C]. Chicago：46th US Rock Mechanics/Geomechanics Symposium，2012.

[73] Zhou Y. Numerical modeling of rock drilling with finite elements[D]. Pittsburgh：University of Pittsburgh，2013.

[74] Mendoza Rizo J A. Considerations for discrete element modeling of rock cutting[D]. Pittsburgh：University of Pittsburgh，2013.

[75] Mendoza Rizo J A. Modeling rock cutting using DEM with crushable particles[D]. Pittsburgh：University of Pittsburgh，2010.

[76] Mendoza J A，Gamwo I K，Zhang W，et al. Considerations for discrete modeling of rock cutting[C]. San Francisco：45th US Rock Mechanics/Geomechanics Symposium，2011.

[77] Detournay E，Tan C P. Dependence of drilling specific energy on bottom-hole pressure in shales[C]//SPE/ISRM Rock Mechanics Conference. Society of Petroleum Engineers，2002.

[78] Atici U，Ersoy A. Correlation of specific energy of cutting saws and drilling bits with rock brittleness and destruction energy[J]. Journal of Materials Processing Technology，2009，209（5）：2602-2612.

[79] Altindag R. Correlation of specific energy with rock brittleness concepts on rock cutting[J]. Journal of the South African Institute of Mining and Metallurgy，2003，103（3）：163-171.

[80] Akbari B，Miska S，Yu M，et al. Relation between the mechanical specific energy，cuttings morphology，and PDC cutter geometry[C]. San Francisco：ASME 2014 33rd International Conference on Ocean，Offshore and Arctic Engineering. American Society of Mechanical Engineers，2014.

[81] Akbari B，Miska S Z，Yu M，et al. The effects of size，chamfer geometry，and back rake angle on frictional response of PDC cutters[C]. Minneapolis：48th US Rock Mechanics/Geomechanics Symposium，2014.

[82] Akbari B. Polycrystalline diamond compact bit-rock interaction[D]. St. John's：Memorial University of

Newfoundland，2011.

[83] Carrapatoso C，Fontoura S A B，Martinez I M R，et al. Simulation of Single Cutter Experiments in Evaporite using the Discrete Element Method[C]. Wroclaw：ISRM International Symposium - EUROCK 2013, 2013.

[84] Carrapatoso C，da Fontoura S A B，Inoue N，et al. New developments for single-cutter modeling of evaporites using discrete element method[C]. Goiania: ISRM Conference on Rock Mechanics for Natural Resources and Infrastructure-SBMR 2014，2014.

[85] Carrapatoso C M，Righetto G L，Lautenschläger C E R，et al. Numerical modeling of single cutter tests in carbonates[C]. San Francisco：49th US Rock Mechanics/Geomechanics Symposium，2015.

[86] Choi S O，Lee S J. Three-dimensional numerical analysis of the rock-cutting behavior of a disc cutter using particle flow code[J]. KSCE Journal of Civil Engineering，2015，19（4）：1129-1138.

[87] Ghoshouni M，Richard T. Effect of the back rake angle and groove geometry in rock cutting[C]. Tehran：ISRM International Symposium-5th Asian Rock Mechanics Symposium，2008.

[88] Fowell R J. The mechanics of rock cutting[J]. Comprehensive Rock Engineering，2013，4：155-176.

[89] Hood M C，Roxborough F F. Rock breakage：mechanical[J]. SME Mining Engineering Handbook，1992，1：680-721.

[90] Kalyan B，Murthy C S N，Choudhary R P. Rock indentation indices as criteria in rock excavation technology–a critical review[J]. Procedia Earth and Planetary Science，2015，11：149-158.

[91] Kahraman S，Fener M，Kozman E. Predicting the compressive and tensile strength of rocks from indentation hardness index[J]. Journal of the Southern African Institute of Mining and Metallurgy，2012，112（5）：331-339.

[92] Liu W，Qian X，Li T，et al. Investigation of the tool-rock interaction using Drucker-Prager failure criterion[J]. Journal of Petroleum Science and Engineering，2019，173：269-278.

[93] Toh S B，McPherson R. Fine scale abrasive wear of ceramics by a plastic cutting process[C]. Rhodes：Science of Hard Materials. Proc. 2 nd Int. Conf. on Science of Hard Materials，1984.

[94] Huerta M，Malkin S. Grinding of glass：the mechanics of the process[J]. Journal of Manufacturing Science and Engineering，1976，98（2）：459-467.

[95] Yoshioka J. Ultraprecision grinding technology for brittle materials[C]//ASME MC Shaw Grinding Symposium，PED，1985.

[96] Molloy P，Schinker M G，Doll W. Brittle fracture mechanisms in single point glass abrasion[C]. Hague：Fourth International Symposium on Optical and Optoeletronic Applied Sciences and Engineering，1987.

[97] Shimada S，Ikawa N，Inamura T，et al. Brittle-ductile transition phenomena in microindentation and micromachining[J]. CIRP Annals-Manufacturing Technology，1995，44（1）：523-526.

[98] Bifano T G，Dow T A，Scattergood R O. Ductile-regime grinding：a new technology for machining brittle materials[J]. Journal of Manufacturing Science and Engineering，1991，113（2）：184-189.

[99] Bifano T G，Fawcett S C. Specific grinding energy as an in-process control variable for ductile-regime grinding[J]. Precision engineering，1991，13（4）：256-262.

[100] Richard T，Dagrain F，Poyol E，et al. Rock strength determination from scratch tests[J]. Engineering Geology，2012，147：91-100.

[101] Detournay E，Defourny P. A phenomenological model for the drilling action of drag bits[J]. International Journal of Rock Mechanics and Mining Sciences & Geomechanics Abstracts. Pergamon，1992，29（1）：13-23.

[102] Nicodeme P. Transition between ductile and brittle mode in rock cutting[R]. Rapport de Stage D'option

Scientifique：Ecole Polytechnique，1997：1-76.

[103] Chaput E J. Observations and analysis of hard rocks cutting failure mechanisms using PDC cutters[R]. Imperial College of Science，Technology and Medicine，London，Technical Re-Port，Elf-Aquitaine，1991.

[104] Rabia H. Specific energy as a criterion for drill performance prediction[J]. International Journal of Rock Mechanics and Mining Sciences & Geomechanics Abstracts. Pergamon，1982，19（1）：39-42.

[105] Peña C. An experimental study of the fragmentation process in rock cutting[D]. Minnesota：University of Minnesota，2010.

[106] Atkins A G. Modelling metal cutting using modern ductile fracture mechanics：quantitative explanations for some longstanding problems[J]. International Journal of Mechanical Sciences，2003，45（2）：373-396.

[107] Atkins T. The Science and Engineering of Cutting：the Mechanics and Processes of Separating，Scratching and Puncturing Biomaterials，Metals and Non-Metals[M]. Oxford：Butterworth-Heinemann，2009.

[108] Gurney C，Mai Y W，Owen R C. Quasistatic cracking of materials with high fracture toughness and low yield stress[C]//Proceedings of the Royal Society of London A：Mathematical，Physical and Engineering Sciences. The Royal Society，1974，340（1621）：213-231.

[109] Puttick K E. The correlation of fracture transitions[J]. Journal of Physics D：Applied Physics，1980，13（12）：2249.

[110] He X，Xu C. Discrete element modelling of rock cutting：from ductile to brittle transition[J]. International Journal for Numerical and Analytical Methods in Geomechanics，2015，39(12)：1331-1351.

[111] Jaime M C. Numerical modeling of rock cutting and its associated fragmentation process using the finite element method[D]. Pittsburgh：University of Pittsburgh，2012.

[112] Jaime M C，Zhou Y，Lin J S，et al. Finite element modeling of rock cutting and its fragmentation process[J]. International Journal of Rock Mechanics and Mining Sciences，2015，80：137-146.

[113] Huang H，Lecampion B，Detournay E. Discrete element modeling of tool-rock interaction I：rock cutting[J]. International Journal for Numerical and Analytical Methods in Geomechanics，2013，37（13）：1913-1929.

[114] Huang H，Detournay E. Intrinsic length scales in tool-rock interaction 1[J]. International Journal of Geomechanics，2008，8（1）：39-44.

[115] Richard T，Detournay E，Drescher A，et al. The scratch test as a means to measure strength of sedimentary rocks[C]. Trondheim：SPEA/ISRM Rock Mechanics in Petroleum Engineers，Inc，1998.

[116] Richard T. Determination of rock strength from cutting tests[D]. Minnesota：University of Minnesota，1999.

[117] Liu W，Zhu X. Experimental study of the force response and chip formation in rock cutting[J]. Arabian Journal of Geosciences，2019，12（15）：1-12.

[118] Chen L H. Failure of rock under normal wedge indentation[D]. Minnesota：University of Minnesota，2003.

[119] Liu W，Zhu X，Jing J. The analysis of ductile-brittle failure mode transition in rock cutting[J]. Journal of Petroleum Science and Engineering，2018，163：311-319.

[120] 张立刚. 松辽盆地深层火成岩破碎机理及破岩效率评价[D]. 大庆：东北石油大学，2014.

[121] Huang H，Damjanac B，Detournay E. Normal wedge indentation in rocks with lateral confinement[J]. Rock Mechanics and Rock Engineering，1998，31（2）：81-94.

[122] Detournay E，Fairhurst C，Labuz J F. A Model of tensile failure initiation under an indentor[C]. Vienna：

Proc. 2nd Int. Conf. on Mechanics of Jointed and Faulted Rock（MJFR-2），1995.

[123] Zhu X，Liu W. The rock fragmentation mechanism and plastic energy dissipation analysis of rock indentation[J]. Geomechanics and Engineering，2018，16（2）：977-995.

[124] 王宇，李晓，武艳芳，等. 脆性岩石起裂应力水平与脆性指标关系探讨 [J]. 岩石力学与工程学报，2014，33（2）：264-275.

[125] Zhu X，Liu W，He X. The investigation of rock indentation simulation based on discrete element method[J]. KSCE Journal of Civil Engineering，2017，21（4）：1201-1212.

[126] Potyondy D O. A grain-based model for rock：approaching the true microstructure[C]. Kongsberg：Rock Mechanics in the Nordic Countries，2010.

[127] Marshail D B. Geometrical effects in elastic/plastic indentation[J]. Journal of the American Ceramic Society，1983，66（8）：57-60.

[128] Bifano T G，Dow T A，Scattergood R O. Ductile-regime grinding：a new technology for machining brittle materials[J]. Journal of Manufacturing Science and Engineering，1991，113（2）：184-189.

[129] Liu W，Zhu X，Jing J. The analysis of ductile-brittle failure mode transition in rock cutting[J]. Journal of Petroleum Science and Engineering，2018，163：311-319.

[130] 刘伟吉，王燕飞，郭天阳，等. 单齿切削破碎非均质花岗岩微宏观机理研究[J]. 工程力学，2022，39(6):12.

[131] Zhu X，Luo Y，Liu W，et al. Rock cutting mechanism of special-shaped PDC cutter in heterogeneous granite formation[J]. Journal of Petroleum Science and Engineering，2022：110020.

[132] Evans I. A theory of the basic mechanics of coal ploughing[J]. Mining Research，1962：761-798.

[133] Evans I. The force required to cut coal with blunt wedges[J]. International Journal of Rock Mechanics and Mining Science，1965，2（1），1-12.

[134] 刘伟吉，阳飞龙，董洪铎，等. 异形 PDC 齿混合切削破碎花岗岩特性研究[J]. 工程力学，2022，39：1-12.

[135] 刘伟吉，阳飞龙，祝效华，等. 异形 PDC 齿切削破岩提速机理研究[J/OL]. 中国机械工程，2021. https://kns.cnki.net/kcms/detail/42.1294.TH.20211103.1843.014.html[2022-8-20].

[136] 余金伟，冯晓锋.计算流体力学发展综述[J]. 现代制造技术与装备，2013，（6）：25-26，28.

[137] Watson G R，Barton A.Using new computational fluid dynamic techniques to improve PDC bit performance [C]. Amsterdam：SPE/IADC Drilling Conference，1997.

[138] 温诗铸.材料磨损研究的进展与思考[J]. 摩擦学学报，2008，（1）：1-5.

[139] 李季阳. PDC 切削齿的摩擦磨损机理及钻井参数的优化控制研究[D]. 北京：北京科技大学，2016.

[140] 李勇．PDC 钻头切削齿破岩过程热分析与仿真 [D]. 成都：西南石油大学，2012.

[141] Glowka G A.The thermal response of rock to friction in the drag cutting process [J]. Journal of Structural Geology，1989，11（7）：919-931.

[142] 杨晓峰，李晓红，卢义玉.岩石钻掘过程中的钻头温度分析 [J]. 中南大学学报（自然科学版），2011，42（10）：3164-3169.

[143] 林敏，杨迎新.PDC 钻头切削几何学理论与方法 [C]. 全国成矿理论与深部找矿新技术新方法交流研讨会，2009.

[144] Garcia-Gavito D，Azar J J. Proper nozzle location，bit profile，and cutter arrangement affect PDC-bit performance significantly [J]. SPE Drilling&Completion，1994，9（3）：167-175.

[145] 王福军.计算流体动力学分析 [M]. 北京：清华大学出版社，2004.

[146] Patankar S V.传热与流体流动的数值计算 [M]. 张政，译.北京：科学出版社，1984.

[147] Tsai Y C，Liu F B，Shen P T.Investigations of the pressure drop and flow distribution in a chevron-type

plate heat exchanger[J]. International Communications in Heat and Mass Transfer，2009，36（6）：574-578.

[148] 任志安，郝点，谢红杰.几种湍流模型及其在 FLUENT 中的应用 [J]. 化工装备技术，2009，30（2）：38，40，44.

[149] Guo Z Y，Li D Y，Wang B X.A novel concept for convective heat transfer enhancement[J]. International Journal of Heat and Mass Transfer，1998，41（14）：2221-2225.

[150] 过增元.对流换热的物理机制及其控制：速度场与热流场的协同 [J]. 科学通报，2000，（19）：2118-2122.

作 者 介 绍

祝效华 西南石油大学教授、博士生导师；1978 年 7 月出生，山东菏泽人，是国家"万人计划"科技创新领军人才、国家杰出青年基金获得者、科技部中青年科技创新领军人才、中国青年科技奖、"百千万人才工程"国家级人选、国务院政府特殊津贴专家、国家自然科学基金委员会"优秀青年科学基金"、教育部新世纪优秀人才、中国产学研合作创新与促进奖、四川省学术和技术带头人、霍英东青年教师奖、孙越崎青年科技奖获得者；一直从事油气井管柱力学、井下工具及钻头破岩方面的教学和科研工作，先后承担国家级、省部级课题和企业合作项目 60 余项，其中国家自然科学基金 5 项，国家重点研发计划课题 1 项，国家油气重大专项子课题下属联合研究任务 4 项；获国家科学技术进步二等奖 1 项，省部级科学技术进步奖（包括一、二、三等奖）共 11 项；作为第一设计人授权发明专利 50 件；发表论文 260 余篇，其中 SCI 检索 120 余篇，EI 检索 65 篇，出版专著和教材 6 部。

刘伟吉 西南石油大学副教授、硕士生导师；1989 年 7 月出生，四川简阳人，是石油天然气装备教育部重点实验室"青年拔尖人才"，油气藏地质及开发工程国家重点实验室固定研究人员，四川省振动工程学会理事，期刊《石油钻探技术》和《石油机械》青年编委，新加坡国立大学土木工程系、香港大学地球科学系和清华大学机械工程系访问学者；主要从事钻井工程岩石破碎与提速等方面的基础研究与工程应用等方面工作；发表论文 50 余篇，其中 SCI 收录 30 余篇，EI 收录 15 篇（不含双收录），申请发明专利 14 件；主持国家自然科学基金 3 项（面上、青年、重点项目课题各 1 项），其他省部级项目 5 项，获省部级科学技术进步奖一等奖、二等奖各 1 项。